Saigurudatta Pamulaparthyvenkata

Dos dados ao conhecimento: O Guia Essencial para a Análise de Grandes Dados

Saigurudatta Pamulaparthyvenkata

Dos dados ao conhecimento: O Guia Essencial para a Análise de Grandes Dados

ScienciaScripts

Imprint
Any brand names and product names mentioned in this book are subject to trademark, brand or patent protection and are trademarks or registered trademarks of their respective holders. The use of brand names, product names, common names, trade names, product descriptions etc. even without a particular marking in this work is in no way to be construed to mean that such names may be regarded as unrestricted in respect of trademark and brand protection legislation and could thus be used by anyone.

Cover image: www.ingimage.com

This book is a translation from the original published under ISBN 978-620-8-01005-8.

Publisher:
Sciencia Scripts
is a trademark of
Dodo Books Indian Ocean Ltd. and OmniScriptum S.R.L publishing group

120 High Road, East Finchley, London, N2 9ED, United Kingdom
Str. Armeneasca 28/1, office 1, Chisinau MD-2012, Republic of Moldova, Europe
Printed at: see last page
ISBN: 978-620-8-24302-9

Dos dados ao conhecimento:

O guia essencial para a análise de grandes volumes de dados

Por

Saigurudatta Pamulaparthyvenkata

Conteúdo

Capítulo 1: Introdução à análise de Big Data

A análise de grandes volumes de dados é a aplicação de técnicas analíticas sofisticadas para obter informações comerciais valiosas a partir de grandes bases de dados. Estas bases de dados contêm dados estruturados (organizados) e não estruturados (não organizados). As suas aplicações podem ser encontradas numa variedade de áreas, incluindo fabrico, saúde, educação, seguros, IA e retalho. Através da análise destes dados, as empresas podem ter uma melhor compreensão do que funciona e do que não funciona, de modo a poderem melhorar o sistema de produção, efetuar as modificações necessárias e aumentar a rentabilidade. O núcleo da análise de megadados é o processamento de enormes volumes de dados para encontrar padrões, correlações e tendências ocultas. É semelhante a selecionar uma enorme quantidade de material para localizar as pérolas da sabedoria.

- Recolha de informações: Estas informações são recolhidas a partir de uma variedade de fontes, incluindo as redes sociais, o tráfego em linha, os sensores e as opiniões dos consumidores.
- Limpar os dados: Coloque-se na posição de ter de avaliar uma pilha de pedras que contenha algumas peças de ouro. A sujidade e os detritos teriam de ser limpos primeiro. Os dados devem ser formatados corretamente, os erros devem ser corrigidos e os duplicados devem ser eliminados durante o processo de limpeza.
- Analisar os dados: É aqui que a magia acontece. Para encontrar padrões e tendências, os analistas de dados utilizam ferramentas e métodos robustos. É análogo a selecionar todas aquelas pedras e procurar um determinado padrão.

A análise de grandes volumes de dados está a ser utilizada em vários sectores, incluindo os cuidados de saúde, a banca e o retalho. As empresas podem ganhar uma vantagem competitiva, aumentar a eficiência e tomar melhores decisões com a ajuda dos seus dados.

Como funcionam as análises com grandes volumes de dados?

A análise de Big Data é uma tecnologia formidável que ajuda a desbloquear o potencial de informações enormes e complexas. Para uma compreensão mais profunda, vamos dissecá-la em etapas essenciais:

Recolha de dados: No centro da análise de megadados estão os dados. É o processo de compilação de dados de muitas fontes, incluindo redes sociais, sensores, inquéritos e feedback dos clientes. O principal objetivo da recolha de dados é reunir o maior número possível de dados precisos. Com mais dados, é possível obter mais informações.

O processamento destes dados é a fase seguinte à limpeza dos dados, também conhecida como pré-processamento de dados. Os dados precisam de ser limpos com frequência. Isto inclui o preenchimento de lacunas nos dados, a correção de erros e a eliminação de duplicados. É semelhante a uma triagem numa mina de tesouro, escolhendo as pedras valiosas entre os seixos e outros detritos.

Processamento de dados: A seguir, começamos a trabalhar no processamento de dados. As etapas importantes deste processo incluem escrever, organizar e dispor os dados de modo a poderem ser utilizados para análise. É comparável a um chefe de cozinha que reúne os elementos para uma receita. O processo de processamento de dados transforma os dados num formato que as ferramentas de análise podem manipular.

Análise de dados: Para extrair as conclusões mais significativas dos dados processados, são utilizadas técnicas estatísticas, matemáticas e de aprendizagem automática. Pode revelar preferências dos consumidores, tendências do sector ou padrões em dados médicos, por exemplo.

Visualização de dados: Quadros, gráficos e dashboards interactivos são exemplos comuns de como a análise de dados é apresentada visualmente. Os decisores conseguiram identificar rapidamente padrões e tendências utilizando os elementos visuais para racionalizar os vastos volumes de dados.

Gestão e armazenamento de dados: É crucial tratar e armazenar os dados estudados. É como um álbum de recortes digital. A forma como guarda esses ensinamentos é muito importante, uma vez que pode querer consultá-los mais tarde.

Gestão e armazenamento de dados: É crucial tratar e armazenar os dados estudados. É como um álbum de recortes digital. A forma como guarda esses ensinamentos é muito importante, uma vez que pode querer consultá-los mais tarde. Além disso, os aspectos mais importantes a ter em conta neste ponto crítico são a segurança dos dados e a conformidade regulamentar.

Formação e desenvolvimento contínuos: A prática de recolher, purificar e avaliar continuamente os dados para encontrar informações não descobertas é conhecida como análise de grandes volumes de dados. Dá às empresas uma vantagem competitiva e ajuda a melhorar a tomada de decisões.

Tipos de análise de grandes volumes de dados

Existem várias variedades de análise de grandes volumes de dados, cada uma com uma função distinta.

Análise descritiva: Este tipo de análise ajuda-nos a compreender os acontecimentos históricos. As medidas de desempenho, como o número de gostos numa publicação, são apresentadas nas redes sociais.

Análise de diagnóstico: Este domínio procura determinar as causas de ocorrências anteriores. Identifica as razões para as elevadas taxas de readmissão de doentes no domínio da medicina.

Análise preditiva: A análise preditiva utiliza dados históricos para estimar eventos futuros. Por exemplo, a previsão meteorológica utiliza a análise de padrões passados para prever o tempo para amanhã.

A análise prescritiva, por outro lado, fornece sugestões sobre como proceder para obter os melhores resultados, para além de fazer previsões sobre o futuro. Pode recomendar o melhor preço para um produto no comércio eletrónico para obter o maior lucro.

Análise em tempo real: O processamento de dados em tempo real é a principal caraterística da análise em tempo real. Permite que os operadores decidam rapidamente com base nas ocorrências actuais do mercado.

Análise espacial: Os dados de localização são o foco da análise espacial. Na gestão urbana, minimiza os engarrafamentos de trânsito, optimizando o fluxo de tráfego com base em dados de sensores e câmaras.

Análise de texto: Esta área de estudo explora os dados não estruturados que se encontram no texto. O sector hoteleiro pode melhorar os serviços e a satisfação dos visitantes utilizando as opiniões deixadas por hóspedes anteriores.

Estes métodos de análise atingem vários objectivos, tornando os dados compreensíveis e úteis. A análise de Big Data oferece uma variedade de métodos para transformar os dados em conhecimentos perspicazes que ajudam a melhorar a tomada de decisões, quer se trate de negócios, de cuidados de saúde ou da vida quotidiana.

Ferramentas e tecnologias para a análise de grandes volumes de dados

Embora possam parecer complicadas, vamos analisar a tecnologia e as ferramentas em que se baseia a análise de megadados:

O Hadoop pode ser comparado a um enorme armazém digital. Empresas como a Amazon utilizam-no para armazenar eficazmente enormes quantidades de dados. Por exemplo, o Hadoop é utilizado para tratar o seu histórico de compras quando a Amazon recomenda artigos de que poderá gostar.

Considere o Spark como o chefe de dados realmente rápido. A Netflix utiliza-o para avaliar rapidamente os seus hábitos de visualização e sugerir-lhe programas para ver a seguir.

Bancos de dados NoSQL: O Airbnb armazena dados de clientes e detalhes de reservas em bancos de dados NoSQL, como o MongoDB. Estas bases de dados funcionam de forma semelhante a armários de ficheiros electrónicos. Estas bases de dados são conhecidas por serem rápidas e adaptáveis, pelo que a plataforma pode fornecer-lhe as informações de que precisa quando precisa.

Tableau: Tableau é um artista visual que cria imagens espectaculares a partir de dados. É utilizado pelo Banco Mundial para produzir gráficos e quadros interactivos que facilitam a interpretação de dados económicos difíceis.

R e Python: Para os cientistas de dados, o R e o Python são como instrumentos mágicos. Utilizam estas linguagens para resolver questões complexas. São utilizadas pelo Kaggle, por exemplo, para prever coisas como o valor das casas utilizando dados históricos.

Estruturas de aprendizagem automática: As ferramentas de previsão encontram-se em estruturas de aprendizagem automática, como o TensorFlow. O TensorFlow é uma ferramenta que a Airbnb utiliza para prever quais as casas que serão alugadas num determinado local. Ajuda os anfitriões a fazer escolhas inteligentes em termos de custo e acessibilidade.

Estas tecnologias e ferramentas servem de base à análise de grandes volumes de dados e ajudam as empresas a recolher, processar, compreender e visualizar dados, facilitando assim a tomada de decisões com base na informação.

Vantagens da análise de grandes volumes de dados

Vamos explorar alguns dos muitos benefícios práticos que a análise de grandes volumes de dados proporciona com alguns exemplos:

Escolhas bem informadas: Imagine um retalhista semelhante ao Walmart. Graças à análise de grandes volumes de dados, podem tomar decisões informadas sobre os produtos a armazenar. Isto reduz o desperdício, mantendo os consumidores satisfeitos e os lucros elevados.

Melhoria das experiências dos consumidores: Considere a Amazon. A exatidão dessas sugestões de produtos é atribuída à análise de grandes volumes de dados. É semelhante a ter um comprador pessoal que o ajuda a encontrar o que pretende e compreende os seus gostos.

Deteção de fraudes: A análise de Big Data é utilizada por empresas de cartões de crédito, como a MasterCard, para identificar e impedir transacções fraudulentas. É semelhante a ter um tutor a vigiar e a proteger as suas finanças.

Logística optimizada: A FedEx, por exemplo, utiliza a análise de grandes volumes de dados para entregar artigos mais rapidamente e de forma mais ecológica. É semelhante a escolher a rota mais rápida possível sem sacrificar a sustentabilidade ambiental.

Desafios da análise de grandes volumes de dados

Embora a análise de grandes volumes de dados tenha muitas vantagens, também tem inconvenientes.

Considere o Twitter, onde são publicados 6.000 tweets por segundo, como um exemplo de sobrecarga de dados. Encontrar informações úteis neste dilúvio de dados é a parte difícil.

Qualidade dos dados: As informações produzidas pela análise de megadados podem ser incorrectas se os dados de entrada forem errados ou inexistentes. Por exemplo, dados incorrectos de sensores podem resultar em resultados incorrectos de previsões meteorológicas.

Preocupações com a privacidade: Há uma linha ténue entre a concessão de experiências personalizadas e a violação da privacidade, tendo em conta o volume de dados pessoais recolhidos, como é o caso da segmentação de anúncios do Facebook.

Riscos de segurança: É mais importante do que nunca proteger os dados sensíveis contra ataques cibernéticos. Os bancos, por exemplo, utilizam a análise de grandes volumes de dados para identificar actividades fraudulentas, mas também precisam de proteger esses dados contra violações de segurança.

Custos: A implementação e a atualização das tecnologias de análise de megadados podem ser dispendiosas. Companhias aéreas como a Delta melhoram os horários dos voos com a análise; no entanto, têm de se certificar de que as vantagens compensam as despesas.

1.1 Compreender os grandes dados

Os grandes volumes de dados referem-se a conjuntos de dados extremamente grandes que não podem ser facilmente geridos, processados ou analisados utilizando ferramentas tradicionais de processamento de dados. Estes conjuntos de dados provêm frequentemente de várias fontes, tais como redes sociais, sensores, transacções, etc., englobando dados estruturados e não estruturados. As caraterísticas que definem o Big Data, frequentemente resumidas como os "três V", são o volume, a velocidade e a variedade. O volume diz respeito à grande quantidade de dados gerados; a velocidade refere-se à velocidade a que os dados são produzidos e processados; e a variedade indica os diferentes tipos e formatos de dados. A análise de grandes volumes de dados envolve técnicas avançadas como a aprendizagem automática, a extração de dados e a análise preditiva para extrair informações e padrões significativos. Estas informações podem conduzir a uma melhor tomada de decisões, inovação e eficiência em vários sectores, como os cuidados de saúde, as finanças, o marketing e outros. Apesar do seu potencial, os megadados também colocam desafios em termos de privacidade, armazenamento e capacidades de processamento de dados, exigindo tecnologias e infra-estruturas sofisticadas.

Os grandes volumes de dados representam uma das transformações mais significativas na forma como a informação é recolhida, processada e utilizada em vários sectores. Engloba enormes conjuntos de dados que as ferramentas tradicionais de processamento de dados têm dificuldade em gerir. O aumento dos grandes volumes de dados foi impulsionado pela proliferação da Internet, pela utilização generalizada de smartphones, pela Internet das coisas (IoT), pelas plataformas de redes sociais e pela digitalização de quase todos os aspectos da atividade humana. Esta vasta acumulação de dados exige métodos inovadores de armazenamento, processamento e análise para extrair informações valiosas.

Os três Vs do Big Data

O conceito de megadados é frequentemente descrito pelos três Vs: volume, velocidade e variedade.

1. Volume: Refere-se à enorme quantidade de dados gerados a cada segundo. Com milhares de milhões de dispositivos ligados e uma utilização extensiva de plataformas digitais, os dados gerados são colossais. Por exemplo, as plataformas de redes sociais como o Facebook e o Twitter geram terabytes de dados todos os dias a partir das interações, fotografias, vídeos e comentários dos utilizadores. As plataformas de comércio eletrónico, através das transacções dos utilizadores e dos comportamentos de navegação, também contribuem significativamente para este volume. O desafio reside no armazenamento de tão grandes quantidades de dados, o que exige frequentemente soluções de armazenamento escaláveis, como a computação em nuvem e as bases de dados distribuídas.

2. Velocidade: A velocidade refere-se à velocidade a que os dados são gerados, transmitidos e processados. A geração de dados em tempo real ou quase real é comum, especialmente com serviços de transmissão em direto, transacções financeiras e sensores IoT. Os dados a alta velocidade requerem processamento e resposta imediatos, o que é fundamental em aplicações como a deteção de fraudes em serviços financeiros, onde os atrasos podem resultar em perdas significativas. Tecnologias como o processamento de dados na memória e as estruturas de

processamento de fluxos foram desenvolvidas para lidar eficazmente com este rápido afluxo de dados.

3. Variedade: Esta caraterística destaca os diferentes tipos e fontes de dados. Ao contrário dos conjuntos de dados tradicionais, que eram frequentemente estruturados e fáceis de analisar, os grandes volumes de dados incluem dados estruturados, semi-estruturados e não estruturados. Os dados estruturados, como as bases de dados e as folhas de cálculo, são organizados e facilmente pesquisáveis. Os dados semi-estruturados incluem formatos como JSON e XML, em que os dados não se encaixam perfeitamente em tabelas, mas têm algumas propriedades organizacionais. Os dados não estruturados, como e-mails, publicações em redes sociais e ficheiros multimédia, não têm um modelo de dados predefinido, o que torna a sua análise mais complexa. A variedade de grandes volumes de dados exige ferramentas e técnicas sofisticadas para integrar e interpretar diversas fontes de dados.

Para além dos três Vs

Para além dos três Vs originais, foram introduzidas outras dimensões, como a veracidade e o valor, para alargar a compreensão dos grandes volumes de dados.

1. Veracidade: Refere-se à exatidão e à fiabilidade dos dados. Com os grandes volumes de dados provenientes de múltiplas fontes, garantir a sua qualidade e fiabilidade pode ser um desafio. Dados imprecisos podem dar origem a informações incorrectas e a uma má tomada de decisões. Os processos de limpeza e validação de dados são fundamentais para manter a integridade dos grandes volumes de dados.

2. Valor: Em última análise, a importância dos grandes volumes de dados reside no seu potencial para fornecer informações valiosas. A extração de informações úteis dos megadados pode conduzir a decisões estratégicas, melhorar a eficiência operacional e promover a inovação. No entanto, o valor derivado dos grandes volumes de dados depende da capacidade de os analisar e interpretar eficazmente.

Tecnologias e ferramentas para Big Data

O tratamento de grandes volumes de dados exige uma série de tecnologias e ferramentas sofisticadas, cada uma delas concebida para abordar aspectos específicos da gestão de grandes volumes de dados.

1. Ecossistema Hadoop: O Apache Hadoop é um dos quadros mais importantes para o tratamento de grandes conjuntos de dados. Utiliza um sistema de armazenamento distribuído, o Hadoop Distributed File System (HDFS), e um modelo de processamento denominado MapReduce, que permite o processamento paralelo de dados num grupo distribuído de servidores. O ecossistema do Hadoop inclui várias ferramentas, como o Hive (para armazenamento de dados), o Pig (para scripting de fluxo de dados) e o HBase (uma base de dados NoSQL).

2. Spark: O Apache Spark é um poderoso motor de processamento de código aberto conhecido pela sua velocidade e facilidade de utilização. Ao contrário do MapReduce do Hadoop, o Spark processa dados na memória, o que aumenta significativamente a velocidade de processamento. O Spark suporta várias tarefas de processamento de dados, incluindo processamento em lote, processamento de fluxo, aprendizagem automática e processamento de gráficos.

3. Bases de dados NoSQL: As bases de dados relacionais tradicionais debatem-se frequentemente com a escala e a complexidade dos grandes volumes de dados. As bases de dados NoSQL, como o MongoDB, o Cassandra e o Couchbase, foram concebidas para lidar com grandes volumes de diversos tipos de dados. Oferecem flexibilidade, escalabilidade e elevado desempenho para aplicações de megadados.

4. Armazéns de dados: As soluções modernas de armazenamento de dados, como o Amazon Redshift, o Google BigQuery e o Snowflake, são optimizadas para grandes volumes de dados. Fornecem capacidades de armazenamento e processamento escaláveis, permitindo consultas e análises complexas sobre grandes conjuntos de dados.

5. Processamento de fluxos: Para o processamento de dados em tempo real, são amplamente utilizadas ferramentas como o Apache Kafka, o Apache Flink e o Apache Storm. Estas tecnologias permitem o processamento contínuo de fluxos de dados, facilitando a análise em tempo real e a tomada de decisões.

6. Aprendizagem automática e IA: Os grandes volumes de dados e a inteligência artificial (IA) estão intimamente ligados. Os algoritmos de aprendizagem automática prosperam em grandes conjuntos de dados, que fornecem os dados de formação necessários para desenvolver modelos de previsão exactos. Estruturas como o TensorFlow, o PyTorch e o Scikit-Learn são populares para a criação de modelos de aprendizagem automática que podem revelar padrões e conhecimentos a partir de grandes volumes de dados.

Aplicações de Big Data

Os grandes volumes de dados penetraram em vários sectores, revolucionando a forma como operam e tomam decisões.

1. Cuidados de saúde: Nos cuidados de saúde, os grandes volumes de dados são utilizados para melhorar os resultados dos doentes, otimizar as operações e realizar investigação médica. Os registos de saúde electrónicos (EHR), os dispositivos portáteis e os dados genómicos fornecem grandes quantidades de informação que pode ser analisada para identificar padrões de doenças, prever surtos e personalizar planos de tratamento. A análise preditiva pode ajudar no diagnóstico precoce e nos cuidados preventivos, reduzindo, em última análise, os custos dos cuidados de saúde e melhorando os cuidados prestados aos doentes.

2. Finanças: O sector financeiro tira partido dos grandes volumes de dados para a gestão do risco, a deteção de fraudes e os serviços bancários personalizados. A análise de dados em tempo real ajuda a identificar transacções fraudulentas, a avaliar o risco de crédito e a otimizar as estratégias de negociação. A análise de grandes volumes de dados também permite que as instituições financeiras ofereçam

serviços e produtos personalizados com base nos comportamentos e preferências individuais dos clientes.

3. Retalho e comércio eletrónico: Os retalhistas e as plataformas de comércio eletrónico utilizam os megadados para melhorar a experiência do cliente, otimizar a gestão do inventário e melhorar a eficiência da cadeia de fornecimento. Ao analisar o histórico de compras, o comportamento de navegação e o feedback dos clientes, as empresas podem personalizar as campanhas de marketing, recomendar produtos e otimizar as operações. A gestão do inventário é melhorada através da previsão da procura, garantindo que os produtos certos estão disponíveis no momento certo.

4. Fabrico: Na indústria transformadora, os grandes volumes de dados são utilizados para a manutenção preditiva, o controlo da qualidade e a otimização da cadeia de abastecimento. Os sensores IoT nas máquinas recolhem dados sobre o desempenho e as condições, permitindo a manutenção preditiva e reduzindo o tempo de inatividade. A análise de grandes volumes de dados também pode identificar defeitos no processo de produção e sugerir melhorias, conduzindo a uma maior qualidade e eficiência do produto.

5. Telecomunicações: As empresas de telecomunicações utilizam grandes volumes de dados para otimizar o desempenho da rede, melhorar o serviço ao cliente e desenvolver novos serviços. A análise dos registos de dados das chamadas, do tráfego da rede e das interações com os clientes ajuda a identificar problemas na rede, a melhorar a experiência do utilizador e a reduzir as taxas de rotatividade. Os megadados também ajudam no desenvolvimento de estratégias de marketing direcionadas e ofertas de serviços personalizados.

6. Energia e serviços públicos: O sector da energia utiliza os megadados para a gestão de redes inteligentes, a previsão do consumo de energia e a manutenção preditiva das infra-estruturas. Os contadores inteligentes e os dispositivos IoT fornecem dados em tempo real sobre a utilização de energia, permitindo uma distribuição de energia mais eficiente e reduzindo o desperdício. A análise preditiva pode antecipar falhas no equipamento e otimizar os planos de manutenção.

7. Transportes e logística: Nos transportes e na logística, os grandes volumes de dados ajudam na otimização de rotas, na previsão da procura e na gestão de frotas. Os dados de GPS, os padrões de tráfego e as informações meteorológicas são analisados para otimizar as rotas, reduzir o consumo de combustível e melhorar os tempos de entrega. A análise de Big Data também ajuda a prever a procura de serviços de transporte, permitindo uma melhor afetação de recursos.

8. Entretenimento e media: A indústria do entretenimento utiliza grandes volumes de dados para compreender as preferências do público, otimizar a distribuição de conteúdos e fazer recomendações personalizadas. Serviços de streaming como o Netflix e o Spotify analisam os dados dos utilizadores para sugerir conteúdos adaptados aos gostos individuais. Os grandes volumes de dados também ajudam a determinar o sucesso dos conteúdos e a planear futuras produções com base nas tendências das audiências.

Desafios dos grandes dados

Apesar do seu potencial, os grandes volumes de dados apresentam vários desafios que as organizações têm de enfrentar para aproveitarem todas as suas vantagens.

1. Qualidade dos dados: É fundamental garantir a exatidão, a consistência e a fiabilidade dos grandes volumes de dados. Dados de má qualidade podem levar a percepções e decisões incorrectas. Os processos de limpeza, validação e governação dos dados são essenciais para manter a integridade dos dados.

2. Segurança e privacidade dos dados: Com a grande quantidade de informações sensíveis recolhidas, é fundamental garantir a segurança e a privacidade dos dados. As organizações devem implementar medidas de segurança robustas para proteger os dados contra violações e cumprir regulamentos como o RGPD e a CCPA. A utilização de dados pessoais também suscita preocupações em matéria de privacidade, exigindo práticas transparentes de tratamento de dados e mecanismos de consentimento do utilizador.

3. Armazenamento e processamento: Armazenar e processar grandes volumes de dados de forma eficiente é um desafio significativo. São necessárias soluções de armazenamento escaláveis e quadros de processamento de elevado desempenho para responder às exigências dos grandes volumes de dados. A computação em nuvem tornou-se uma solução popular, oferecendo capacidades de armazenamento e processamento escaláveis e económicas.

4. Integração: A integração de diversas fontes de dados, tanto estruturadas como não estruturadas, pode ser complexa. As organizações precisam de desenvolver sistemas que possam combinar sem problemas diferentes tipos e formatos de dados para fornecer uma visão unificada para análise.

5. Lacuna de competências: A procura de profissionais qualificados em análise de megadados excede a oferta. Os cientistas de dados, os engenheiros de dados e os analistas com conhecimentos especializados em tecnologias de megadados são essenciais para a extração de conhecimentos significativos. As organizações precisam de investir em formação e desenvolvimento para colmatar esta lacuna de competências.

6. Escalabilidade: Como os dados continuam a crescer, os sistemas devem ser escaláveis para acomodar volumes e complexidade crescentes. Garantir que as soluções de processamento e armazenamento de dados podem ser escalonadas de forma eficiente é fundamental para gerir eficazmente os grandes volumes de dados.

7. Interpretação dos dados: Analisar e interpretar grandes volumes de dados para extrair informações acionáveis é um desafio. São necessárias técnicas e ferramentas analíticas avançadas para descobrir padrões, correlações e tendências nos dados. As ferramentas de visualização e os painéis de controlo podem ajudar a apresentar dados complexos num formato compreensível para os decisores.

Tendências futuras em Big Data

O panorama dos grandes volumes de dados está em constante evolução, com várias tendências emergentes a moldar o seu futuro.

1. Inteligência artificial e aprendizagem automática: A IA e a aprendizagem automática continuarão a desempenhar um papel fundamental na análise de grandes volumes de dados. Os algoritmos avançados podem processar e analisar grandes conjuntos de dados de forma mais eficiente, proporcionando conhecimentos mais profundos e capacidades de previsão. Os modelos de aprendizagem automática tornar-se-ão mais precisos e sofisticados, impulsionando inovações em vários domínios.

2. Computação periférica: À medida que o volume de dados gerados na periferia (por dispositivos IoT, sensores, etc.) aumenta, a computação periférica tornar-se-á mais predominante. A computação periférica envolve o processamento de dados mais perto da sua fonte, reduzindo a latência e a utilização da largura de banda. Esta abordagem é particularmente vantajosa para aplicações que requerem análises e decisões em tempo real.

3. Democratização dos dados: Tornar as ferramentas e a análise de grandes volumes de dados acessíveis a utilizadores não técnicos é uma tendência emergente. As plataformas analíticas self-service e as interfaces de fácil utilização permitirão a um maior número de pessoas nas organizações tirar partido dos grandes volumes de dados para a tomada de decisões, promovendo uma cultura orientada para os dados.

4. Cadeia de blocos: A tecnologia de cadeia de blocos pode melhorar a segurança, a transparência e a integridade dos grandes volumes de dados. Ao fornecer um registo descentralizado e imutável, a cadeia de blocos pode garantir a proveniência dos dados e proteger contra a adulteração, tornando-a valiosa para aplicações que exigem uma elevada integridade dos dados.

5. Computação quântica: A computação quântica tem o potencial de revolucionar a análise de grandes volumes de dados, resolvendo problemas complexos muito mais rapidamente do que os computadores clássicos. Embora ainda na sua fase inicial, os avanços na computação quântica poderão melhorar significativamente as capacidades de processamento necessárias para a análise de dados em grande escala.

6. Privacidade e ética dos dados: medida que aumentam as preocupações com a privacidade e a utilização ética dos dados, haverá uma maior incidência no desenvolvimento de quadros e tecnologias para garantir um tratamento responsável dos dados. As técnicas de preservação da privacidade, como a privacidade diferencial e a aprendizagem federada, ganharão proeminência, permitindo a análise de dados sem deixar de proteger a privacidade individual.

7. Análise aumentada: A análise aumentada utiliza a IA e a aprendizagem automática para automatizar a preparação de dados, a geração de informações e a visualização. Esta abordagem simplifica o processo de análise, permitindo que os utilizadores obtenham rapidamente informações sem conhecimentos técnicos profundos.

8. Sustentabilidade: O impacto ambiental do processamento de grandes volumes de dados está a tornar-se uma preocupação. Haverá um impulso no sentido de centros de dados mais eficientes em termos energéticos e de práticas sustentáveis na gestão de infra-estruturas de grandes volumes de dados para reduzir a pegada de carbono.

Os grandes volumes de dados são uma força transformadora que impulsiona a inovação e a eficiência em vários sectores. As suas caraterísticas definidoras de volume, velocidade e variedade colocam desafios que exigem tecnologias avançadas e profissionais qualificados para os enfrentar. Os potenciais benefícios dos megadados são vastos, desde a melhoria dos resultados dos cuidados de saúde e dos serviços financeiros até à otimização dos processos de fabrico e à melhoria das experiências dos clientes. À medida que o campo evolui, as tendências emergentes como a IA, a computação de ponta e a computação quântica moldarão o futuro dos megadados, oferecendo novas oportunidades e soluções para os desafios enfrentados. A adoção de grandes volumes de dados exige uma abordagem estratégica, que contemple a qualidade dos dados, a segurança, a escalabilidade e considerações éticas para aproveitar todo o seu potencial e impulsionar o crescimento sustentável.

1.2 A importância da análise de grandes volumes de dados

No mundo digital de hoje, a análise de grandes volumes de dados está a tornar-se cada vez mais importante, transformando a forma como as empresas utilizam os dados para estimular a criatividade e a tomada de decisões. O poder da análise de grandes volumes de dados reside na sua capacidade de tratar e analisar enormes volumes de dados, produzindo conhecimentos que anteriormente eram inatingíveis utilizando técnicas convencionais. As empresas podem ganhar uma vantagem competitiva, aumentar a eficiência operacional e melhorar as experiências dos consumidores através da utilização da análise de megadados.

Uma das principais vantagens da análise de grandes volumes de dados é a sua capacidade de descobrir padrões ocultos, correlações e tendências em grandes conjuntos de dados. Esta capacidade permite às organizações tomar decisões baseadas em dados, reduzindo a dependência da intuição e aumentando a precisão. Por exemplo, no sector da saúde, a análise de megadados pode analisar registos de pacientes e investigação médica para prever surtos de doenças, personalizar planos de tratamento e melhorar os resultados dos pacientes. Ao identificar pacientes de alto risco e otimizar os protocolos de tratamento, os prestadores de cuidados de saúde podem prestar cuidados mais eficazes e reduzir os custos.

No sector financeiro, a análise de grandes volumes de dados desempenha um papel crucial na gestão do risco e na deteção de fraudes. Ao analisar os dados das transacções em tempo real, as instituições financeiras podem identificar actividades suspeitas e evitar transacções fraudulentas. Além disso, a análise de megadados permite uma pontuação de crédito mais precisa, ajudando os mutuantes a avaliar o risco do mutuário com maior exatidão e a tomar melhores decisões de empréstimo. Isto não só reduz as taxas de incumprimento, como também garante que o crédito é concedido a indivíduos e empresas com maior probabilidade de reembolso.

A análise de grandes volumes de dados é utilizada pelas empresas de retalho e de comércio eletrónico para melhorar as experiências dos consumidores e simplificar o controlo do inventário. Os retalhistas podem desenvolver campanhas de marketing individualizadas e sugestões de produtos, examinando as compras anteriores, os hábitos de navegação e as interações nas redes sociais dos seus clientes. O aumento da satisfação e da lealdade dos clientes em resultado deste grau de personalização aumenta as receitas e as vendas. Além disso, ao antecipar as tendências da procura e ao otimizar os níveis de stock, a análise de Big Data ajuda os comerciantes a gerir as suas cadeias de fornecimento de forma mais eficaz, o que reduz os custos de inventário e minimiza as rupturas de stock.

No sector da produção, a análise de grandes volumes de dados é utilizada para otimizar os processos de produção e melhorar a qualidade dos produtos. Ao analisar os dados dos sensores e do equipamento de produção, os fabricantes podem identificar ineficiências, prever falhas no equipamento e implementar estratégias de manutenção preditiva. Esta abordagem proactiva reduz o tempo de inatividade, aumenta a produtividade e garante uma qualidade consistente dos produtos. A análise de megadados também facilita a otimização da cadeia de fornecimento, permitindo aos fabricantes responder rapidamente às alterações da procura e reduzir os custos operacionais.

A indústria das telecomunicações beneficia da análise de grandes volumes de dados, optimizando o desempenho da rede e melhorando o serviço ao cliente. Ao analisar os registos de dados das chamadas, o tráfego da rede e o feedback dos clientes, as empresas de telecomunicações podem identificar e resolver rapidamente os problemas da rede, garantindo uma melhor qualidade do serviço. Além disso, a análise de grandes volumes de dados ajuda os fornecedores de telecomunicações a compreender as preferências e os padrões de utilização dos clientes, permitindo-lhes oferecer planos de serviço e promoções personalizados que aumentam a satisfação do cliente e reduzem as taxas de rotatividade.

A análise de grandes volumes de dados é utilizada por empresas de serviços públicos e de energia para melhorar a utilização de energia e gerir redes inteligentes. Os fornecedores de energia podem descobrir ineficiências, monitorizar a utilização de energia em tempo real e aplicar tácticas de resposta à procura através da análise de dados de contadores inteligentes e dispositivos da Internet das Coisas. Isto reduz os custos operacionais e incentiva a conservação de energia, para além de ajudar a equilibrar a oferta e a procura. Além disso, a análise preditiva pode prever avarias no equipamento, permitindo uma manutenção rápida e reduzindo a possibilidade de falhas de energia.

No sector dos transportes e da logística, a análise de Big Data melhora a otimização de rotas, a gestão de frotas e a previsão da procura. Ao analisar dados de GPS, padrões de tráfego e condições meteorológicas, as empresas de logística podem otimizar as rotas de entrega, reduzir o consumo de combustível e melhorar os tempos de entrega. A análise de Big Data também ajuda a prever a procura de serviços de transporte, permitindo que as empresas atribuam recursos de forma mais eficiente e melhorem os níveis de serviço.

A indústria do entretenimento e dos media utiliza a análise de grandes volumes de dados para compreender as preferências do público e otimizar a distribuição de conteúdos. Plataformas de streaming como a Netflix e o Spotify analisam os dados dos utilizadores para recomendar conteúdos adaptados aos gostos individuais, aumentando o envolvimento e a satisfação dos utilizadores. A análise de grandes volumes de dados também ajuda as empresas de comunicação social a avaliar o sucesso dos conteúdos e a tomar decisões baseadas em dados sobre futuras produções e estratégias de marketing.

A análise de grandes volumes de dados oferece muitas vantagens, mas para concretizar plenamente o seu potencial, as empresas têm de ultrapassar alguns obstáculos. Uma vez que dados erróneos ou inconsistentes podem resultar em informações e acções incorrectas, a qualidade dos dados é um tópico importante. É crucial garantir a correção, consistência e fiabilidade dos dados, utilizando procedimentos rigorosos de limpeza e validação de dados. Além disso, tendo em conta a natureza sensível dos dados adquiridos, a segurança e a privacidade dos dados são fundamentais. Para evitar violações de dados e utilização indevida, as organizações têm de implementar medidas de segurança rigorosas e aderir a leis como a CCPA e o RGPD.

A escalabilidade é outro desafio, uma vez que o volume de dados continua a crescer exponencialmente. As organizações precisam de soluções de armazenamento e processamento escaláveis para lidar eficazmente com a crescente carga de dados.

A computação em nuvem surgiu como uma solução popular, oferecendo uma infraestrutura escalável e económica para a análise de grandes volumes de dados. A integração de diversas fontes de dados, tanto estruturadas como não estruturadas, também é complexa. As organizações têm de desenvolver sistemas que possam combinar sem problemas diferentes tipos e formatos de dados para fornecer uma visão unificada para análise.

A procura de profissionais qualificados em análise de grandes volumes de dados excede a oferta, criando uma lacuna de competências que as organizações têm de colmatar. Os cientistas de dados, os engenheiros de dados e os analistas com conhecimentos especializados em tecnologias de megadados são essenciais para a extração de conhecimentos significativos. O investimento em programas de formação e desenvolvimento pode ajudar as organizações a criar os talentos necessários para tirar partido da análise de megadados de forma eficaz.

Olhando para o futuro, a análise de grandes volumes de dados está a ser moldada por uma série de novos temas. Modelos de previsão mais sofisticados e precisos são possíveis graças à crescente integração da análise de megadados com a inteligência artificial (IA) e a aprendizagem automática. Como a computação periférica oferece vantagens como menor latência e utilização de largura de banda, está a tornar-se cada vez mais popular à medida que a quantidade de dados criados na periferia aumenta. A cultura orientada para os dados de uma organização está a ser promovida pela democratização dos dados, o que implica dar a indivíduos não técnicos acesso a ferramentas e análises de grandes volumes de dados.

A tecnologia Blockchain tem o potencial de melhorar a segurança e a integridade dos dados, fornecendo um registo descentralizado e imutável para as transacções de dados. A computação quântica, embora ainda na sua fase inicial, promete revolucionar a análise de grandes volumes de dados, resolvendo problemas complexos muito mais rapidamente do que os computadores clássicos. À medida que aumentam as preocupações com a privacidade e a utilização ética dos dados, as organizações concentrar-se-ão mais no desenvolvimento de estruturas e tecnologias para garantir um tratamento responsável dos dados.

A análise de grandes volumes de dados é essencial para as empresas de vários sectores, pois permite-lhes extrair informações significativas de grandes volumes de dados. A análise de grandes volumes de dados dá às empresas uma vantagem competitiva na era digital, aumentando as experiências dos consumidores, simplificando os processos e reforçando a tomada de decisões. Para tirar o máximo partido das vantagens da análise de grandes volumes de dados, as empresas têm de resolver problemas relacionados com a qualidade dos dados, a segurança, a escalabilidade e as lacunas de talento. Tecnologias emergentes como a cadeia de blocos, a computação periférica e a inteligência artificial influenciarão o futuro deste domínio e apresentarão novos desafios e possibilidades à medida que este continua a mudar. A adoção da análise de grandes volumes de dados exige uma estratégia calculada que tenha em conta as questões éticas, a segurança e a integridade dos dados, utilizando simultaneamente ferramentas de ponta e pessoal qualificado para promover a inovação e o êxito a longo prazo.

1.3 Principais conceitos e terminologias

A análise de grandes volumes de dados gira em torno de vários conceitos-chave que permitem às organizações extrair informações valiosas de vastos conjuntos de dados. Um dos principais conceitos é a extração de dados, que envolve a exploração de grandes conjuntos de dados para descobrir padrões, correlações e anomalias que podem informar a tomada de decisões. Este processo emprega frequentemente técnicas como o agrupamento, a classificação e a análise de regressão para identificar tendências significativas nos dados.

A aprendizagem automática, um tipo de inteligência artificial que utiliza algoritmos para avaliar dados, tirar conclusões e fazer previsões ou juízos de valor sem necessidade de programação explícita, é outra ideia-chave. São utilizados grandes conjuntos de dados para treinar modelos de aprendizagem automática, incluindo árvores de decisão e redes neurais, para que possam tornar-se gradualmente mais precisos e preditivos. A análise de grandes volumes de dados também necessita de visualização de dados. As partes interessadas podem aceder e compreender melhor os dados complicados utilizando representações gráficas, como quadros, gráficos e painéis de controlo, para retratar os dados. Uma melhor tomada de decisões é facilitada por uma visualização de dados eficiente, que ajuda na rápida identificação de tendências, valores atípicos e padrões.

A análise em tempo real é um conceito que se refere ao processamento e análise imediatos dos dados à medida que estes são gerados. Esta capacidade é fundamental para aplicações que requerem conhecimentos instantâneos, como a deteção de fraudes, a negociação de acções e o marketing personalizado. Tecnologias como a computação na memória e as estruturas de processamento de fluxo permitem a análise de dados em tempo real.

Uma ideia-chave na análise de grandes volumes de dados é a escalabilidade, que realça a necessidade de sistemas que possam gerir eficazmente quantidades crescentes de dados. As arquitecturas escaláveis garantem que as capacidades de processamento e armazenamento de dados podem crescer à medida que as quantidades de dados aumentam. Estas arquitecturas são frequentemente utilizadas em sistemas de computação em nuvem. Outras ideias importantes incluem a qualidade dos dados e a governação dos dados, que garantem a segurança, a consistência e a correção dos dados. Uma análise fiável exige dados de alta qualidade e quadros sólidos de governação dos dados ajudam a gerir a integridade, a conformidade e a privacidade dos dados.

Por último, a análise preditiva é o processo de previsão de ocorrências futuras com base em dados anteriores. A análise preditiva utiliza modelos estatísticos e algoritmos de aprendizagem automática para encontrar riscos e possibilidades futuras. Isto permite às empresas tomar medidas preventivas para lidar com possíveis problemas e tirar partido das novas tendências. Estas ideias fundamentais fornecem o enquadramento para a análise de grandes volumes de dados, que ajuda as empresas a transformar enormes volumes de dados em informações úteis que informam as escolhas estratégicas e as operações quotidianas.

1.4 Contexto histórico e evolução

O desenvolvimento histórico dos megadados pode ser rastreado até aos primórdios dos computadores e do armazenamento de dados. Passou por uma série de pontos de viragem importantes que moldaram o seu estado atual. Os computadores alteraram as capacidades de processamento e armazenamento de dados durante as décadas de 1960 e 1970, permitindo às empresas gerir conjuntos de dados maiores do que nunca. A gestão moderna de dados tem as suas raízes no desenvolvimento das bases de dados relacionais da década de 1970, particularmente no System R da IBM e na linguagem SQL que se lhe seguiu. Estas tecnologias ofereceram um meio organizado de armazenar e recuperar dados de forma eficaz.

Na década de 1980, o armazenamento de dados surgiu como um conceito impulsionado pela necessidade de agregar dados de diferentes fontes num único repositório para análise. Empresas como a Teradata foram pioneiras no desenvolvimento de soluções de data warehouse, permitindo às empresas efetuar consultas e análises mais sofisticadas. Durante este período, o crescimento dos dados transaccionais das operações comerciais e a utilização crescente de sistemas de ponto de venda começaram a criar conjuntos de dados maiores e mais complexos.

A Internet e a quantidade de dados criados pela atividade em linha registaram um desenvolvimento exponencial na década de 1990. À medida que a quantidade, a velocidade e a diversidade dos dados aumentavam rapidamente, a expressão "grandes volumes de dados" começou a ser utilizada. Foram gerados volumes de dados sem precedentes pelos registos da Web, pelas transacções em linha e pela difusão de material digital. Quando surgiram motores de pesquisa como o Google, estes utilizavam métodos de processamento de dados de ponta, como o algoritmo MapReduce, que permitia tratar conjuntos de dados maciços de forma distribuída por vários computadores.

A proliferação de sítios de redes sociais, como o Facebook, o LinkedIn e o Twitter, no início da década de 2000, veio aumentar o dilúvio de dados. A enorme expansão de dados não estruturados foi facilitada por conteúdos gerados pelos utilizadores, interações e carregamentos de multimédia. Por esta altura, as empresas começaram a aperceber-se do valor que os grandes volumes de dados poderiam ter para conhecer os gostos e o comportamento dos seus clientes. As tecnologias que permitem o armazenamento distribuído e o processamento de conjuntos de dados maciços, como o Hadoop, uma versão de código aberto do MapReduce da Google, ganharam popularidade.

A década de 2010 marcou uma era significativa de inovação e avanço nas tecnologias de megadados. O advento da computação em nuvem proporcionou soluções escaláveis e económicas para o armazenamento e processamento de dados. Serviços como o Amazon Web Services (AWS), o Microsoft Azure e o Google Cloud Platform ofereceram uma infraestrutura robusta para lidar com cargas de trabalho de grandes volumes de dados. Além disso, o desenvolvimento de bases de dados NoSQL, como o MongoDB, o Cassandra e o HBase, resolveu as limitações das bases de dados relacionais tradicionais, oferecendo mais flexibilidade e escalabilidade para o tratamento de dados não estruturados.

A aprendizagem automática e a inteligência artificial começaram a cruzar-se mais profundamente com os grandes volumes de dados durante esta década. A disponibilidade de grandes conjuntos de dados permitiu o treino de modelos de aprendizagem automática mais precisos e complexos, impulsionando os avanços na análise preditiva, no processamento de linguagem natural e no reconhecimento de imagens. Surgiram ferramentas como o Apache Spark, que oferecem capacidades de processamento de dados mais rápidas e versáteis em comparação com o MapReduce do Hadoop.

Regulamentos como a Lei de Privacidade do Consumidor da Califórnia (CCPA) nos EUA e o Regulamento Geral de Proteção de Dados (GDPR) na Europa foram aprovados para salvaguardar os direitos individuais dos dados, à medida que a privacidade e a segurança dos dados se tornavam cada vez mais vitais. Os requisitos acima mencionados impuseram uma complexidade adicional à gestão de grandes volumes de dados, obrigando as empresas a implementar políticas de governação de dados mais rigorosas e a garantir a conformidade.

À medida que entramos na década de 2020, a computação periférica - que analisa os dados mais perto da fonte para minimizar a latência e a utilização da largura de banda - e outras tecnologias em desenvolvimento continuarão a moldar o futuro dos grandes volumes de dados. Os fluxos de dados em tempo real são produzidos pela integração de dispositivos da Internet das Coisas (IoT), o que exige estruturas sofisticadas de análise e processamento. O potencial da tecnologia blockchain para facilitar o intercâmbio seguro e transparente de dados também está a ser investigado.

A evolução dos grandes volumes de dados na década de 2020 caracteriza-se por avanços rápidos e aplicações transformadoras que estão a remodelar as indústrias e as sociedades. Esta era foi marcada por inovações tecnológicas significativas, pelo surgimento de novos paradigmas no processamento de dados e por uma maior consciencialização da privacidade dos dados e de considerações éticas. Os parágrafos seguintes irão aprofundar estes aspectos, fornecendo uma visão global dos desenvolvimentos em matéria de megadados durante a década de 2020.

Avanços tecnológicos e inovações

Computação de ponta: Um dos principais avanços na década de 2020 é o surgimento da computação periférica. Esta tecnologia aborda as limitações da computação em nuvem, processando os dados mais perto da sua fonte, como os dispositivos e sensores IoT. A computação periférica reduz a latência, melhora o processamento de dados em tempo real e diminui a utilização da largura de banda. Esta capacidade é crucial para aplicações que requerem informações e acções imediatas, como veículos autónomos, cidades inteligentes e automação industrial. Ao descentralizar o processamento de dados, a computação periférica permite sistemas mais eficientes e reactivos.

Tecnologia 5G: O ambiente de grandes volumes de dados foi grandemente alterado pela implantação de redes 5G. Milhares de milhões de dispositivos IoT podem ser integrados sem problemas graças à conetividade de alta velocidade, à baixa latência e à conetividade de dispositivos de grande dimensão do 5G. Esta disseminação de dispositivos ligados produz volumes maciços de dados, o que exige ferramentas sofisticadas de processamento e análise. A transmissão e a análise de dados em tempo real são possíveis graças à tecnologia 5G, que abre novas possibilidades para a telemedicina, a realidade aumentada e a monitorização remota.

Computação quântica: Embora ainda na sua fase inicial, a computação quântica promete revolucionar a análise de grandes volumes de dados. Os computadores quânticos utilizam bits quânticos (qubits) que podem representar e processar vários estados em simultâneo, permitindo-lhes resolver problemas complexos de forma exponencialmente mais rápida do que os computadores clássicos. Na década de 2020, foram dados passos significativos no desenvolvimento de algoritmos quânticos para aplicações de grandes volumes de dados, tais como problemas de otimização, análise criptográfica e simulações em grande escala. Embora a computação quântica prática e em grande escala possa estar ainda a alguns anos de distância, o seu potencial impacto nos grandes volumes de dados é profundo.

Novos paradigmas no processamento de dados

Inteligência artificial e aprendizagem automática: A integração da inteligência artificial (IA) e da aprendizagem automática (ML) com a análise de grandes volumes de dados atingiu novos patamares na década de 2020. Os algoritmos de IA e ML são cada vez mais utilizados para descobrir padrões, fazer previsões e automatizar processos de tomada de decisões. A aprendizagem profunda, um subconjunto do ML, tornou-se particularmente proeminente, impulsionando avanços no processamento de linguagem natural, reconhecimento de imagem e análise preditiva. Estas tecnologias permitem que as organizações obtenham conhecimentos mais profundos dos seus dados, melhorem a eficiência operacional e criem experiências de utilizador personalizadas.

Data Lakes e Lakehouses: Com o advento dos data lakes e lakehouses, o conceito convencional de data warehouse mudou. Os lagos de dados proporcionam maior flexibilidade na administração e análise de dados, armazenando dados brutos e não estruturados no seu estado original. Ao permitir o manuseamento de dados estruturados e não estruturados, o processamento em tempo real e a análise avançada, os lakehouses combinam as vantagens dos data lakes e dos data warehouses. Estes novos paradigmas melhoram a acessibilidade dos dados e permitem uma análise de dados mais completa e flexível.

Estratégias híbridas e de várias nuvens: As organizações na década de 2020 adotam cada vez mais estratégias híbridas e de várias nuvens para aproveitar os melhores recursos de diferentes provedores de nuvem e da infraestrutura local. Essas estratégias oferecem maior flexibilidade, resiliência e eficiência de custo no gerenciamento de cargas de trabalho de Big Data. Ao distribuir dados e aplicativos em vários ambientes, as organizações podem otimizar o desempenho, garantir a redundância de dados e cumprir as regulamentações regionais de dados.

Privacidade de dados e considerações éticas

Regulamentos de privacidade de dados: Em todo o mundo, foram implementadas leis rigorosas de proteção de dados na década de 2020, e a privacidade dos dados tornou-se cada vez mais importante. Elevados requisitos de gestão de dados e permissão do utilizador são impostos por leis como a Lei de Privacidade do Consumidor da Califórnia (CCPA) nos EUA e o Regulamento Geral de Proteção de Dados (GDPR) na Europa. As organizações devem ter estruturas de governação de dados fortes para cumprir estas regras, garantindo que os dados são recolhidos, processados e mantidos de forma transparente e segura. A utilização de tecnologia de preservação da privacidade foi estimulada pelo crescente escrutínio regulamentar dos problemas de privacidade dos dados.

IA ética e utilização responsável dos dados: A par das preocupações com a privacidade, as considerações éticas em matéria de IA e de grandes volumes de dados passaram para primeiro plano. As organizações estão a reconhecer cada vez mais a importância de desenvolver e implementar sistemas de IA que sejam justos, transparentes e responsáveis. O preconceito nos algoritmos de IA, que pode levar a resultados discriminatórios, é uma preocupação significativa. Os esforços para mitigar o enviesamento envolvem a representação de dados diversos, a transparência algorítmica e a monitorização contínua dos sistemas de IA. Além disso, estão a ser desenvolvidos quadros éticos para orientar a utilização responsável de grandes volumes de dados, garantindo que as decisões baseadas em dados não prejudicam indivíduos ou comunidades.

Aplicações transformadoras

Cuidados de saúde e genómica: Na década de 2020, os grandes volumes de dados foram aplicados de forma revolucionária nestes domínios. A importância dos métodos baseados em dados para monitorizar a transmissão viral, estimar as taxas de infeção e maximizar a distribuição de vacinas foi evidenciada pela pandemia de COVID-19. A compreensão dos impactos a longo prazo do vírus e o desenvolvimento de terapias viáveis foram possíveis graças, em grande parte, à análise de grandes volumes de dados. Os megadados em genómica permitem analisar enormes volumes de dados genéticos, o que revolucionou a medicina personalizada, a previsão de doenças e a criação de medicamentos adaptados.

Finanças e gestão de riscos: O sector financeiro continua a tirar partido dos grandes volumes de dados para a gestão de riscos, deteção de fraudes e serviços bancários personalizados. A análise de dados em tempo real ajuda as instituições financeiras a identificar actividades fraudulentas, a avaliar os riscos de crédito com maior precisão e a otimizar as estratégias de negociação. O big data também apoia o desenvolvimento de produtos e serviços financeiros personalizados, aumentando a satisfação e a fidelidade do cliente. A integração da IA e dos megadados nas finanças conduziu ao aparecimento de robo-consultores, que fornecem aconselhamento de investimento automatizado e baseado em dados.

Cidades inteligentes e planeamento urbano: Os megadados estão no centro das iniciativas de cidades inteligentes, que têm como objetivo melhorar a vida urbana através da tecnologia e de informações baseadas em dados. Os sensores e os dispositivos IoT recolhem dados sobre vários aspectos da vida urbana, incluindo o tráfego, a qualidade do ar, a utilização de energia e a segurança pública. A análise destes dados permite aos responsáveis pelo planeamento urbano otimizar o fluxo de tráfego, reduzir a poluição, melhorar a eficiência energética e melhorar os serviços públicos. Os projectos de cidades inteligentes na década de 2020 centram-se na criação de ambientes urbanos sustentáveis e resilientes que melhorem a qualidade de vida dos residentes.

Retalho e experiência do cliente: A análise de Big Data mudou completamente a forma como as empresas vêem e interagem com os seus consumidores no sector do retalho. Os retalhistas podem melhorar as estratégias de preços, gerir o inventário de forma mais eficaz e oferecer experiências de compra personalizadas, estudando o comportamento, as preferências e os comentários dos clientes. Os retalhistas podem reduzir as rupturas de stock e os problemas de excesso de stock utilizando a análise preditiva para prever as tendências da procura. Os grandes volumes de dados também são utilizados no retalho através de estratégias omnicanal, que oferecem uma experiência de consumo harmoniosa através da integração de dados entre canais online e offline.

O futuro dos grandes dados

Integração de tecnologias emergentes: O futuro dos grandes volumes de dados será moldado pela integração contínua de tecnologias emergentes, como a IA, a IoT, a cadeia de blocos e a computação quântica. Estas tecnologias melhorarão as capacidades de processamento de dados, melhorarão a segurança e a transparência e permitirão novas aplicações que eram anteriormente inimagináveis. Por exemplo, a cadeia de blocos pode fornecer um livro-razão seguro e transparente para transacções de dados, enquanto a computação quântica pode resolver problemas de otimização complexos a velocidades sem precedentes.

Sustentabilidade e impacto ambiental: À medida que o impacto ambiental do processamento de dados se torna uma preocupação crescente, haverá um enfoque em práticas sustentáveis na gestão de grandes volumes de dados. Os centros de dados eficientes em termos energéticos, as iniciativas de computação ecológica e as soluções de armazenamento de dados sustentáveis tornar-se-ão cada vez mais importantes. As organizações procurarão minimizar a sua pegada de carbono e, ao mesmo tempo, aproveitar os megadados para enfrentar os desafios ambientais, como as alterações climáticas, a gestão de recursos e os esforços de conservação.

Democratização de dados: O conceito de democratização dos dados ganhará força, tornando as ferramentas e a análise de grandes volumes de dados acessíveis a um maior número de utilizadores nas organizações. As plataformas de análise self-service, as interfaces de fácil utilização e as soluções com pouco ou nenhum código permitirão que os utilizadores não técnicos aproveitem o poder dos grandes volumes de dados. Esta democratização promoverá uma cultura orientada para os dados, em que a tomada de decisões é informada por informações de dados a todos os níveis da organização.

Tecnologias de preservação da privacidade: Com o crescente enfoque na privacidade dos dados, as tecnologias de preservação da privacidade, como a privacidade diferencial e a aprendizagem federada, tornar-se-ão mais prevalecentes. Estas tecnologias permitem a análise de dados ao mesmo tempo que protegem a privacidade individual, permitindo que as organizações obtenham conhecimentos sem comprometer informações sensíveis. O desenvolvimento de técnicas de preservação da privacidade será fundamental para manter a confiança dos utilizadores e cumprir os rigorosos regulamentos de proteção de dados.

A década de 2020 foi uma década transformadora para os megadados, caracterizada por avanços tecnológicos significativos, o surgimento de novos paradigmas de processamento de dados e uma maior consciencialização da privacidade dos dados e das considerações éticas. A integração da computação periférica, do 5G, da IA e da computação quântica expandiu as capacidades da análise de megadados, permitindo conhecimentos em tempo real e aplicações inovadoras em vários sectores. À medida que as organizações continuam a navegar pelas complexidades dos grandes volumes de dados, a ênfase em práticas sustentáveis, a democratização dos dados e as tecnologias de preservação da privacidade moldarão o panorama futuro, impulsionando o progresso e a inovação num mundo orientado para os dados.
.

A pandemia de COVID-19 pôs em evidência o papel fundamental da análise de megadados na resposta aos desafios globais. As abordagens baseadas em dados foram amplamente utilizadas para acompanhar a propagação do vírus, modelar as taxas de infeção e otimizar a distribuição de vacinas. Este período sublinhou a importância dos megadados na tomada de decisões informadas durante as crises.

Desde o simples processamento de dados nos primórdios dos computadores até à análise complexa e aos enormes ecossistemas de dados que vemos atualmente, esta é a história dos grandes volumes de dados. De dez em dez anos, registaram-se novos avanços no processamento, análise e armazenamento de dados. Os grandes volumes de dados alteraram completamente a forma como as empresas funcionam e fazem escolhas. Começou com o desenvolvimento das bases de dados relacionais e do armazenamento de dados e continuou com a Internet e as redes sociais, a computação em nuvem e a inteligência artificial. Com a integração de novas tecnologias e os avanços contínuos na privacidade e segurança dos dados, os grandes volumes de dados prometem fazer ainda mais progressos no futuro e continuar a influenciar a forma como utilizamos os dados para estimular a inovação e o sucesso.

1.5 Ciclo de vida da análise de Big Data

O ciclo de vida da análise de Big Data é uma abordagem estruturada que orienta o processo de extração de informações valiosas de grandes quantidades de dados. Este ciclo de vida consiste em várias fases, cada uma delas essencial para gerir e analisar eficazmente os grandes volumes de dados. O ciclo de vida começa com a compreensão do negócio, seguida da aquisição de dados, preparação de dados, armazenamento de dados, análise de dados e, finalmente, interpretação e operacionalização dos resultados. Cada fase é crucial para garantir que o processo de análise de dados seja completo, preciso e alinhado com os objectivos da organização.

Compreensão do negócio

A primeira fase do ciclo de vida da análise de Big Data é a compreensão do negócio. Isto envolve a definição do problema ou da oportunidade que a organização pretende resolver através da análise de Big Data. Requer uma colaboração estreita entre os cientistas de dados, os analistas empresariais e as partes interessadas para garantir que a análise está alinhada com os objectivos empresariais. Durante esta fase, são estabelecidos objectivos claros e são identificados indicadores-chave de desempenho (KPI) para medir o sucesso do projeto de análise. Compreender o contexto empresarial é essencial para formular as perguntas certas e garantir que as fases subsequentes do ciclo de vida se centram na produção de informações relevantes e acionáveis.

Aquisição de dados

Quando os objectivos comerciais são claros, a fase seguinte é a aquisição de dados. Isto envolve a recolha de dados de várias fontes, que podem incluir dados estruturados de bases de dados, dados não estruturados de redes sociais, dados de sensores de dispositivos IoT, entre outros. O processo de aquisição de dados deve garantir que os dados recolhidos são relevantes, abrangentes e de elevada qualidade. Esta fase pode envolver a criação de condutas de dados para automatizar a recolha e a ingestão de dados. A aquisição de dados também envolve a resolução de desafios relacionados com o volume, a variedade e a velocidade dos dados, garantindo que os dados podem ser processados de forma eficiente nas fases subsequentes.

Preparação de dados

A preparação dos dados é uma fase crítica que envolve a limpeza, transformação e organização dos dados para análise. Os dados em bruto contêm frequentemente ruído, valores em falta e inconsistências que têm de ser resolvidos para garantir uma análise exacta. A limpeza de dados envolve a remoção ou correção de erros, enquanto a transformação de dados envolve a conversão de dados num formato adequado para análise. Esta fase pode também incluir a integração de dados, em que os dados de diferentes fontes são combinados para criar um conjunto de dados unificado. A engenharia de caraterísticas, que envolve a criação de novas caraterísticas a partir de dados existentes para melhorar o desempenho dos modelos de aprendizagem automática, é também um aspeto fundamental da preparação dos dados. O objetivo desta fase é criar um conjunto de dados de alta qualidade que possa ser analisado eficazmente para gerar conhecimentos.

Armazenamento de dados

A próxima etapa do ciclo de vida da análise de Big Data é o armazenamento de dados. Tendo em conta os grandes volumes de dados envolvidos, as organizações precisam de escolher soluções de armazenamento adequadas que sejam escaláveis, seguras e económicas. Os dados podem ser armazenados em vários formatos, como bases de dados relacionais, bases de dados NoSQL, lagos de dados ou sistemas de ficheiros distribuídos como o Hadoop. A escolha da solução de armazenamento depende de factores como o tipo de dados, os padrões de consulta previstos e a necessidade de acesso em tempo real. As soluções de armazenamento de dados devem também garantir a integridade, a disponibilidade e a segurança dos dados, especialmente quando se trata de dados sensíveis ou regulamentados. O armazenamento eficaz dos dados é crucial para permitir uma recuperação e análise eficientes dos dados nas fases subsequentes.

Análise de dados

A análise de dados é a fase central do ciclo de vida da análise de Big Data, em que são aplicadas técnicas analíticas avançadas para extrair informações dos dados preparados. Esta fase pode envolver vários tipos de análise, incluindo a análise descritiva, a análise de diagnóstico, a análise preditiva e a análise prescritiva. A análise descritiva fornece uma visão geral do que aconteceu, enquanto a análise de diagnóstico explora a razão pela qual aconteceu. A análise preditiva utiliza modelos estatísticos e algoritmos de aprendizagem automática para prever tendências futuras, e a análise prescritiva recomenda acções com base na análise.

Durante esta fase, os cientistas de dados utilizam ferramentas e técnicas como a análise estatística, a aprendizagem automática, a extração de dados e a visualização para descobrir padrões, correlações e tendências nos dados. A escolha dos métodos analíticos depende dos objectivos comerciais e da natureza dos dados. Esta fase pode envolver processos iterativos, em que os modelos são refinados e validados para garantir a sua exatidão e relevância. A análise de dados é crucial para gerar conhecimentos acionáveis que possam informar a tomada de decisões e gerar valor comercial.

Interpretação dos resultados

Uma vez concluída a análise dos dados, a fase seguinte é a interpretação dos resultados. Esta fase envolve a tradução das conclusões analíticas em conhecimentos significativos que possam ser compreendidos pelas partes interessadas da empresa. A comunicação eficaz dos resultados é crucial para garantir que as informações são acionáveis e estão alinhadas com os objectivos empresariais. As técnicas de visualização de dados, como quadros, gráficos e dashboards, desempenham um papel fundamental para tornar os dados complexos mais acessíveis e compreensíveis. Durante esta fase, os cientistas de dados trabalham em estreita colaboração com os analistas empresariais para interpretar os resultados e identificar potenciais implicações para a organização.

A interpretação dos resultados também envolve a avaliação da qualidade e fiabilidade dos conhecimentos gerados. Isto pode incluir a avaliação do desempenho dos modelos preditivos, a validação das conclusões em relação a resultados conhecidos e a realização de análises de sensibilidade para compreender a robustez dos resultados. O objetivo desta fase é fornecer recomendações claras e acionáveis que possam orientar a tomada de decisões e conduzir a melhorias na empresa.

Operacionalização

A fase final do ciclo de vida da análise de Big Data é a operacionalização, em que os conhecimentos gerados a partir da análise são implementados para alcançar os resultados comerciais desejados. Esta fase envolve a integração dos resultados analíticos nos processos empresariais, sistemas e estruturas de tomada de decisões. Pode incluir a implementação de modelos de aprendizagem automática na produção, a automatização de fluxos de trabalho orientados para os dados e a criação de mecanismos de monitorização e avaliação para acompanhar o impacto das soluções implementadas.

A operacionalização garante que os conhecimentos derivados da análise de megadados são traduzidos em benefícios comerciais tangíveis. Esta fase requer uma colaboração estreita entre os cientistas de dados, as equipas de TI e as partes interessadas da empresa para garantir que as soluções são efetivamente integradas e alinhadas com os objectivos organizacionais. A monitorização contínua e os ciclos de feedback são essenciais para avaliar o desempenho das soluções implementadas e efetuar os ajustes necessários ao longo do tempo.

Feedback e Iteração

O ciclo de vida da análise de Big Data não é um processo linear, mas sim um processo iterativo. O feedback e a iteração são componentes essenciais do ciclo de vida, permitindo às organizações aperfeiçoar os seus processos de análise e melhorar continuamente os seus resultados. Depois de operacionalizar as informações, é importante recolher feedback sobre o desempenho e o impacto das soluções implementadas. Este feedback pode servir de base a análises adicionais, ajustes de modelos e melhorias de processos.

A iteração envolve a revisão de fases anteriores do ciclo de vida para responder a novas questões comerciais, incorporar fontes de dados adicionais ou aperfeiçoar modelos analíticos. Ao iterar e aperfeiçoar continuamente o processo analítico, as organizações podem manter-se ágeis e receptivas às necessidades comerciais em mudança e às oportunidades emergentes. A natureza iterativa do ciclo de vida garante que a análise de megadados se mantém relevante e valiosa para impulsionar o crescimento e a inovação da empresa.

Desafios e boas práticas

Embora o ciclo de vida da análise de Big Data forneça um quadro estruturado para a gestão e análise de dados, também apresenta vários desafios. A qualidade dos dados e a governação dos dados são preocupações críticas, uma vez que dados de má qualidade podem levar a conhecimentos inexactos e a decisões erradas. Garantir a privacidade e a segurança dos dados é outro grande desafio, especialmente quando se lida com dados sensíveis ou regulamentados. A escalabilidade e o desempenho são também considerações fundamentais, uma vez que as organizações precisam de tratar volumes crescentes de dados de forma eficiente.

Para enfrentar estes desafios, as organizações devem adotar as melhores práticas, tais como a implementação de estruturas sólidas de governação de dados, o investimento em infra-estruturas escaláveis e seguras e a promoção de uma cultura orientada para os dados. A colaboração entre cientistas de dados, equipas de TI e partes interessadas da empresa é essencial para alinhar as iniciativas de análise com os objectivos da empresa. A aprendizagem e o desenvolvimento contínuos também são cruciais, uma vez que o domínio da análise de megadados está a evoluir rapidamente, e manter-se atualizado com as ferramentas, técnicas e tecnologias mais recentes é importante para manter uma vantagem competitiva.

O ciclo de vida da análise de Big Data é uma estrutura abrangente que orienta o processo de extração de informações valiosas de conjuntos de dados grandes e complexos. Ao seguir as fases de compreensão do negócio, aquisição de dados, preparação de dados, armazenamento de dados, análise de dados, interpretação de resultados e operacionalização, as organizações podem aproveitar eficazmente os grandes volumes de dados para conduzir a tomada de decisões informadas e atingir os objectivos do negócio. A natureza iterativa do ciclo de vida, combinada com as melhores práticas e a melhoria contínua, garante que a análise de megadados continua a ser uma ferramenta poderosa para a inovação e o crescimento na era digital.

Capítulo 2: Recolha e armazenamento de dados

A recolha e o armazenamento de dados são processos fundamentais na gestão de dados que envolvem a recolha e a preservação sistemáticas de dados para utilização futura. A recolha de dados implica a aquisição de informações de várias fontes, como inquéritos, sensores, transacções, redes sociais, etc. Isto pode ser feito manualmente ou através de sistemas automatizados concebidos para captar dados de forma eficiente e exacta. Os dados recolhidos podem ser estruturados, como bases de dados, ou não estruturados, como ficheiros de texto e multimédia.

Uma vez recolhidos, os dados têm de ser armazenados de forma a garantir a sua integridade, segurança e acessibilidade. As soluções de armazenamento vão desde as tradicionais bases de dados e armazéns de dados até aos modernos sistemas de armazenamento e distribuição baseados na nuvem. Um armazenamento de dados eficaz implica não só guardar os dados, mas também organizá-los de modo a que possam ser facilmente recuperados e utilizados. Isto inclui a implementação de mecanismos de cópia de segurança e recuperação de dados para evitar a perda de dados e a utilização de encriptação e controlos de acesso para proteger informações sensíveis. O objetivo da recolha e armazenamento de dados é criar um repositório fiável de informações que possa ser analisado e utilizado para orientar a tomada de decisões, a inovação e o planeamento estratégico.

A recolha e o armazenamento de dados são componentes essenciais da gestão de dados que garantem que as informações são sistematicamente recolhidas e preservadas de forma segura para utilização futura. A recolha de dados envolve a aquisição de dados de várias fontes, como inquéritos, sensores, transacções e plataformas de redes sociais. Este processo pode ser manual, em que os indivíduos introduzem dados, ou automatizado, utilizando software e tecnologias para captar dados de forma eficiente e exacta. Os dados recolhidos podem variar em termos de formato, abrangendo dados estruturados, como bases de dados, e dados não estruturados, como ficheiros de texto, imagens e vídeos.

Uma vez recolhidos, os dados devem ser armazenados de forma a manter a sua integridade, segurança e acessibilidade. As soluções de armazenamento vão desde as tradicionais bases de dados relacionais e armazéns de dados até ao moderno armazenamento na nuvem e sistemas distribuídos como as bases de dados Hadoop e NoSQL. O armazenamento eficaz não envolve apenas guardar dados, mas também organizá-los para facilitar a sua recuperação e utilização. Isto inclui a criação de sistemas de cópia de segurança e recuperação para evitar a perda de dados e a utilização de encriptação e controlos de acesso para salvaguardar informações sensíveis. O principal objetivo da recolha e armazenamento de dados é criar um repositório fiável que suporte a análise de dados, permitindo às organizações tomar decisões informadas, inovar e planear estrategicamente.

2.1 Fontes de grandes volumes de dados

Os grandes dados provêm de uma multiplicidade de fontes, abrangendo diferentes sectores e avanços tecnológicos, que contribuem para o ambiente de informação rico e diversificado que as empresas utilizam atualmente. As redes de redes sociais, onde milhares de milhões de pessoas criam enormes quantidades de dados através de publicações, comentários, gostos, partilhas e carregamentos de multimédia, são uma das principais fontes de grandes volumes de dados. Existem muitas informações valiosas sobre o comportamento, os interesses e as tendências dos utilizadores nestes dados sociais. A Internet das Coisas (IoT), que consiste numa rede de objectos ligados em rede, incluindo wearables, aparelhos inteligentes, automóveis e sensores, é outra fonte importante. A análise preditiva é possível graças à geração constante de dados que estes dispositivos geram sobre o seu estado, o ambiente e as interações dos utilizadores. Estes dados fornecem informações perspicazes em tempo real.

As indústrias do retalho e do comércio eletrónico são também grandes produtoras de grandes volumes de dados. Todas as compras em linha, avaliações de clientes, históricos de navegação e transacções contribuem para um enorme conjunto de dados que as empresas podem utilizar para compreender melhor o comportamento dos clientes, otimizar as cadeias de abastecimento e direcionar a publicidade. De forma semelhante, o sector financeiro gera enormes quantidades de dados de transacções bancárias, transacções de acções e utilização de cartões de crédito. Estes dados são essenciais para a avaliação do risco, a deteção de fraudes e a análise dos consumidores.

Com a utilização de imagiologia médica, dados genéticos, registos de saúde electrónicos (EHR) e dados gerados pelos doentes a partir de dispositivos de monitorização da saúde, o sector dos cuidados de saúde também contribui significativamente para os megadados. A medicina personalizada, a investigação médica e os cuidados aos doentes são todos possíveis graças a estes dados. Através de registos telefónicos, mensagens de texto e utilização da Internet, os fornecedores de telecomunicações criam grandes quantidades de dados que podem ser avaliados para otimização da rede, melhoria do serviço ao cliente e criação de novos serviços.

As organizações governamentais e do sector público também produzem quantidades significativas de dados, desde dados de recenseamento a registos de segurança pública, dados de transportes e monitorização ambiental. Estes dados são essenciais para o planeamento urbano, a elaboração de políticas e as iniciativas de segurança pública. Além disso, as indústrias dos media e do entretenimento geram grandes volumes de dados através do streaming de conteúdos, das preferências dos utilizadores e das métricas de interação, que ajudam na recomendação de conteúdos e na melhoria da experiência do utilizador.

A investigação científica acrescenta aos grandes volumes de dados imagens de alta resolução, dados de sensores e dados de simulação, que necessitam de recursos informáticos significativos para o seu processamento. Isto é especialmente verdade em disciplinas como a física, a astronomia e as ciências climáticas. Além disso, o sector da educação produz dados de registos administrativos, indicadores de desempenho dos alunos e cursos online, o que ajuda a melhorar os resultados educativos e a proporcionar experiências de aprendizagem individualizadas.

São geradas enormes quantidades de dados por consultas de pesquisa, acompanhamento da atividade do utilizador e rastreio da Web por motores de pesquisa como o Google. Estes dados são vitais para melhorar os algoritmos de pesquisa, direcionar a publicidade e descobrir tendências de informação a nível mundial. Os grandes dados são produzidos pelos sectores da logística e dos transportes através de registos de entregas, otimização de rotas e seguimento de veículos. Estes dados são cruciais para aumentar a produtividade e reduzir as despesas.

No sector da energia, as redes inteligentes, a exploração de petróleo e gás e as fontes de energia renováveis geram dados que ajudam a otimizar a produção, a distribuição e o consumo de energia. As indústrias transformadoras contribuem para os megadados através da monitorização da linha de produção, dos dados de controlo de qualidade e da gestão da cadeia de fornecimento, permitindo a manutenção preditiva e a otimização dos processos.

Para utilizar plenamente os dados gerados por cada uma destas fontes - que são frequentemente elevados em termos de volume, velocidade e variedade - são necessárias ferramentas e análises avançadas de grandes volumes de dados. As organizações podem impulsionar a inovação, obter conhecimentos profundos e tomar decisões bem informadas que têm uma influência substancial no seu desenvolvimento e eficiência através da integração e análise destes dados. As empresas e as organizações são capazes de identificar padrões, antecipar tendências e tomar medidas proactivas em resposta a novas possibilidades e problemas através da utilização de grandes volumes de dados provenientes de muitas fontes.

Os grandes volumes de dados provêm de muitas fontes diferentes, que contribuem para o ambiente de informação rico e variado que as empresas utilizam atualmente. Os sítios de redes sociais, com milhares de milhões de utilizadores em todo o mundo a criar enormes quantidades de dados a cada segundo, são uma das principais fontes. Isto abrange publicações escritas, bem como gostos, comentários, partilhas, imagens e vídeos em sítios de redes sociais, incluindo LinkedIn, Facebook, Twitter, Instagram e Facebook. Para uma visão aprofundada do comportamento, opiniões, preferências e tendências dos utilizadores, os dados destas plataformas não têm preço. As empresas podem envolver melhor os clientes, recolher informações sobre a concorrência e personalizar as suas campanhas de marketing com a ajuda da análise das redes sociais.

Outra fonte significativa de grandes volumes de dados é a Internet das Coisas (IoT). Esta engloba uma rede de dispositivos interligados que recolhem e transmitem dados continuamente. Estes dispositivos vão desde artigos domésticos simples, como frigoríficos e termóstatos inteligentes, até máquinas industriais complexas e infra-estruturas urbanas inteligentes. Os dispositivos vestíveis, como os rastreadores de fitness e os smartwatches, monitorizam as métricas de saúde, enquanto os sensores ambientais acompanham condições como a temperatura, a humidade e os níveis de poluição. Os dados gerados pelos dispositivos IoT são cruciais para a monitorização em tempo real, a manutenção preditiva e a melhoria das experiências dos utilizadores através de serviços personalizados.

Os sectores do retalho e do comércio eletrónico produzem uma grande quantidade de grandes volumes de dados. É recolhida uma enorme quantidade de dados de cada compra online, análise de produtos, histórico de navegação e abandono de carrinho. Esta informação esclarece os gostos, o comportamento e os hábitos de compra dos consumidores. Os retalhistas utilizam estes dados para melhor servir os seus clientes, criar esforços de marketing direcionados, otimizar o seu inventário e personalizar as experiências de compra. De forma semelhante, a indústria financeira gera enormes volumes de dados de transacções, utilização de cartões de crédito, negociação de acções e operações bancárias. Para efeitos de gestão de riscos, deteção de fraudes, análise de mercado e fornecimento de serviços financeiros individualizados, estes dados financeiros são cruciais.

Os grandes volumes de dados também são produzidos e utilizados extensivamente no sector dos cuidados de saúde. Os dados abrangentes dos doentes, incluindo o historial médico, os tratamentos e os resultados, são armazenados em registos de saúde electrónicos, ou EHRs. Este enorme arquivo inclui dados gerados pelos doentes a partir de dispositivos de monitorização da saúde, dados genéticos e dados de imagiologia médica, incluindo raios X, ressonâncias magnéticas e tomografias computorizadas. A medicina personalizada, a identificação de padrões de doença, o avanço da investigação médica e os cuidados aos doentes são todos auxiliados pela análise destes dados. Os grandes dados no sector das telecomunicações são produzidos através de registos telefónicos, mensagens de texto e atividade online.

Esta informação é útil para criar novos serviços de comunicação, melhorar o serviço ao cliente e otimizar o desempenho da rede.

As organizações governamentais e do sector público também geram quantidades substanciais de dados, desde dados de recenseamento e registos de segurança pública a dados de transportes e monitorização ambiental. Estes dados apoiam o planeamento urbano, a elaboração de políticas, a resposta a catástrofes e as iniciativas de segurança pública. Nas indústrias dos media e do entretenimento, os grandes volumes de dados são gerados através do streaming de conteúdos, das preferências dos utilizadores e das métricas de interação. A análise destes dados ajuda a recomendar conteúdos, a melhorar a experiência do utilizador e a promover o envolvimento em plataformas como a Netflix, o YouTube e o Spotify.

O estudo científico produz grandes quantidades de dados, especialmente em disciplinas como a física, a astronomia e as ciências climáticas, a partir de modelos sofisticados, imagens de alta resolução e dados de sensores. O processamento e a análise destes dados exigem uma grande quantidade de potência informática e métodos analíticos complexos. Os grandes volumes de dados também podem ser encontrados no sector da educação, onde os dados são produzidos a partir de registos administrativos, indicadores de desempenho dos alunos e cursos em linha. Experiências de aprendizagem personalizadas, melhores resultados educativos e maior eficiência administrativa dependem todos destes dados.

Os grandes volumes de dados são produzidos principalmente por motores de pesquisa como o Google, cujos milhares de milhões de pedidos de pesquisa diários, acompanhamento da atividade dos utilizadores e operações de rastreio da Web produzem enormes volumes de dados. A compreensão das tendências globais da informação, a criação de campanhas publicitárias personalizadas e o melhoramento dos motores de pesquisa dependem destes dados. Os grandes volumes de dados são também produzidos pelos sectores da logística e dos transportes através de registos de entregas, otimização de rotas e seguimento de veículos. Estes dados contribuem para a redução de custos, para uma entrega mais rápida e para uma maior eficiência operacional.

No sector da energia, os dados são gerados a partir de redes inteligentes, exploração de petróleo e gás e fontes de energia renováveis. Estes dados ajudam a otimizar a produção, a distribuição e o consumo de energia. As indústrias transformadoras contribuem para os grandes dados através da monitorização da linha de produção, dos dados de controlo de qualidade e da gestão da cadeia de fornecimento. A análise destes dados ajuda na manutenção preditiva, na otimização de processos e na melhoria da qualidade dos produtos.

Todas estas fontes produzem dados com um volume, uma velocidade e uma diversidade muito elevados. As organizações utilizam tecnologia sofisticada de megadados e ferramentas analíticas para tratar e examinar este tipo de dados. As organizações podem obter conhecimentos profundos, estimular a criatividade, fazer escolhas bem informadas e tomar medidas pró-activas para abordar novas possibilidades e problemas quando os grandes volumes de dados são integrados e analisados. As empresas e as organizações podem encontrar padrões, antecipar tendências e criar planos que têm uma grande influência no seu desenvolvimento, eficiência e competitividade, utilizando grandes volumes de dados provenientes destas muitas fontes.

2.2 Técnicas de recolha de dados

Uma componente vital da investigação em muitos domínios, incluindo as ciências sociais, a medicina, os negócios e a tecnologia, é a recolha de dados. Os métodos utilizados para recolher os dados são importantes porque têm um grande impacto na validade, exatidão e fiabilidade dos resultados. Existem várias formas de recolher dados, e cada uma delas tem vantagens e desvantagens. Os objectivos do estudo, o tipo de dados necessários, o contexto do estudo e os recursos disponíveis influenciam a seleção da técnica. Esta investigação aprofundada examinará os vários métodos de recolha de dados, classificando-os, grosso modo, como abordagens qualitativas e quantitativas.

Técnicas de recolha de dados quantitativos

A recolha de dados quantitativos envolve a recolha de dados numéricos que podem ser submetidos a uma análise estatística. O principal objetivo dos métodos quantitativos é quantificar os dados e generalizar os resultados de uma amostra para uma população.

1. Inquéritos e questionários: Uma das formas mais populares de obter dados quantitativos é através de inquéritos. Estes implicam colocar aos inquiridos um conjunto de perguntas previamente definidas. Existem várias formas de administrar questionários, incluindo formulários em papel, entrevistas telefónicas e plataformas da Internet. Para garantir que as perguntas são objectivas, compreensíveis e capazes de obter os dados necessários, a conceção do questionário é essencial. Os inquéritos são uma forma eficiente de recolher informações sobre pontos de vista, opiniões, comportamentos e caraterísticas demográficas, ao mesmo tempo que atingem um grande público a um custo razoável. No entanto, a conceção do inquérito e a honestidade dos inquiridos determinam a qualidade dos dados.

2. Experiências: A alteração de uma ou mais variáveis independentes e a verificação do seu efeito numa variável dependente é conhecida como investigação experimental. Esta abordagem é muito comum na psicologia e no estudo científico. As experiências bem controladas proporcionam elevados graus de validade interna, o que permite aos investigadores provar a causalidade. No entanto, as condições artificiais de um ambiente laboratorial podem ocasionalmente restringir a validade externa ou a generalização dos resultados.

3. Estudos observacionais: Os métodos de observação envolvem a observação e o registo sistemático de comportamentos ou acontecimentos à medida que ocorrem naturalmente. Esta técnica pode ser estruturada, em que o investigador utiliza critérios pré-definidos para registar as observações, ou não estruturada, em que as observações são mais fluidas e abertas. A observação estruturada pode produzir dados quantitativos, como a frequência ou a duração de comportamentos específicos. Este método é útil em contextos em que a manipulação experimental não é possível. No entanto, pode consumir muito tempo e a presença de um observador pode influenciar o comportamento dos sujeitos (conhecido como efeito Hawthorne).

4. Análise de dados secundários: Este tipo de análise analisa a informação que foi previamente recolhida por uma razão diferente, como registos mantidos por uma empresa, pelo governo ou por projectos de investigação anteriores. A análise de dados secundários é um método que poupa tempo e dinheiro e dá acesso a grandes conjuntos de dados que, de outra forma, seriam difíceis ou dispendiosos de recolher. No entanto, como os dados secundários podem não corresponder exatamente aos objectivos do presente estudo, os investigadores devem ter cuidado ao avaliar a sua exaustividade, correção e relevância.

5. Estudos longitudinais: Estes estudos recolhem dados dos mesmos indivíduos durante um período prolongado. Os dados longitudinais fornecem informações sobre mudanças e desenvolvimentos ao longo do tempo, o que os torna inestimáveis para estudar tendências, processos de desenvolvimento e relações causais. No entanto, consomem muitos recursos e colocam desafios relacionados com a manutenção do empenhamento dos participantes e com o problema do desgaste ao longo do tempo.

Técnicas de recolha de dados qualitativos

A recolha de dados qualitativos centra-se na obtenção de informações ricas e pormenorizadas sobre os fenómenos. É mais exploratória, com o objetivo de compreender as razões, motivações e contextos subjacentes.

1. Entrevistas: Uma técnica flexível e popular de recolha de dados qualitativos é a entrevista. Existem três tipos de entrevistas: semi-estruturadas, não estruturadas e estruturadas. As entrevistas estruturadas obedecem a um conjunto predefinido de perguntas, garantindo a uniformidade entre os participantes; no entanto, a extensão das respostas pode ser limitada. As entrevistas semi-estruturadas proporcionam um equilíbrio, permitindo o estudo de temas emergentes no âmbito de questões importantes. Conversacionais e adaptáveis, as entrevistas não estruturadas são perfeitas para revelar ideias complexas e subtis. As entrevistas podem ter lugar pessoalmente, por telefone ou por videoconferência. Quando se examinam acções, sentimentos e percepções complexas, são muito úteis. No entanto, para reduzir o

enviesamento e garantir a recolha de dados significativos, as entrevistas demoram muito tempo e requerem entrevistadores experientes.

2. Grupos de discussão: Um moderador conduz as conversas em grupos utilizando esta técnica. Os grupos de discussão utilizam dinâmicas de grupo para facilitar o envolvimento dos participantes e a produção de dados. Este método funciona bem para investigar experiências colectivas, opiniões de grupo e normas sociais. O moderador facilita a conversa, mantendo-a no tópico e assegurando que cada pessoa tem a oportunidade de falar. Os grupos de discussão produzem uma grande quantidade de informação qualitativa; no entanto, a natureza conversacional do material pode dificultar a análise e a presença de personalidades dominantes pode afetar a dinâmica do grupo.

3. Estudos de caso: Os estudos de caso são análises aprofundadas de uma ocorrência ou instância específica, como uma pessoa, um grupo ou uma comunidade. Esta abordagem oferece uma compreensão exaustiva do caso no seu contexto real. A fim de proporcionar uma perspetiva abrangente, os estudos de caso utilizam uma variedade de métodos de recolha de dados, incluindo observações, entrevistas e análise de documentos. São especialmente úteis para a investigação de circunstâncias invulgares ou excepcionais e podem produzir conhecimentos que fazem avançar os quadros teóricos. No entanto, como se concentram num exemplo específico, as suas conclusões não são frequentemente generalizáveis.

4. Etnografia: A investigação etnográfica envolve a imersão do investigador numa comunidade ou organização para observar e interagir com os participantes no seu ambiente natural. Este método proporciona uma compreensão profunda e contextual das práticas sociais, normas culturais e vida quotidiana. Os etnógrafos utilizam normalmente a observação participante, entrevistas e notas de campo para recolher dados. Esta abordagem imersiva produz dados ricos e pormenorizados, mas consome muito tempo e exige que o investigador seja reflexivo e consciente da sua influência na comunidade que está a ser estudada.

5. Análise de conteúdo: A análise de conteúdo é o exame metódico e a interpretação de conteúdos escritos ou visuais para encontrar temas, padrões ou interpretações.

Esta estratégia pode ser utilizada em documentos, páginas Web, redes sociais e recursos audiovisuais. A análise de conteúdo pode ser quantitativa, exigindo a contagem e classificação de determinados elementos, ou qualitativa, concentrando-se na interpretação dos significados e temas subjacentes. É útil para a investigação de tendências e padrões de comunicação ao longo do tempo. No entanto, são necessários procedimentos rigorosos de codificação e validação para garantir a fiabilidade, devido ao carácter subjetivo da análise de conteúdo qualitativa.

Métodos mistos

Para tirar partido das vantagens de ambas as abordagens, a investigação com métodos mistos integra metodologias de recolha de dados quantitativos e qualitativos. A recolha, análise e interpretação de dados são apenas algumas das fases do processo de investigação em que esta integração pode ter lugar. As abordagens mistas oferecem uma compreensão mais completa do objeto de estudo através da validação dos resultados em várias fontes de dados. Para obter conhecimentos qualitativos mais aprofundados, um investigador pode, por exemplo, realizar entrevistas depois de utilizar inquéritos para recolher dados quantitativos em grande escala. As abordagens mistas são mais difíceis de planear e executar e necessitam de mais recursos, mas podem produzir resultados fiáveis e matizados.

Considerações sobre a recolha de dados

A escolha da técnica de recolha de dados é influenciada por vários factores, nomeadamente

1. Objectivos da investigação: Os objectivos precisos da investigação determinam as técnicas adequadas para a recolha de dados. Enquanto as abordagens qualitativas são mais adequadas para a compreensão de fenómenos complexos e para a investigação exploratória, os procedimentos quantitativos são mais adequados para testar hipóteses e quantificar variáveis.

2. Natureza dos dados: A escolha das técnicas de recolha de dados é determinada pelo tipo de dados necessários, quer sejam descritivos ou numéricos. Quando são necessários dados numéricos e análise estatística, são utilizados métodos quantitativos; para dados descritivos e narrativos, são utilizadas abordagens qualitativas.

3. Contexto e acessibilidade: A população e a localização do estudo têm um impacto na viabilidade de técnicas específicas de recolha de dados. Por exemplo, pode ser difícil realizar entrevistas numa zona remota. Por conseguinte, seriam necessários métodos alternativos, como entrevistas por telefone ou pela Internet.

4. Restrições de recursos: É importante ter em conta o tempo, o dinheiro e os recursos humanos. Enquanto certas técnicas de investigação, como os inquéritos e a análise de dados secundários, podem ser mais económicas, outras, como a etnografia e os estudos longitudinais, exigem um maior investimento de tempo e de recursos.

5. Considerações éticas: Durante a recolha de dados, deve ser dada especial atenção às questões éticas, como o consentimento informado, a confidencialidade e a possibilidade de danos. Os investigadores devem certificar-se de que as normas e os princípios éticos são respeitados, uma vez que diferentes abordagens suscitam diferentes preocupações éticas.

6. Fiabilidade e validade: É fundamental garantir a fiabilidade (consistência) e a validade (exatidão) dos dados. Os métodos quantitativos requerem frequentemente instrumentos e procedimentos normalizados para garantir a fiabilidade e a validade, enquanto os métodos qualitativos se baseiam em técnicas rigorosas de codificação, triangulação e validação.

A recolha de dados é uma fase crítica do processo de investigação e a escolha da técnica tem um impacto significativo na qualidade e credibilidade dos resultados. Os estudos observacionais, as experiências e os inquéritos são exemplos de procedimentos quantitativos que produzem dados numéricos que podem ser examinados estatisticamente para generalizar os resultados. As técnicas qualitativas, como a etnografia, os grupos de discussão, os estudos de caso e as entrevistas, permitem uma compreensão aprofundada de fenómenos complexos. Ao combinar as vantagens de ambas as estratégias, a investigação com métodos mistos oferece uma compreensão exaustiva das questões em estudo. Ao escolher os procedimentos de recolha de dados, os investigadores devem avaliar cuidadosamente os seus objectivos, o tipo de dados, o contexto, os recursos, as considerações éticas e os requisitos de validade e fiabilidade. Os investigadores podem obter dados sólidos e significativos que fazem avançar a nossa compreensão das suas disciplinas específicas, utilizando as abordagens corretas.

2.3 Soluções de armazenamento de dados

Os sistemas de informação modernos requerem soluções de armazenamento de dados para lidar com os enormes volumes de dados, em constante expansão, produzidos por pessoas, empresas e organizações. Estas soluções abrangem uma gama de tecnologias e tácticas para uma gestão, armazenamento e proteção eficazes dos dados. As tecnologias de armazenamento convencionais, como as unidades de estado sólido (SSD) e as unidades de disco rígido (HDD), são amplamente utilizadas devido à sua capacidade de equilibrar desempenho, capacidade e acessibilidade. Enquanto as SSDs proporcionam taxas de acesso mais rápidas e maior durabilidade, tornando-as excelentes para aplicações que necessitam de elevado desempenho, as HDDs oferecem uma enorme capacidade de armazenamento a um custo inferior, tornando-as adequadas para armazenamento em arquivo e em massa.

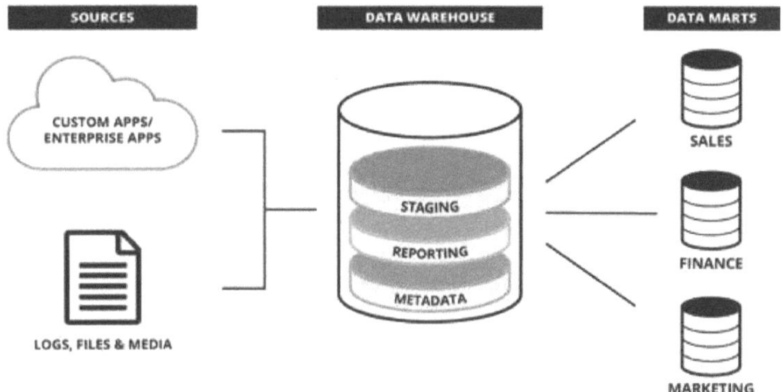

As soluções de armazenamento na nuvem mudaram completamente a forma como os dados são armazenados. Empresas como a Amazon Web Services (AWS), a Microsoft Azure e a Google Cloud, entre outras, oferecem opções escaláveis, adaptáveis e económicas que eliminam a necessidade de infra-estruturas físicas. Estes serviços oferecem fortes capacidades de gestão de dados, como a recuperação de desastres, a redundância e as cópias de segurança automatizadas, garantindo a disponibilidade e a proteção dos dados. Outras opções de nível empresarial que oferecem armazenamento centralizado e permitem um acesso fácil aos dados por parte de diferentes utilizadores e sistemas através de uma rede são o Network Attached Storage (NAS) e as Storage Area Networks (SAN). Enquanto a SAN é mais adequada para requisitos de armazenamento em grande escala e transporte de dados a alta velocidade, a NAS é melhor para a partilha de ficheiros e trabalho em equipa.

As tecnologias emergentes, como a cadeia de blocos e os sistemas de registo distribuído, também estão a ganhar força pela sua capacidade de oferecer soluções de armazenamento descentralizadas, imutáveis e seguras, particularmente valiosas em indústrias que exigem uma integridade e transparência rigorosas dos dados. Além disso, os avanços em inteligência artificial e aprendizagem automática estão a ser integrados em soluções de armazenamento para otimizar a gestão de dados, automatizar processos e melhorar a segurança através de análises preditivas e deteção de anomalias.

O armazenamento tradicional no local, os serviços baseados na nuvem, os sistemas de armazenamento em rede empresarial e as tecnologias de ponta são apenas algumas das muitas opções de armazenamento de dados que estão sempre a mudar e a tornar-se mais variadas. Critérios específicos como desempenho, capacidade, escalabilidade, preços e requisitos de segurança determinam qual a melhor solução. Técnicas eficientes de armazenamento de dados garantem que as informações não só são mantidas em segurança, como também estão prontamente disponíveis e são resistentes a avarias do sistema e a ataques em linha.

2.4 Armazenamento de dados

Grandes quantidades de dados estruturados provenientes de muitas fontes são armazenadas num sistema de repositório centralizado denominado armazenamento de dados, que é utilizado para apoiar tarefas de Business Intelligence (BI), incluindo análise de dados, relatórios e exploração. Com a ajuda desta tecnologia, as empresas podem combinar muitas fontes de dados numa base de dados unificada que suporta uma análise exaustiva e uma tomada de decisões bem informada. Os armazéns de dados são cruciais para as empresas que dependem de estratégias baseadas em dados, uma vez que foram concebidos para gerir enormes volumes de dados históricos e estão optimizados para o desempenho das consultas.

Um armazém de dados é normalmente constituído por vários componentes-chave. As fontes de dados são os repositórios originais onde os dados são gerados ou recolhidos, incluindo bases de dados transaccionais, sistemas CRM, sistemas ERP e feeds de dados externos. Estas fontes podem conter dados estruturados, semi-estruturados ou não estruturados. O processo ETL, que significa Extrair, Transformar, Carregar, é crucial no armazenamento de dados, uma vez que envolve a extração de dados de várias fontes, a sua transformação num formato adequado para análise e o seu carregamento no armazém de dados. Este passo assegura a consistência, exatidão e limpeza dos dados. O principal componente de um armazém de dados é o armazenamento de dados, que é onde a informação é mantida depois de processada pelo pipeline ETL. Normalmente concebido para processos de leitura intensiva, este armazenamento garante uma recuperação rápida dos dados para análise e consulta. Para ajudar os utilizadores a compreender a origem e a transformação dos dados, os metadados fornecem informações sobre os dados no armazém, incluindo definições de dados, estruturas e a linhagem dos dados. Os utilizadores podem aceder e analisar os dados mantidos no armazém com a utilização de ferramentas de acesso aos dados, que incluem ferramentas de consulta e de elaboração de relatórios, ferramentas OLAP (Online Analytical Processing) e ferramentas de extração de dados. Os analistas empresariais, os cientistas de dados e os decisores que utilizam os dados para fornecer informações e fazer escolhas estratégicas são frequentemente os utilizadores finais de um armazém de dados.

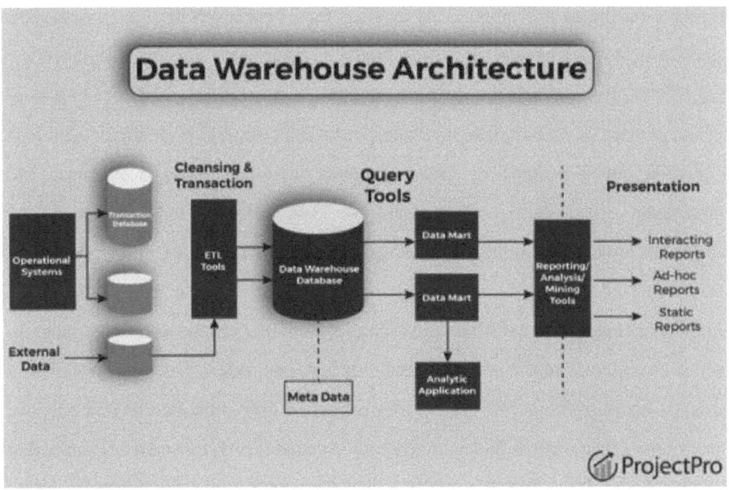

O armazenamento de dados oferece vários benefícios significativos. Ao consolidar dados de várias fontes, um armazém de dados garante que os dados são consistentes, limpos e normalizados, o que melhora a qualidade geral dos dados utilizados para análise. Ao oferecer uma única fonte de verdade, torna a inteligência empresarial mais eficaz, facilitando a elaboração de relatórios, painéis de controlo e análises exaustivos e precisos. Grandes quantidades de dados históricos podem ser armazenadas em armazéns de dados, facilitando a investigação a longo prazo, a análise de tendências e a previsão - tudo essencial para o planeamento estratégico. Em comparação com as bases de dados transaccionais, estas são orientadas para actividades de leitura intensiva, o que aumenta a velocidade de consulta e facilita a recuperação mais rápida dos dados. A escalabilidade é outra caraterística das soluções contemporâneas de armazenamento de dados que permite às empresas aumentar a capacidade de processamento e armazenamento em resposta aos crescentes requisitos de dados. Os armazéns de dados dão às empresas a capacidade de fazer escolhas bem informadas, aumentar a eficácia operacional e obter uma vantagem competitiva através do fornecimento de dados atempados, exactos e completos.

Apesar das vantagens, há uma série de dificuldades na criação e gestão de um data warehouse. A criação de um armazém de dados exige um grande investimento em pessoal qualificado, software e tecnologia. A integração de dados com várias formas e estruturas provenientes de diversas fontes pode ser difícil e morosa. São necessários procedimentos sólidos de gestão de dados para garantir a segurança, a consistência e a qualidade dos dados; no entanto, a sua criação e manutenção podem ser um desafio. A manutenção do desempenho das consultas pode tornar-se difícil à medida que o volume de dados aumenta, exigindo esforços contínuos de otimização. Além disso, os armazéns de dados devem ser suficientemente adaptáveis para se alterarem com as exigências das empresas e das fontes de dados.

Várias tecnologias e plataformas são normalmente utilizadas no armazenamento de dados. Os sistemas tradicionais de gestão de bases de dados relacionais (RDBMS) como o Oracle, o Microsoft SQL Server e o IBM Db2 são utilizados há muito tempo para o armazenamento de dados, oferecendo capacidades de consulta SQL robustas e desempenho de nível empresarial. As tecnologias de armazenamento de dados baseadas na nuvem, como Snowflake, Google BigQuery e Amazon Redshift, fornecem soluções escaláveis, económicas e adaptáveis. Elas oferecem benefícios, incluindo escalabilidade simples, menos administração de infraestrutura e compatibilidade com uma variedade de serviços em nuvem. Grandes conjuntos de dados podem ser processados e armazenados de forma mais eficiente do que os RDBMSs padrão, graças a tecnologias de big data como Apache Spark e Hadoop. Estas tecnologias fornecem processamento paralelo e armazenamento distribuído, ambos essenciais para a análise de grandes volumes de dados. As capacidades de análise em tempo real são possíveis graças aos sistemas de armazenamento de dados na memória, como o SAP HANA e o Oracle Exadata, que utilizam a computação na memória para acelerar o processamento e a consulta de dados. O elevado desempenho e a escalabilidade são fornecidos por sistemas integrados de hardware e software como o Teradata e o Netezza, que foram concebidos especialmente para aplicações de armazenamento de dados.

O domínio do armazenamento de dados está em constante evolução, com várias tendências emergentes a moldar o seu futuro. Os lagos de dados complementam os armazéns de dados, armazenando dados brutos e não estruturados juntamente com dados estruturados, oferecendo flexibilidade no armazenamento e processamento de dados e permitindo aplicações analíticas avançadas e de aprendizagem automática. A procura de análises em tempo real está a impulsionar o desenvolvimento de soluções de armazenamento de dados que podem lidar com dados de fluxo contínuo e fornecer informações quase instantâneas. A integração da IA e da aprendizagem automática com o armazenamento de dados pode melhorar o processamento de dados, automatizar as tarefas de gestão de dados e fornecer conhecimentos mais profundos através de análises avançadas. As organizações estão cada vez mais a adotar estratégias híbridas e multi-nuvem, utilizando plataformas de nuvem locais e múltiplas para as suas necessidades de data warehousing para otimizar os custos, o desempenho e a disponibilidade de dados. As tecnologias de virtualização de dados permitem o acesso contínuo a dados de diferentes fontes sem a necessidade de os consolidar fisicamente num único repositório, proporcionando uma abordagem flexível e eficiente à integração de dados. À medida que os regulamentos de privacidade de dados se tornam mais rigorosos, as soluções de armazenamento de dados estão a incorporar funcionalidades de segurança avançadas e ferramentas de conformidade para proteger dados sensíveis e garantir a conformidade regulamentar.

A base da gestão de dados contemporânea e da inteligência empresarial é o armazenamento de dados, que oferece um método organizado e eficaz para combinar, armazenar e analisar enormes volumes de dados. Os armazéns de dados oferecem às empresas uma única fonte de verdade que as ajuda a otimizar processos, a fazer escolhas sensatas e a obter uma vantagem competitiva. O armazenamento de dados é um domínio dinâmico impulsionado por avanços tecnológicos e metodológicos contínuos que conduzem a ganhos em termos de escalabilidade, desempenho e capacidades analíticas. Quando se trata de utilizar dados para a excelência estratégica e operacional, o armazenamento de dados desempenha um papel crucial ao ajudar as empresas a gerir as complexidades e dificuldades da integração, governação e segurança dos dados.

O armazenamento de dados é um sistema sofisticado concebido para recolher, armazenar e gerir grandes volumes de dados estruturados de várias fontes, optimizando-os para aplicações de Business Intelligence (BI), tais como relatórios, análises e extração de dados. Estes repositórios centralizados são cruciais para as organizações que pretendem unificar fontes de dados díspares numa única base de dados, facilitando assim uma análise abrangente e a tomada de decisões estratégicas. Ao contrário das bases de dados normais, optimizadas para o processamento de transacções, os armazéns de dados são concebidos para lidar com dados históricos extensos e para um desempenho de consulta de alta velocidade, o que os torna indispensáveis para as empresas que dependem de informações baseadas em dados.

A arquitetura de um armazém de dados envolve vários componentes integrais. Na base estão as fontes de dados, que englobam bases de dados transaccionais, sistemas de gestão da relação com o cliente (CRM), sistemas de planeamento de recursos empresariais (ERP) e vários fluxos de dados externos. Estas fontes podem conter dados estruturados, semi-estruturados ou não estruturados. O processo ETL (Extract, Transform, Load) é uma fase crítica em que os dados são extraídos destas diversas fontes, transformados num formato consistente e analisável e, em seguida, carregados no armazém de dados. Isto garante a exatidão, consistência e limpeza dos dados, que são essenciais para uma análise fiável.

Depois de processados, os dados são armazenados no componente principal de armazenamento de dados do armazém, que é optimizado para operações de leitura intensiva. Esta otimização facilita a rápida recuperação de dados necessária para uma consulta e análise eficientes. Os metadados, que descrevem as definições, estruturas e linhagem dos dados, desempenham um papel vital para ajudar os utilizadores a compreender a origem e o historial de transformação dos dados. Os utilizadores acedem aos dados através de várias ferramentas concebidas para consultas, relatórios, processamento analítico em linha (OLAP) e extração de dados. Estas ferramentas permitem aos analistas de negócios, cientistas de dados e decisores extrair informações valiosas e tomar decisões informadas com base nos dados consolidados.

As vantagens do armazenamento de dados são múltiplas. Ao fundir dados de várias fontes, um armazém de dados assegura a consistência, limpeza e normalização dos dados, melhorando a qualidade geral dos dados. Esta consolidação fornece uma única fonte de verdade, permitindo relatórios e análises mais precisos e abrangentes, que são fundamentais para um BI eficaz. A capacidade de armazenar grandes quantidades de dados históricos suporta a análise de tendências, previsões e estudos longitudinais, que são essenciais para o planeamento estratégico. Além disso, os armazéns de dados são optimizados para operações de leitura intensiva, melhorando significativamente o desempenho das consultas em comparação com as bases de dados transaccionais. As soluções modernas de data warehousing são também altamente escaláveis, permitindo às organizações expandir a sua capacidade de armazenamento e poder de processamento à medida que as suas necessidades de dados aumentam. Em última análise, ao fornecer dados atempados, precisos e abrangentes, os armazéns de dados permitem que as organizações tomem melhores decisões, optimizem as operações e obtenham uma vantagem competitiva.

No entanto, a implementação e a manutenção de um armazém de dados não é isenta de desafios. O desenvolvimento inicial implica um investimento significativo em hardware, software e pessoal qualificado. A integração de dados de diversas fontes com formatos e estruturas diferentes pode ser complexa e morosa. Garantir a qualidade, consistência e segurança dos dados exige práticas sólidas de governação de dados, que podem ser difíceis de estabelecer e manter. À medida que os volumes de dados aumentam, manter o desempenho das consultas pode tornar-se difícil, exigindo esforços contínuos de otimização. Além disso, os armazéns de dados devem ser adaptáveis às necessidades comerciais em mudança e às fontes de dados em evolução, o que aumenta a complexidade da sua gestão.

O panorama tecnológico do armazenamento de dados é diversificado. Os sistemas tradicionais de gestão de bases de dados relacionais (RDBMS), como o Oracle, o Microsoft SQL Server e o IBM Db2, têm sido a espinha dorsal do armazenamento de dados, oferecendo capacidades de consulta SQL robustas e desempenho de nível empresarial. As soluções baseadas na nuvem, como o Amazon Redshift, o Google BigQuery e o Snowflake, oferecem alternativas escaláveis, económicas e flexíveis. Estas plataformas oferecem vantagens como a escalabilidade fácil, a gestão reduzida da infraestrutura e a integração perfeita com outros serviços na nuvem. As tecnologias de grandes dados, como o Apache Hadoop e o Apache Spark, permitem o armazenamento e o processamento de conjuntos de dados maciços que excedem as capacidades dos RDBMS tradicionais. Estas tecnologias suportam o armazenamento distribuído e o processamento paralelo, essenciais para o tratamento da análise de grandes volumes de dados. As soluções de armazenamento de dados em memória, como o SAP HANA e o Oracle Exadata, utilizam a computação em memória para acelerar o processamento e a consulta de dados, fornecendo capacidades de análise em tempo real. Além disso, as soluções integradas de hardware e software como Teradata e Netezza oferecem um elevado desempenho e escalabilidade, especificamente optimizados para cargas de trabalho de data warehousing.

O domínio do armazenamento de dados está em constante evolução, influenciado por várias tendências emergentes. Os lagos de dados complementam os armazéns de dados, armazenando dados brutos e não estruturados juntamente com dados estruturados, oferecendo maior flexibilidade no armazenamento e processamento de dados e permitindo aplicações analíticas avançadas e de aprendizagem automática. A crescente procura de análises em tempo real impulsiona o desenvolvimento de soluções de armazenamento de dados capazes de lidar com dados em fluxo contínuo e fornecer informações quase instantâneas. A integração da inteligência artificial (IA) e da aprendizagem automática (ML) com o armazenamento de dados melhora o processamento de dados, automatiza as tarefas de gestão de dados e fornece conhecimentos mais profundos através de análises avançadas. As organizações estão a adotar cada vez mais estratégias híbridas e multi-nuvem, utilizando plataformas de nuvem locais e múltiplas para as suas necessidades de data warehousing para otimizar os custos, o desempenho e a disponibilidade dos dados. As tecnologias de virtualização de dados permitem o acesso contínuo a dados de diferentes fontes sem a necessidade de os consolidar fisicamente num único repositório, proporcionando uma abordagem flexível e eficiente à integração de dados. À medida que os regulamentos de privacidade de dados se tornam mais rigorosos, as soluções de armazenamento de dados estão a incorporar funcionalidades de segurança avançadas e ferramentas de conformidade para proteger dados sensíveis e garantir a conformidade regulamentar.

O armazenamento de dados é um elemento fundamental da gestão moderna de dados e da inteligência empresarial, proporcionando uma forma estruturada e eficiente de consolidar, armazenar e analisar grandes quantidades de dados. Ao oferecer uma única fonte de verdade, os armazéns de dados permitem que as organizações tomem decisões informadas, optimizem as operações e obtenham vantagens competitivas. A natureza dinâmica do armazenamento de dados, impulsionada por avanços contínuos na tecnologia e na metodologia, está a melhorar a sua escalabilidade, desempenho e capacidades analíticas. À medida que as organizações navegam pelas complexidades e desafios da integração, governação e segurança dos dados, o armazenamento de dados continua a ser fundamental para aproveitar todo o potencial dos dados para a excelência estratégica e operacional.

2.5 Arquitetura do lago de dados

Com a sua abordagem inovadora à gestão de dados, a arquitetura do lago de dados pode lidar com enormes quantidades de vários tipos de dados, incluindo dados não estruturados, semi-estruturados e estruturados. Os lagos de dados permitem às empresas capturar e armazenar dados brutos no seu formato original sem a necessidade de esquemas pré-determinados, ao contrário dos típicos armazéns de dados, que exigem que os dados sejam formatados e processados antes do armazenamento. No atual mundo orientado para os dados, em que as empresas têm de tirar partido de informações grandes e diversificadas para obterem informações em tempo real, aprendizagem automática e análises sofisticadas, esta adaptabilidade é essencial.

O nível de armazenamento, que constitui a base da arquitetura de um lago de dados, utiliza normalmente serviços de armazenamento de objectos baseados na nuvem, como o Amazon S3 e o Azure Blob Storage, ou tecnologias escaláveis, como o

Hadoop Distributed File System (HDFS). Petabytes ou mesmo exabytes de dados podem ser armazenados nesta camada de armazenamento, permitindo às empresas expandir a sua capacidade de armazenamento de dados de forma económica. Outro elemento essencial são as técnicas de ingestão de dados, que facilitam a captura e a ingestão eficiente de dados no lago a partir de muitas fontes. Estão disponíveis opções de processamento em tempo real ou em lote, garantindo um fluxo constante de dados para análise e tomada de decisões rápidas.

As ferramentas e as estruturas são utilizadas durante o processamento de dados num lago de dados para converter dados não processados num estado pronto para análise. O processamento em lote é frequentemente efectuado utilizando tecnologias como o Apache Spark, o Apache Flink e o Hadoop MapReduce; o processamento de dados em tempo real é possibilitado por estruturas de processamento de fluxo como o Apache Kafka. A fim de preparar os dados para análises e aplicações a jusante, esta camada de processamento é essencial, uma vez que oferece a flexibilidade e a reatividade necessárias em situações empresariais em mudança.

A gestão de metadados é essencial na arquitetura do lago de dados para fornecer contexto e governação sobre os dados armazenados. Os metadados incluem informações sobre a fonte, a estrutura, a qualidade, a linhagem e os controlos de acesso dos dados, facilitando a descoberta, a compreensão e a conformidade dos dados com os requisitos regulamentares. Os catálogos e repositórios de metadados ajudam os utilizadores a navegar e a utilizar eficazmente as grandes quantidades de dados armazenados no lago.

A segurança e a governação são considerações fundamentais na arquitetura do lago de dados. Medidas de segurança robustas, como encriptação, controlos de acesso e mecanismos de autenticação, protegem os dados sensíveis contra o acesso não autorizado e as ameaças cibernéticas. As estruturas de governança de dados definem políticas e procedimentos para qualidade de dados, privacidade e gerenciamento de ciclo de vida, garantindo que os dados no lago sejam confiáveis, compatíveis e alinhados com os padrões organizacionais.

A comparação da arquitetura do lago de dados com os sistemas típicos de armazém de dados revela várias vantagens. Em vez de suportar o esquema na escrita, suporta o esquema na leitura, o que torna possível armazenar dados no seu formato original e acelera a ingestão e a exploração de uma variedade de tipos de dados. Uma vez que os lagos de dados podem ser dimensionados para responder a quantidades crescentes de dados sem exigir grandes despesas com infra-estruturas, são uma boa opção para as empresas que estão a registar um crescimento exponencial dos dados. Numerosas aplicações analíticas, como a análise de tendências históricas e a assistência à decisão em tempo real, são suportadas por capacidades de processamento em tempo real e em lote.

No entanto, a arquitetura do lago de dados também apresenta desafios. Gerir a qualidade dos dados, garantir a segurança dos dados e navegar na complexidade da integração de diversas fontes de dados requer competências especializadas e quadros de governação robustos. A resolução destes desafios implica a implementação de estratégias abrangentes de gestão de dados, a utilização de tecnologias avançadas e a promoção da colaboração entre engenheiros de dados, cientistas de dados e partes interessadas da empresa.

As tecnologias emergentes, incluindo a computação sem servidor, a integração de IA/ML, o design de malha de dados e as implementações multi-nuvem, estão a influenciar a direção da arquitetura do lago de dados. Aumentar a agilidade, automatizar os processos de processamento de dados e promover a autonomia e a interoperabilidade dos dados em contextos distribuídos são os objectivos destes temas. A arquitetura do lago de dados continua a ser um elemento fundamental para permitir que as empresas utilizem plenamente os dados para estimular a inovação, a vantagem competitiva e a tomada de decisões bem informadas à medida que desenvolvem e adaptam a sua estratégia de dados.

A arquitetura do lago de dados representa uma abordagem moderna para armazenar e gerir grandes quantidades de dados diversos, incluindo dados estruturados, semi-estruturados e não estruturados, no seu formato nativo. Ao contrário dos armazéns de dados tradicionais, que exigem que os dados sejam processados e estruturados antes do armazenamento, os lagos de dados armazenam dados em bruto tal como estão, tornando-os prontamente disponíveis para várias aplicações analíticas e de ciência de dados. Esta flexibilidade é crucial no mundo atual orientado para os dados, onde as organizações precisam de aproveitar grandes volumes de dados de diferentes fontes para obter informações acionáveis e orientar a tomada de decisões.

Componentes da arquitetura do lago de dados

Uma arquitetura típica de um lago de dados é constituída por vários componentes-chave:

1. Fontes de dados: Estas são as várias origens dos dados, como sistemas transaccionais, dispositivos IoT, plataformas de redes sociais, sensores e muito mais. Os lagos de dados são concebidos para ingerir dados de várias fontes, independentemente do formato ou esquema.

2. Camada de ingestão de dados: Esta camada trata da ingestão de dados brutos de diversas fontes para o lago de dados. Inclui mecanismos de captura de dados em tempo real ou em lote, garantindo um fluxo de dados contínuo e eficiente para o lago.

3. Camada de armazenamento: O núcleo da arquitetura do lago de dados é a sua camada de armazenamento, que armazena os dados brutos no seu formato nativo. Normalmente, esta camada de armazenamento utiliza tecnologias escaláveis e rentáveis, como o Hadoop Distributed File System (HDFS), o armazenamento de objectos baseado na nuvem (por exemplo, Amazon S3, Azure Blob Storage), ou uma combinação de ambos.

4. Camada de processamento de dados: Esta camada consiste em ferramentas e estruturas para o processamento e transformação de dados brutos num formato adequado para análise. Tecnologias como o Apache Spark, o Apache Flink e o Apache Hadoop MapReduce são normalmente utilizadas para o processamento em lote, enquanto as estruturas de processamento de fluxo como o Apache Kafka e o Apache Flink tratam do processamento de dados em tempo real.

5. Camada de metadados: A gestão de metadados é crucial na arquitetura do lago de dados para fornecer contexto e visibilidade aos dados armazenados. Os metadados incluem informações sobre a fonte, o esquema, a qualidade, a linhagem e os controlos de acesso dos dados. Os catálogos de metadados e os repositórios de metadados ajudam os utilizadores a descobrir, compreender e gerir os dados no lago.

6. Camada de acesso aos dados: Esta camada facilita o acesso aos dados armazenados no lago de dados para vários utilizadores e aplicações. Inclui ferramentas para consulta, exploração, visualização e análise de dados. Tecnologias como o Apache Hive, o Apache Impala e o Presto permitem a consulta baseada em SQL de lagos de dados, fornecendo interfaces familiares para analistas e cientistas de dados.

7. Camada de segurança e governação: Os lagos de dados exigem medidas de segurança robustas para proteger os dados sensíveis e garantir a conformidade com a regulamentação. Este nível inclui controlos de acesso, mecanismos de encriptação, protocolos de autenticação e capacidades de auditoria. Os quadros de governação de dados definem políticas e procedimentos para a qualidade dos dados, a privacidade e a gestão do ciclo de vida no lago.

Vantagens da arquitetura do lago de dados

A arquitetura do lago de dados oferece várias vantagens em relação às abordagens tradicionais de armazém de dados:

1. Escalabilidade: Os lagos de dados podem ser escalados horizontalmente para acomodar petabytes ou mesmo exabytes de dados devido às suas capacidades de armazenamento e processamento distribuídas. Esta escalabilidade permite às organizações lidar com volumes de dados crescentes sem investimentos significativos em infra-estruturas.

2. Flexibilidade: Ao contrário dos armazéns de dados que aplicam o esquema na escrita, os lagos de dados suportam o esquema na leitura, permitindo que os dados

sejam armazenados no seu formato original. Esta flexibilidade facilita a rápida ingestão e exploração de dados, acomodando diversos tipos e formatos de dados.

3. Custo-eficácia: Os lagos de dados tiram partido de soluções de armazenamento rentáveis, como o armazenamento de objectos na nuvem, reduzindo o custo total de propriedade em comparação com os armazéns de dados no local. Os modelos de preços "pay-as-you-go" oferecidos pelos fornecedores de serviços na nuvem optimizam ainda mais os custos, alinhando as despesas com a utilização real.

4. Análise em tempo real: Com suporte para processamento em lote e em tempo real, os lagos de dados permitem que as organizações realizem análises quase em tempo real em dados de fluxo contínuo. Esta capacidade é essencial para aplicações que requerem conhecimentos e respostas imediatas a dados em mudança.

5. Análise avançada: Os lagos de dados servem de base para a análise avançada, incluindo a aprendizagem automática (ML), a inteligência artificial (IA) e a análise preditiva. Ao integrar dados de várias fontes na sua forma bruta, as organizações podem obter informações mais profundas e descobrir padrões ocultos nos dados.

6. Democratização dos dados: Os lagos de dados promovem a democratização dos dados, fornecendo acesso self-service a uma vasta gama de utilizadores, incluindo cientistas de dados, analistas e partes interessadas da empresa. Os utilizadores podem explorar e analisar os dados de forma independente, promovendo a inovação e a colaboração em toda a organização.

Desafios da arquitetura do lago de dados

Apesar das suas vantagens, a arquitetura do lago de dados apresenta vários desafios:

1. Qualidade dos dados: O armazenamento de dados brutos sem pré-processamento pode levar a problemas de qualidade dos dados, como inconsistências, erros e duplicações. A implementação de controlos da qualidade dos dados e de práticas de governação dos dados é essencial para manter a integridade e a fiabilidade dos dados.

2. Complexidade: A gestão de um lago de dados requer conhecimentos especializados em computação distribuída, engenharia de dados e governação de dados. A conceção de pipelines de dados escaláveis e eficientes para ingestão, processamento e gestão pode ser complexa e exigir muitos recursos.

3. Segurança dos dados: É fundamental proteger os lagos de dados contra o acesso não autorizado, as violações de dados e as ciberameaças. A implementação de medidas de segurança robustas, a encriptação, os controlos de acesso e a conformidade com os regulamentos de privacidade de dados são considerações essenciais.

4. Gestão de metadados: A gestão eficaz dos metadados é crucial para a governação do lago de dados, a descoberta de dados e a garantia da linhagem dos dados. A manutenção de metadados abrangentes e precisos exige actualizações e sincronização contínuas em todo o ecossistema do lago de dados.

5. Integração com sistemas existentes: A integração de lagos de dados com armazéns de dados, plataformas de análise e aplicações empresariais existentes pode colocar desafios de integração. Garantir a interoperabilidade e a compatibilidade dos dados entre sistemas é essencial para alcançar uma estratégia de dados unificada.

Tendências emergentes na arquitetura do lago de dados

O campo da arquitetura do lago de dados está a evoluir com várias tendências emergentes:

1. Computação sem servidor: As arquitecturas sem servidor, como o AWS Lambda e o Azure Functions, simplificam o processamento de dados através do dimensionamento automático de recursos com base nas exigências da carga de trabalho. Os lagos de dados sem servidor reduzem a sobrecarga operacional e aumentam a agilidade na implantação de fluxos de trabalho de processamento de dados.

2. Integração de IA e ML: A integração das capacidades de IA e de ML diretamente nos lagos de dados permite às organizações automatizar tarefas de processamento de dados, realizar análises preditivas e descobrir informações acionáveis a partir de vastos conjuntos de dados. As plataformas de data lake orientadas para a IA oferecem capacidades avançadas de deteção de anomalias, motores de recomendação e processamento de linguagem natural (PNL).

3. Arquitetura em malha de dados: A arquitetura em malha de dados descentraliza a propriedade e a gestão dos dados, tratando-os como um produto. Esta abordagem envolve a organização de domínios de dados em unidades autónomas com propriedade, governação e API dedicadas, promovendo a autonomia e a agilidade dos dados.

4. Práticas de DataOps e DevOps: A adoção de práticas de DataOps e DevOps acelera o desenvolvimento e a implantação de pipelines de dados em ambientes de lago de dados. A integração contínua, a implantação contínua (CI/CD) e os testes automatizados aumentam a agilidade, a colaboração e a fiabilidade das operações de dados.

5. Implantações de várias nuvens e híbridas: As organizações estão cada vez mais adotando estratégias de várias nuvens e nuvens híbridas para lagos de dados para mitigar o aprisionamento de fornecedores, otimizar custos e aumentar a resiliência dos dados. Os lagos de dados multinuvem aproveitam ferramentas e serviços agnósticos em relação à nuvem para portabilidade e interoperabilidade perfeitas dos dados.

A arquitetura dos lagos de dados representa uma mudança de paradigma na gestão de dados, permitindo às organizações tirar partido de fontes de dados diversas e volumosas para análises avançadas, aplicações de IA/ML e informações em tempo real. Ao armazenar dados brutos no seu formato nativo e ao suportar estruturas de processamento escaláveis, os lagos de dados permitem que as empresas obtenham agilidade, escalabilidade e rentabilidade nas suas estratégias de dados. No entanto, a resolução de desafios como a qualidade, a segurança e a complexidade dos dados exige uma governação sólida, tecnologias avançadas e capacidades de engenharia de dados especializadas. À medida que a arquitetura dos lagos de dados continua a evoluir com as tecnologias emergentes e as melhores práticas, as organizações podem aproveitar todo o seu potencial para impulsionar a inovação, a vantagem competitiva e a tomada de decisões baseadas em dados em toda a empresa.

Capítulo 3: Processamento e limpeza de dados

Processamento de dados: "É descrito como a recolha, modificação e processamento de dados para o objetivo pretendido. Envolve a transformação de dados de um formato para outro que é consideravelmente mais desejável e útil, ou seja, mais perspicaz e significativo". O processamento de dados é a conversão sistemática de dados brutos em informação significativa através de uma série de operações e transformações estruturadas. Este processo envolve várias fases, incluindo a recolha, a limpeza, a transformação e a análise dos dados, sendo cada uma delas essencial para garantir a exatidão, a qualidade e a facilidade de utilização do resultado final. Inicialmente, os dados são recolhidos de várias fontes, que podem ser de natureza e formato diversos, tais como bases de dados transaccionais, saídas de sensores, feeds de redes sociais, etc. Uma vez recolhidos, os dados contêm frequentemente inconsistências, duplicados e erros, o que exige um processo de limpeza exaustivo. Esta fase envolve a filtragem de informações irrelevantes, a correção de erros e a normalização de formatos para garantir um conjunto de dados uniforme. Após a limpeza, a transformação de dados converte os dados limpos num formato adequado para análise. Isto pode incluir a agregação de dados, a derivação de novas variáveis e a realização de cálculos que alinhem os dados com os requisitos analíticos. A fase final, a análise de dados, aplica métodos estatísticos, algoritmos de aprendizagem automática ou outras técnicas analíticas para extrair informações, padrões e tendências dos dados transformados. O processamento eficaz de dados é vital para a tomada de decisões, permitindo que as organizações aproveitem informações precisas e fiáveis para impulsionar iniciativas estratégicas, otimizar operações e melhorar a eficiência geral.

Todo este processo pode ser automatizado com a utilização de algoritmos de aprendizagem automática, modelação matemática e conhecimentos estatísticos. Embora isto possa parecer simples, todo o procedimento deve ser realizado de uma forma altamente metódica quando se trata de empresas extremamente grandes como o Twitter, o Facebook, entidades administrativas como o Parlamento, a UNESCO e organizações do sector da saúde. Assim, as acções a realizar são as seguintes:

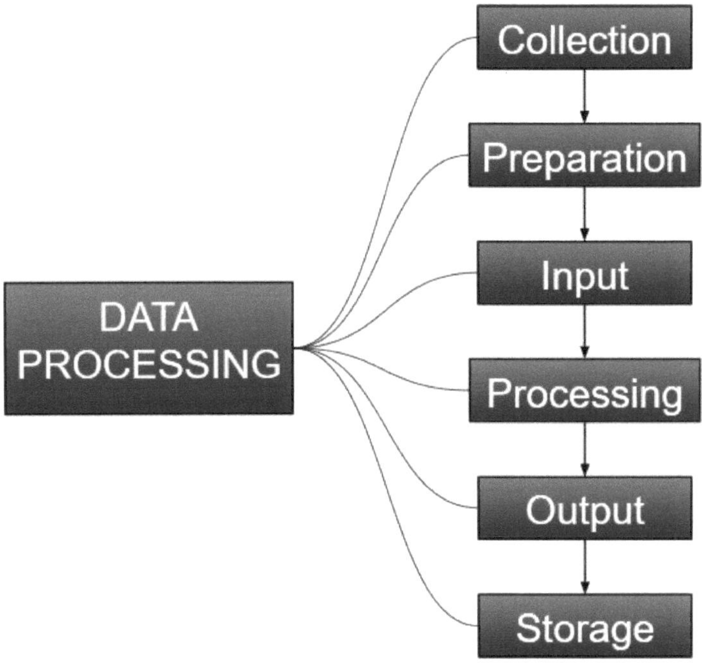

Limpeza de dados: "É descrita como a recolha, modificação e processamento de dados para o objetivo pretendido. Envolve a transformação de dados de um formato para outro que seja consideravelmente mais desejável e útil, ou seja, mais perspicaz e significativo". A limpeza de dados é um passo crucial no processamento de dados, centrando-se na identificação e correção de erros e inconsistências nos dados em bruto para melhorar a sua qualidade e fiabilidade. Este processo envolve várias actividades, incluindo a remoção de registos duplicados, a correção de valores em falta, a correção de erros de introdução de dados e a normalização dos formatos de dados. A limpeza dos dados garante que o conjunto de dados é exato e consistente, o que é essencial para uma análise significativa. Por exemplo, pode envolver a reconciliação de dados de diferentes fontes para garantir a uniformidade, como a normalização de datas ou a formatação de valores numéricos. Além disso, a limpeza de dados inclui frequentemente verificações de validação para garantir que as entradas de dados se enquadram nos intervalos esperados e cumprem as regras predefinidas. Ao transformar os dados defeituosos num estado limpo e utilizável, a limpeza de dados ajuda a evitar resultados enganadores e suporta resultados analíticos mais precisos e fiáveis. Este processo meticuloso é fundamental em qualquer empreendimento orientado para os dados, uma vez que a qualidade dos conhecimentos obtidos é diretamente proporcional à qualidade dos dados introduzidos. Todo este processo pode ser automatizado com a utilização de algoritmos de aprendizagem automática, modelação matemática e conhecimentos estatísticos. Embora isto possa parecer simples, todo o procedimento deve ser realizado de forma altamente metódica quando se trata de empresas extremamente grandes como o Twitter, o Facebook, entidades administrativas como o Parlamento, a UNESCO e organizações do sector da saúde. Assim, as acções a realizar são as seguintes:

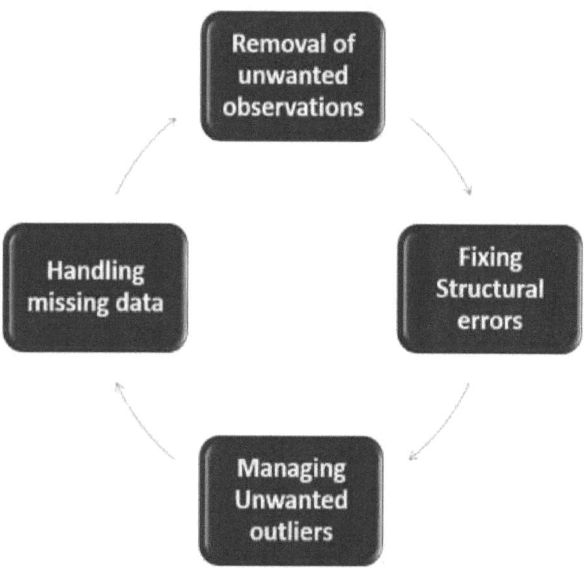

Processamento de dados vs. limpeza de dados

Sr. n°.	Processamento de dados	Limpeza de dados

1	O processamento de dados é efectuado após a limpeza dos dados	A limpeza dos dados é efectuada antes do processamento dos dados
2	O processamento de dados requer hardware de armazenamento necessário, como memória RAM, unidades de processamento gráfico, etc., para processar os dados.	A limpeza de dados não requer ferramentas de hardware.
3	Estruturas de processamento de dados como Hadoop, Pig Frameworks, etc.	A limpeza de dados envolve a remoção de dados ruidosos, etc. Não são utilizadas estruturas especiais.
4	O processamento de dados é difícil quando comparado com a limpeza de dados.	A limpeza de dados é mais fácil do que o processamento de dados.
5	Exemplos: Carregar os dados dos alunos no Hadoop Cluster (armazenamento de dados) e recuperar (processamento) as notas inferiores a 60 por cento. Cálculo da percentagem.	Exemplos: Encontrar os dados da fraude, como a idade do aluno, é maior do que o intervalo e a Percentagem não é superior a 100. Verificar se as marcas não estão inseridas ou não. Caso contrário, podemos verificar e colocar os dados corretos no lugar

		dos dados em falta.
6	Transformar e manipular os dados para extrair informações e criar modelos.	Identificar e corrigir erros, incoerências e imprecisões nos dados para melhorar a sua qualidade e usabilidade.
7	Segunda etapa, efectuada após a limpeza dos dados.	Primeira etapa, efectuada antes do processamento de dados.
8	Análise estatística, algoritmos de aprendizagem automática, visualização	Tratamento de dados em falta, tratamento de valores atípicos, transformação de dados, integração de dados, validação e verificação de dados, formatação de dados.

3.1 Métodos de ingestão de dados

A recolha, gestão e utilização eficazes de dados é um procedimento essencial para qualquer empresa que pretenda prosperar num mercado competitivo. Uma parte essencial do pipeline de processamento de dados é a entrada de dados. Implica a transferência, o carregamento ou a importação de dados em bruto de várias fontes externas para um sistema centralizado ou uma infraestrutura de armazenamento sem quaisquer problemas, para que possam ser processados e analisados posteriormente.

O processo de importação, movimentação ou carregamento de dados de diferentes fontes externas para um sistema ou infraestrutura de armazenamento, para que possam ser processados, armazenados e analisados, é conhecido como ingestão de dados. É uma fase crucial no pipeline de dados, particularmente em empresas que são movidas por dados e criam grandes quantidades de dados que são recolhidos de muitas fontes. Uma vez que estabelece a estrutura para o processamento de dados, a análise e a tomada de decisões posteriores, a ingestão de dados é uma etapa crucial nas arquitecturas de dados contemporâneas, particularmente em contextos de grandes volumes de dados e de análise de dados. As organizações podem utilizar com êxito os seus activos de dados para gerar conhecimentos, estimular a inovação e fazer escolhas baseadas em dados quando dispõem de uma entrada de dados eficiente.

Porque é que a ingestão de dados é importante?

No mundo atual, as empresas estão a criar mais dados do que nunca. Esta informação pode provir de uma variedade de fontes, incluindo redes sociais, dados de sensores e transacções de clientes. No entanto, estes dados estão frequentemente isolados, o que significa que estão armazenados em muitos sistemas e que é difícil aceder ou utilizar. Com a ajuda da ingestão de dados, as empresas podem eliminar estes silos e combinar dados de várias fontes numa imagem única e coerente. Isto pode oferecer várias vantagens às empresas, incluindo

Melhoria da qualidade dos dados: Ao combinar informações de várias fontes, as organizações podem encontrar e corrigir erros nos seus dados.
Maior capacidade de tomada de decisões: Quando as empresas têm acesso a uma visão unificada e abrangente dos seus dados, podem identificar padrões e tendências nos dados que, de outra forma, lhes passariam despercebidos, o que conduz a escolhas mais acertadas.
Processos empresariais automatizados: Ao integrar dados de várias fontes, as organizações podem automatizar processos empresariais e poupar tempo e dinheiro.

Tipo de ingestão de dados
Foram concebidos diferentes tipos de ingestão de dados, incluindo em tempo real, em lote e combinados, com base na infraestrutura de TI e nas necessidades da empresa. Entre as técnicas de ingestão de dados encontram-se:

1. Ingestão de dados em tempo real

Real-Time Data Ingestion

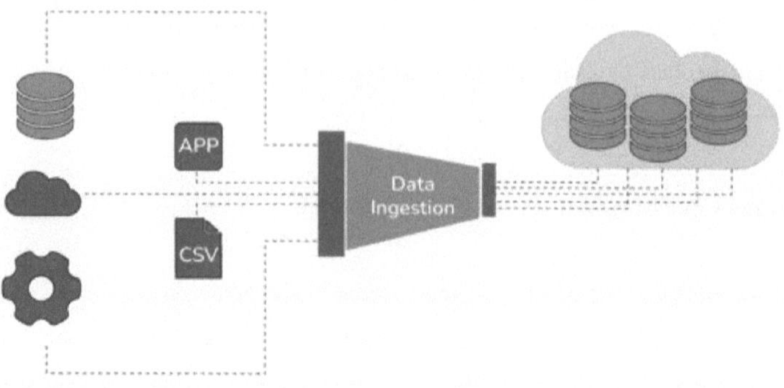

O processo de recolha e transmissão de dados de sistemas de origem em soluções em tempo real, como a Captura de Dados de Alteração (CDC), é conhecido como ingestão de dados em tempo real. Esta é uma das formas mais utilizadas de consumo de dados, especialmente para serviços de streaming. Sem tentar interromper as operações da base de dados, o CDC monitoriza continuamente as transacções, transfere os dados actualizados e refaz os registos. A ingestão em tempo real é fundamental para casos de utilização sensíveis ao tempo, como a negociação na bolsa de valores ou a gestão da rede eléctrica, em que as empresas precisam de reagir rapidamente a novos dados. Os pipelines de dados em tempo real também são necessários para definir e atuar rapidamente com base em novos conhecimentos e fazer escolhas operacionais. Para apoiar a tomada rápida de decisões, a entrada de dados em tempo real implica a extração, o processamento e a preservação dos dados assim que são produzidos.

2. Ingestão de dados baseada em lotes

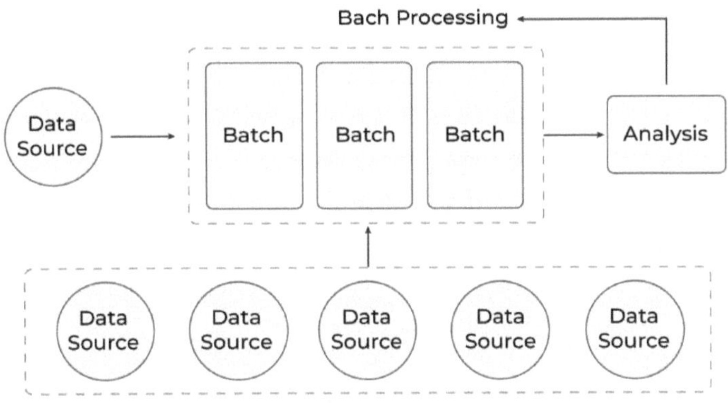

O processo de obtenção e transmissão de dados em lotes em horários regulares é conhecido como ingestão de dados baseada em lotes. Os dados ingeridos em lotes têm a vantagem de serem transferidos em intervalos regulares para operações que se repetem. Os tipos de ingestão de dados baseados em lotes podem ser utilizados pela camada de ingestão para recolher dados de acordo com eventos de acionamento, calendários simples ou qualquer outra ordenação lógica. Quando uma empresa pretende recolher determinados pontos de dados todos os dias ou simplesmente não necessita de dados para fazer escolhas instantaneamente, a ingestão baseada em lotes pode ser útil.

3. Micro lotes

Um método de recolha de dados que se situa entre os métodos baseados em lotes e em tempo real é designado por micro-batching. Implica a recolha e o processamento de dados a intervalos regulares, normalmente na ordem dos milissegundos a segundos, em pequenos lotes pré-determinados. Este método aborda alguns dos inconvenientes do processamento em lote e em tempo real, combinando simultaneamente as suas vantagens.

Os dados são continuamente recolhidos em micro-batching, mas em vez de processar cada evento instantaneamente, são primeiro ordenados em lotes geríveis para processamento. Isto permite uma utilização mais eficaz dos recursos, em vez de tratar cada evento instantaneamente. Uma vez que os intervalos de processamento são substancialmente mais curtos do que no processamento em lote padrão, também proporciona uma latência reduzida.

Todo o processo de ingestão de dados

Qualquer plano de gestão de dados deve incluir a recolha de dados, uma vez que permite às empresas reunir, processar e utilizar dados de várias fontes. Vamos analisar mais detalhadamente todo o processo de recolha de dados, dissecando cada fase para ver como funciona e porque é crucial.

Etapa 1: Recolha de informações

A recolha de dados a partir de uma variedade de fontes é a primeira fase do processo de recolha de dados. Estas fontes podem ser variadas e consistem em:

Informações estruturadas da base de dados: Proveniente de bases de dados relacionais como Oracle, MySQL e SQL Server.

Os exemplos incluem dados de inventário, transacções de vendas e informações sobre clientes.

Ficheiros

Dados não estruturados ou semi-estruturados: Extraídos de CSV, JSON, XML, registo e outras fontes.

Os exemplos incluem conjuntos de dados exportados, ficheiros de configuração e registos de servidores Web.

As API RESTful ou outros protocolos de serviços Web são utilizados para obter dados através de API, serviços Web e API de terceiros.

Por exemplo, informações das redes sociais, da meteorologia e dos mercados financeiros.

Serviços de streaming

Os fluxos de dados em tempo real são fluxos de dados que estão constantemente a fluir de sistemas como os Hubs de Eventos do Azure, o Amazon Kinesis e o Apache Kafka.

Por exemplo, actualizações em tempo real dos meios de comunicação social, tickers do mercado financeiro e fluxos de dados de sensores.

Dispositivos da Internet das Coisas

Dados de sensores e dispositivos: Informações recolhidas a partir de sensores e dispositivos da Internet das Coisas (IoT).

Os exemplos incluem sensores de equipamentos industriais, registos de dispositivos domésticos inteligentes e medições de temperatura.

Passo 2: Conversão de dados

Depois de recolhidos, os dados têm frequentemente de passar por uma série de alterações para garantir que satisfazem as exigências do sistema de destino. Esta ação consiste em:

Purificação de dados

Eliminação de duplicados: Encontrar e remover registos que sejam duplicados.

Correção de erros: fazer correcções a entradas de dados inexactas ou incoerentes.

Gerir valores em falta: Prever, preencher ou ignorar valores em falta para colmatar lacunas nos dados.

Normalização de dados

A reestruturação de dados envolve a transformação de dados numa estrutura normalizada para facilitar o processamento.

Os exemplos incluem a normalização de dados de texto para um caso consistente, a conversão de formatos de data para o padrão AAAA-MM-DD e a garantia de que os dados numéricos seguem uma determinada precisão.

Melhoria dos dados

Contextualização de dados: Melhorar os dados fornecendo mais pormenores ou contexto.

Exemplos: Fundir dados de clientes com informações demográficas, anexar dados geográficos a registos baseados na localização e integrar informações sobre produtos com dados de vendas.

Passo 3: Carregar dados

O carregamento dos dados convertidos para o sistema de processamento ou de armazenamento pretendido completa o processo de recolha de dados. As exigências da empresa e o tipo de dados determinarão qual o melhor sistema de destino. Os sistemas de destino típicos consistem em:

Os repositórios centrais e os armazéns de dados são soluções de armazenamento organizadas, concebidas para a elaboração de relatórios e análises.
Os exemplos incluem Snowflake, Google BigQuery e Amazon Redshift.
Caso de utilização: Execução de consultas complexas e produção de relatórios relacionados com informações comerciais.
Os sistemas de armazenamento em grande escala, como os lagos de dados, são capazes de gerir enormes volumes de dados não estruturados e semi-estruturados.
Como ilustração, considere o HDFS (Hadoop Distributed File System), o Amazon S3 e o Azure Data Lake Storage.
Caso de utilização: Preservação de uma variedade de formatos de dados para análise e processamento futuros.

Sistemas de processamento em tempo real

Plataformas de streaming: Sistemas optimizados para o processamento de dados à medida que estes chegam.
Exemplos: Apache Flink, Apache Storm e Spark Streaming.
Caso de utilização: Aplicações de análise, monitorização e resposta imediata em tempo real.

O fluxo de trabalho de ingestão de dados

Identificação da fonte de dados: "Identificar e registar as fontes de dados. Compreender o formato, a estrutura e o método de acesso aos dados".

Extração de dados: "Extrair dados de fontes identificadas utilizando conectores, APIs ou outros métodos. Assegurar que os dados são recolhidos de forma eficiente e segura".

Armazenamento de dados: "Armazenar temporariamente os dados em bruto numa área de preparação. Isto permite verificações iniciais e validação antes da transformação".

Validação dos dados: "Validar os dados recolhidos para verificar a sua exatidão e exaustividade. Identificar e tratar quaisquer anomalias ou erros nesta fase".

Transformação de dados: "Efetuar as transformações necessárias, incluindo limpeza, normalização e enriquecimento, para preparar os dados para carregamento."

Carregamento de dados: "Carregar os dados transformados para o sistema de armazenamento ou processamento de destino. Assegurar que os dados são indexados, particionados e armazenados de forma optimizada".

Monitorização de dados: "Monitorizar continuamente o processo de ingestão de dados para garantir o seu bom funcionamento. Acompanhar o desempenho, detetar problemas e efetuar os ajustes necessários".

Desafios na ingestão de dados

A entrada de dados é o processo de obtenção e introdução de dados de várias fontes num sistema para posterior processamento e análise. A introdução de dados é um componente essencial dos pipelines para o processamento de grandes volumes de dados, uma vez que permite a extração de informações valiosas. No entanto, há vários desafios que as organizações enfrentam quando se trata da introdução de dados.

- Gerir a variedade de dados: A recolha de dados implica trabalhar com uma série de fontes e formulários de dados, alguns dos quais podem estar dispersos por vários sítios e ser mantidos numa variedade de formatos.
- Garantir a exatidão e a qualidade dos dados: São necessários métodos robustos de validação e limpeza de dados para evitar erros, inconsistências

e dados incompletos, que podem impedir o processamento e a análise dos dados.

- Segurança e privacidade dos dados: A recolha de informações de muitas fontes aumenta a possibilidade de violações de dados. Por conseguinte, as empresas devem adotar medidas de segurança sólidas para proteger a integridade e a confidencialidade dos seus dados.

Benefícios da ingestão de dados

Um grande número de empresas utiliza a introdução de dados de forma extensiva. Exemplos de cenários típicos de entrada de dados são os seguintes:

Transferir dados de uma série de fontes para serviços de nuvem como o Azure. O Azure é comparável a outros servidores em nuvem e locais que empregam um pipeline de entrada de dados.

Várias bases de dados estão a enviar dados para o servidor Elasticsearch. A ingestão de fluxo contínuo poderia ser uma expressão adequada para este facto.

Cuidar dos ficheiros de registo. Nos registos podem encontrar-se muitas informações importantes, especialmente no que diz respeito às empresas da Internet.

Ingestão de dados vs ETL

A ingestão de dados e o ETL (Extract, Transform, Load) são conceitos relacionados com a gestão de dados, mas servem objectivos e fases diferentes dentro do pipeline de processamento de dados.

Aspeto	Ingestão de dados	ETL
Definição	"A transferência de dados brutos da sua fonte para uma localização central para	"O processo de organizar os dados ingeridos numa estrutura pré-

	armazenamento é a primeira fase do processo de integração de dados".	determinada e armazená-los num repositório, como um armazém, é conhecido como ETL".
O que é	"A ingestão de dados é um processo. Os dados podem ser ingeridos numa zona de preparação de várias formas".	"Quando os dados chegam à área de preparação, o ETL processa-os. Os dados são normalizados através do ETL".
Objetivo	"O seu objetivo é criar um local único e centralizado para todos os dados. O objetivo é criar um local único e centralizado para todos os dados.	"Ao normalizar os seus dados, pode torná-los mais acessíveis. Desta forma, é possível obter informações sobre os dados".
Ferramentas	"Apache Kafka, Matillion, Apache NiFi, Wavefront, Funnel".	"Portable, Xplenty, Informatica, AWS Glue"

3.2 Limpeza e pré-processamento de dados

A limpeza de dados, também conhecida como limpeza de dados ou depuração de dados, é um processo crucial no ciclo de vida dos dados, com o objetivo de melhorar a qualidade dos dados através da deteção e correção (ou remoção) de erros e inconsistências dos conjuntos de dados. Este processo é essencial para garantir que os dados utilizados para análise, tomada de decisões e modelos de aprendizagem automática são exactos, completos e fiáveis. O principal objetivo da limpeza de dados é resolver problemas, incluindo valores em falta, entradas duplicadas, formatação inadequada e valores atípicos que possam comprometer a integridade dos dados. Vários factores podem causar estes problemas, incluindo imprecisões na introdução humana de dados, avarias no sistema ou a mistura de dados de várias fontes que seguem normas diferentes. A limpeza de dados ajuda a converter dados não processados num estado mais polido, normalizado e utilizável, resolvendo metodicamente estas questões.

Uma das etapas fundamentais da limpeza de dados é lidar com os dados em falta. Os dados em falta podem ocorrer por várias razões, como a recolha incompleta de dados ou a perda de dados. A imputação, em que os valores em falta são substituídos por estimativas baseadas noutros dados disponíveis, e a eliminação, em que os registos que contêm valores em falta são eliminados do conjunto de dados, são dois métodos para tratar os dados em falta. O tipo de dados e o grau de valores em falta determinam qual a melhor abordagem. Outro problema frequente que pode distorcer os resultados da análise é a duplicação de dados. Quando os dados são fundidos a partir de muitas fontes ou quando os mesmos dados são captados mais do que uma vez, surgem frequentemente duplicados. Para garantir que cada ponto de dados é distinto e só conta uma vez, é essencial localizar e eliminar os registos duplicados. Para tal, podem ser utilizados vários algoritmos que comparam registos de dados e encontram semelhanças.

As incoerências e as imprecisões dos dados são também preocupações importantes. Estes problemas podem surgir quando os dados são introduzidos em formatos diferentes ou quando existem erros tipográficos. A normalização dos formatos de dados, como datas e endereços, e a correção de erros são passos essenciais no processo de limpeza de dados. Isto pode envolver a utilização de ferramentas automatizadas para detetar anomalias ou a revisão manual para garantir a exatidão.

Os valores anómalos, que são pontos de dados significativamente diferentes dos outros, podem distorcer a análise e levar a conclusões enganadoras. Identificar e tratar os valores anómalos é um passo fundamental na limpeza de dados. Dependendo do contexto, os valores atípicos podem ser corrigidos, removidos ou investigados mais aprofundadamente para compreender as suas implicações. Garantir a consistência dos dados em vários conjuntos de dados é uma componente da limpeza de dados. Ao integrar dados de várias fontes, é fundamental resolver divergências e garantir que o conjunto de informações resultante faz sentido. Isto exige frequentemente a transformação de dados e o mapeamento entre formatos, a resolução de litígios e a manutenção adequada das ligações de dados. A limpeza de dados é uma atividade contínua e não um evento único. O controlo e a limpeza contínuos são necessários para preservar a qualidade dos dados quando são recolhidos e incorporados novos dados. Este procedimento repetido garante que os dados são fiáveis ao longo do tempo e ajuda na deteção precoce de novos problemas.

É impossível exagerar a importância da limpeza de dados, especialmente no mundo atual, orientado para os dados. Os dados de alta qualidade são a base de uma tomada de decisão e de um planeamento estratégico sólidos. Análises mais precisas, previsões mais exactas e julgamentos mais bem informados são o resultado de dados limpos. Por outro lado, dados de baixa qualidade podem levar a conclusões erradas, tácticas insensatas e perdas financeiras significativas. Existem várias ferramentas e programas de software disponíveis para ajudar na limpeza de dados. Estas ferramentas oferecem funcionalidades como a definição de perfis de dados, que ajuda a compreender a composição, a exatidão e a estrutura dos dados, bem como algoritmos de limpeza automática que tratam eficazmente os problemas típicos da qualidade dos dados. Além disso, as soluções de limpeza de dados estão a tornar-se mais capazes e sofisticadas devido aos desenvolvimentos na aprendizagem automática e na inteligência artificial.

A limpeza de dados é um processo fundamental na gestão e utilização eficaz de dados. Envolve a deteção e correção de erros, o tratamento de valores em falta, a remoção de duplicados, a normalização de formatos de dados e a garantia de consistência entre conjuntos de dados. Ao melhorar a qualidade dos dados, a limpeza de dados permite que as organizações aproveitem os seus activos de dados de forma mais eficaz, conduzindo a melhores conhecimentos, decisões e resultados. Como o volume e a complexidade dos dados continuam a crescer, a importância da limpeza de dados só irá aumentar, tornando-a um aspeto indispensável das práticas modernas de gestão de dados.

Garantir a integridade e a qualidade dos dados é um processo laborioso, conhecido como limpeza ou depuração de dados, e é essencial para uma análise, elaboração de relatórios e tomada de decisões precisas. Implica um conjunto de acções destinadas a encontrar e corrigir erros, inconsistências e imprecisões nos conjuntos de dados. A definição do perfil dos dados, a primeira etapa do processo, consiste em examinar os dados para compreender a sua composição, ligações e estrutura. A definição de perfis ajuda a localizar problemas frequentes que devem ser corrigidos ao longo do processo de limpeza, tais como dados em falta, duplicados e anomalias.

Uma componente essencial da limpeza de dados é o tratamento dos dados em falta. Vários factores, incluindo a introdução imperfeita de dados, dados corrompidos ou restrições às técnicas de recolha de dados, podem resultar em dados em falta. O tipo e o volume dos dados em falta determinam a forma como os dados em falta devem ser tratados. Os métodos típicos incluem a eliminação, que remove os registos com valores em falta se estes constituírem uma pequena percentagem do conjunto de dados, e a imputação, que estima os valores em falta com base noutros dados disponíveis. Quando os dados são complicados e a imputação é difícil, são também utilizadas técnicas mais avançadas, como a previsão de valores em falta utilizando algoritmos de aprendizagem automática.

A duplicação de dados representa outro desafio significativo para a manutenção da qualidade dos dados. As duplicações podem surgir quando os dados de várias fontes são integrados ou quando a mesma informação é registada várias vezes no mesmo sistema. Detetar e remover duplicados é essencial para garantir que cada ponto de dados é único, evitando assim resultados de análise distorcidos. Este processo envolve frequentemente a utilização de algoritmos para comparar registos e identificar duplicados com base em critérios definidos, como nomes, datas ou outros identificadores correspondentes.

Uma fase crítica adicional no processo de limpeza de dados é a normalização dos formatos de dados. A análise ou combinação de conjuntos de dados pode ser gravemente prejudicada por formatos de dados inconsistentes. Por exemplo, as datas podem ser introduzidas em dois formatos distintos (MM/DD/AAAA vs. DD/MM/AAAA), ou os endereços podem ter um formato diferente. O processo de normalização dos dados implica a sua formatação coerente, o que pode ser conseguido com sistemas automatizados que analisam e reformatam os dados de acordo com diretrizes predefinidas. Esta fase garante a coerência e simplifica a integração e a análise dos dados.

Os valores anómalos são pontos de dados que se desviam significativamente de outras observações no conjunto de dados. Embora os valores atípicos possam, por vezes, indicar erros, também podem representar eventos significativos mas raros. A identificação de valores anómalos é essencial para determinar se devem ser corrigidos, removidos ou investigados mais aprofundadamente. As técnicas estatísticas, como o cálculo de z-scores ou a utilização de intervalos interquartis, ajudam a detetar os valores atípicos. O tratamento dos valores atípicos depende do contexto; nalguns casos, podem ser indicativos de tendências ou anomalias importantes que precisam de ser compreendidas e não removidas.

A consistência entre conjuntos de dados é vital quando se integram dados de várias fontes. Os dados de diferentes fontes podem ter formatos, convenções de nomenclatura ou tipos de dados diferentes, conduzindo a inconsistências. Os campos de dados são mapeados para um esquema comum, os dados são transformados para estarem em conformidade com os formatos definidos e quaisquer diferenças são reconciliadas de forma a resolver estas inconsistências. Garantir a coerência e a consistência lógica do conjunto de dados integrado é crucial para uma análise precisa, e esta fase garante-o. Uma vez que a limpeza de dados é iterativa, trata-se de um processo contínuo. A manutenção de uma excelente qualidade dos dados exige uma monitorização e limpeza contínuas à medida que novos dados são recolhidos e combinados. Este esforço contínuo ajuda a identificar novos problemas à medida que surgem e garante que os dados se mantêm fiáveis ao longo do tempo. As estruturas e regras de governação de dados são frequentemente estabelecidas pelas organizações para facilitar a limpeza contínua dos dados e a garantia de qualidade.

A importância da limpeza de dados estende-se a vários sectores e aplicações. Nos cuidados de saúde, os dados limpos são essenciais para os cuidados dos doentes, a investigação e a conformidade regulamentar. Nas finanças, os dados exactos são essenciais para a gestão de riscos, deteção de fraudes e estratégias de investimento. No marketing, os dados de alta qualidade permitem experiências personalizadas para os clientes e uma gestão eficaz das campanhas. Em todos os sectores, os dados limpos permitem uma melhor tomada de decisões, previsões mais precisas e uma maior eficiência operacional.

Estão disponíveis várias ferramentas e software para facilitar a limpeza de dados. Estas ferramentas oferecem funcionalidades como a definição de perfis de dados, algoritmos de limpeza automatizados e capacidades de transformação de dados. Por exemplo, ferramentas como OpenRefine, Trifacta e Talend fornecem soluções abrangentes para a limpeza e transformação de dados. Estas ferramentas incorporam frequentemente técnicas avançadas, incluindo a aprendizagem automática e a inteligência artificial, para melhorar a sua eficácia e eficiência. Ao automatizar tarefas de rotina e fornecer capacidades de análise sofisticadas, estas ferramentas ajudam as organizações a gerir conjuntos de dados grandes e complexos de forma mais eficaz.

A limpeza de dados é um processo fundamental na gestão e utilização eficaz de dados. Envolve a deteção e correção de erros, o tratamento de valores em falta, a remoção de duplicados, a normalização de formatos de dados e a garantia de consistência entre conjuntos de dados. Ao melhorar a qualidade dos dados, a limpeza de dados permite que as organizações aproveitem os seus activos de dados de forma mais eficaz, conduzindo a melhores conhecimentos, decisões e resultados. Como o volume e a complexidade dos dados continuam a crescer, a importância da limpeza de dados só irá aumentar, tornando-a um aspeto indispensável das práticas modernas de gestão de dados.

A limpeza de dados, muitas vezes referida como limpeza ou depuração de dados, é um processo crucial na gestão de dados que envolve a identificação e correção de erros, inconsistências e imprecisões em conjuntos de dados. Este processo garante que os dados são exactos, completos e adequados para análise ou utilização em processos de tomada de decisão. As principais etapas da limpeza de dados incluem o tratamento dos valores em falta, a remoção de registos duplicados, a correção de erros nas entradas de dados e a normalização dos formatos de dados. Por exemplo, os valores em falta podem ser tratados preenchendo-os com estimativas adequadas (imputação) ou removendo registos incompletos se não comprometerem a integridade do conjunto de dados. Os registos duplicados, que podem distorcer os resultados da análise, são identificados e eliminados para garantir que cada ponto de dados é único. A correção de erros envolve a correção de gralhas e a garantia de consistência nos formatos de dados, como datas e endereços, para assegurar a uniformidade. Além disso, os valores anómalos - pontos de dados que se desviam significativamente dos outros - são identificados e tratados, quer através de correção quer de investigação adicional. A natureza iterativa da limpeza de dados significa que é um processo contínuo, uma vez que entram continuamente novos dados no sistema. Ferramentas e software avançados, que incorporam técnicas como a aprendizagem automática, ajudam a automatizar e a melhorar a eficiência da limpeza de dados, tornando-a uma prática essencial para manter dados de elevada qualidade em vários sectores. Ao garantir que os dados são exactos e fiáveis, a limpeza de dados facilita uma melhor análise, tomada de decisões e gestão global dos dados.

O pré-processamento de dados é um passo crítico no fluxo de trabalho da análise de dados que envolve a transformação de dados em bruto num formato limpo e utilizável para análise. Este processo engloba várias tarefas, como a limpeza de dados, a normalização, a transformação e a extração de caraterísticas. Durante a limpeza de dados, os erros e inconsistências, como valores em falta e registos duplicados, são identificados e corrigidos para garantir a qualidade dos dados. A normalização envolve o escalonamento dos dados para um intervalo comum, o que é essencial para os algoritmos que são sensíveis à escala dos dados de entrada. As técnicas de transformação, como a codificação de variáveis categóricas e a aplicação de funções matemáticas, ajudam a converter os dados num formato adequado para análise. A extração de caraterísticas envolve a seleção e criação de novas caraterísticas que melhoram o desempenho dos modelos de aprendizagem automática. Ao preparar os dados através destes passos, o pré-processamento garante que os dados são consistentes, precisos e estão prontos para uma análise posterior, conduzindo, em última análise, a resultados mais fiáveis e perspicazes.

3.3 Tratamento de dados em falta

O tratamento dos dados em falta é um aspeto crucial do pré-processamento de dados que tem um impacto significativo na qualidade e fiabilidade da análise dos dados.

Os dados em falta podem surgir devido a várias razões, como erros na recolha de dados, inquéritos incompletos ou mau funcionamento do sistema. O tratamento dos dados em falta envolve várias estratégias. Uma abordagem comum é a eliminação, em que as linhas ou colunas com valores em falta são removidas se forem relativamente poucas e não afectarem significativamente a integridade do conjunto de dados. A imputação é uma estratégia adicional que envolve a aplicação de técnicas estatísticas ou algoritmos para preencher as variáveis em falta. Enquanto as abordagens mais avançadas, como os modelos de aprendizagem automática, prevêem os valores em falta com base noutros factores do conjunto de dados, as técnicas de imputação mais simples substituem os valores em falta pela média, mediana ou moda dos dados disponíveis. Para garantir uma maior precisão, as informações específicas do domínio podem orientar o processo de imputação. O tipo e a quantidade de dados em falta, bem como as necessidades específicas do estudo, determinarão qual a melhor abordagem. A fim de preservar a qualidade global do conjunto de dados, fornecer uma análise robusta e produzir conhecimentos fiáveis, os dados em falta devem ser tratados corretamente.

Uma etapa crucial na gestão de dados, a limpeza de dados - também designada por depuração ou scrubbing de dados - garante que os dados são exactos, de elevada qualidade e adequados para análise e tomada de decisões. Este procedimento minucioso implica encontrar e corrigir erros, inconsistências e imprecisões nos conjuntos de dados. A limpeza de dados é uma tarefa essencial em vários sectores, uma vez que o volume e a complexidade dos dados criados na era digital atual permitem às empresas fazer juízos precisos e bem informados. Esta explicação alargada examinará as várias facetas e abordagens da limpeza de dados, descrevendo o seu significado, abordagens e recursos, bem como os seus efeitos em diversos sectores.

O principal objetivo da limpeza de dados é preparar os dados para análise, resolvendo os problemas, incluindo valores em falta, entradas duplicadas, formatação inadequada e valores atípicos. Os resultados de qualquer método analítico são diretamente afectados pela qualidade dos dados; por conseguinte, a obtenção de conhecimentos fiáveis requer dados limpos. Para modelos de aprendizagem automática, business intelligence e investigações de pesquisa, os dados de alta qualidade são cruciais porque reduzem o risco de erro e melhoram a precisão da previsão e da decisão.

Um dos desafios fundamentais da limpeza de dados é o tratamento dos dados em falta. Os dados em falta podem ocorrer por várias razões, como a introdução incompleta de dados, a corrupção de dados ou limitações nos métodos de recolha de dados. Existem várias abordagens para tratar os dados em falta, e cada uma tem vantagens e desvantagens. A eliminação é um método popular que envolve a remoção de registos que têm valores em falta. Embora este procedimento seja simples, se um grande número de registos estiver incompleto, pode resultar numa grave perda de dados. A imputação é uma estratégia adicional que envolve a aplicação de métodos estatísticos ou algoritmos de previsão para preencher as variáveis em falta. Enquanto as técnicas mais avançadas utilizam modelos de aprendizagem automática para estimar os valores em falta com base noutros dados disponíveis, os métodos de imputação mais simples substituem os valores em falta pela média, mediana ou moda da coluna. O grau de dados em falta e a importância das variáveis envolvidas determinam qual a melhor abordagem.

A duplicação de dados é outro problema comum que pode distorcer os resultados da análise e levar a conclusões incorrectas. As duplicações surgem frequentemente quando os dados de diferentes fontes são integrados ou quando os mesmos dados são registados várias vezes. A identificação e remoção de duplicados é crucial para garantir que cada ponto de dados é único e contado apenas uma vez. Este processo envolve normalmente a comparação de registos com base em critérios específicos, como identificadores únicos, nomes ou datas, e a fusão ou eliminação de entradas redundantes. Vários algoritmos e ferramentas podem automatizar a deteção de duplicados, tornando o processo mais eficiente e preciso.

Quando se trata de limpeza de dados, as imprecisões e inconsistências são também dificuldades importantes. Estes problemas podem ser causados por uma série de factores, tais como formatos de dados inconsistentes, erros humanos na introdução de dados e integração de dados de várias fontes com padrões diferentes. Para garantir a consistência e a comparabilidade, os formatos de dados, como datas, endereços e nomes, devem ser normalizados. Isto pode incluir a verificação de que os dados seguem normas pré-determinadas, a correção de erros tipográficos e a transformação de dados num formato comum. Embora as tecnologias automatizadas possam ajudar a encontrar e corrigir discrepâncias, pode também ser necessária uma inspeção manual para garantir a exatidão.

Os valores anómalos, ou pontos de dados que se desviam significativamente do resto do conjunto de dados, também podem colocar desafios na limpeza de dados. Os valores anómalos podem ser indicativos de erros, eventos invulgares ou tendências importantes, dependendo do contexto. Identificar e tratar os valores anómalos é um passo fundamental para garantir a qualidade dos dados. As técnicas estatísticas, como o cálculo de pontuações-z ou a utilização do intervalo interquartil (IQR), podem ajudar a detetar valores atípicos. Uma vez identificados, os valores atípicos podem ser investigados para determinar se representam erros que necessitam de correção ou pontos de dados significativos que devem ser retidos para análise.

Manter a coerência entre conjuntos de dados é essencial quando se combinam dados de várias fontes. Podem existir discrepâncias nos formatos, normas de nomenclatura ou tipos de dados provenientes de várias fontes. Os campos de dados são mapeados para um esquema comum, os dados são transformados para estarem em conformidade com os formatos definidos e quaisquer diferenças são reconciliadas de forma a resolver estas inconsistências. Garantir a coerência e a consistência lógica do conjunto de dados integrado é crucial para uma análise precisa, e esta fase garante-o. À medida que novos dados são recolhidos e incorporados, a limpeza de dados é um processo iterativo que tem de ser continuamente monitorizado e atualizado. Este esforço contínuo garante que os dados são fiáveis ao longo do tempo e ajuda a identificar novos problemas à medida que vão surgindo. A implementação de quadros e regulamentos de governação de dados pode facilitar a limpeza e a garantia de qualidade contínuas dos dados, promovendo assim uma cultura organizacional que dá prioridade à integridade dos dados.

A limpeza de dados é crucial para uma variedade de aplicações e empresas. Os dados limpos são essenciais para os cuidados de saúde, para investigação, tratamento de doentes e conformidade regulamentar. Dados precisos e fiáveis garantem que os profissionais de saúde podem fazer escolhas bem informadas, os investigadores podem chegar a conclusões legítimas e os estabelecimentos podem cumprir as obrigações legais. No sector financeiro, a deteção de fraudes, a gestão de riscos e as estratégias de investimento dependem de dados de elevada qualidade. As organizações financeiras podem avaliar com precisão os riscos, identificar actividades fraudulentas e tomar decisões de investimento sensatas com a utilização de dados limpos. Uma boa gestão de campanhas e experiências de consumo personalizadas são possíveis no marketing através de dados de elevada qualidade. Para determinar a segmentação do público, medir a eficácia das iniciativas de marketing e compreender as preferências dos consumidores, os profissionais de marketing baseiam-se em dados limpos. Os dados limpos facilitam uma previsão mais exacta, uma melhor tomada de decisões e uma maior eficácia operacional em todos os sectores.

Estão disponíveis várias ferramentas e software para facilitar a limpeza de dados. Estas ferramentas oferecem funcionalidades como a definição de perfis de dados, algoritmos de limpeza automatizados e capacidades de transformação de dados. Por exemplo, ferramentas como OpenRefine, Trifacta e Talend fornecem soluções abrangentes para a limpeza e transformação de dados. A definição de perfis de dados envolve a análise da estrutura, do conteúdo e das relações entre os dados para identificar problemas de qualidade. Os algoritmos de limpeza automatizados podem resolver eficazmente problemas comuns de qualidade dos dados, como valores em falta, duplicados e inconsistências. As capacidades de transformação de dados permitem aos utilizadores converter os dados num formato adequado para análise, incluindo normalização, codificação e agregação. Técnicas avançadas, como a aprendizagem automática e a inteligência artificial, melhoram as capacidades das ferramentas de limpeza de dados, permitindo um processamento mais inteligente e eficiente.

Uma das etapas mais importantes para gerir e utilizar corretamente os dados é a limpeza dos dados. Esta inclui a resolução de valores em falta, a eliminação de duplicações, a normalização de formatos de dados, a deteção e correção de erros e a garantia de consistência entre conjuntos de dados. A limpeza de dados ajuda as empresas a utilizarem melhor os seus activos de dados, o que produz melhores percepções, escolhas e resultados ao melhorar a qualidade dos dados. A limpeza de dados tornar-se-á ainda mais importante à medida que o volume e a complexidade dos dados continuarem a aumentar, tornando-a uma componente crucial das técnicas contemporâneas de gestão de dados.

O tratamento dos dados em falta é um aspeto crucial do pré-processamento de dados que tem um impacto significativo na qualidade e fiabilidade da análise dos dados. Os dados em falta podem surgir devido a várias razões, como erros na recolha de dados, inquéritos incompletos ou mau funcionamento do sistema. O tratamento dos dados em falta envolve várias estratégias. Uma abordagem comum é a eliminação, em que as linhas ou colunas com valores em falta são removidas se forem relativamente poucas e não afectarem significativamente a integridade do conjunto de dados. Outra abordagem é a imputação, em que os valores em falta são preenchidos utilizando métodos estatísticos ou algoritmos. As técnicas de imputação simples incluem a substituição dos valores em falta pela média, mediana ou moda dos dados disponíveis, enquanto os métodos mais sofisticados, como a utilização de modelos de aprendizagem automática, prevêem os valores em falta com base noutras variáveis do conjunto de dados. Além disso, o conhecimento específico do domínio pode orientar o processo de imputação para garantir a exatidão. A escolha do método depende da natureza e extensão dos dados em falta e dos requisitos específicos da análise. O tratamento adequado dos dados em falta é essencial para manter a qualidade geral do conjunto de dados, garantir uma análise robusta e obter informações fiáveis.

A natureza iterativa da limpeza de dados significa que é um processo contínuo. À medida que novos dados são recolhidos e integrados, é necessário um acompanhamento e uma limpeza contínuos para manter uma elevada qualidade dos dados. Este esforço contínuo ajuda a identificar novos problemas à medida que vão surgindo e garante que os dados se mantêm fiáveis ao longo do tempo. As organizações estabelecem frequentemente quadros e políticas de governação de dados para apoiar a limpeza contínua dos dados e a garantia de qualidade. Isto garante que as normas de dados são aplicadas de forma consistente e que a qualidade dos dados é mantida, promovendo uma cultura de integridade dos dados.

Existem vários programas de software e tecnologias disponíveis para facilitar a limpeza de dados. Estas ferramentas incluem caraterísticas como a capacidade de alterar dados, efetuar procedimentos de limpeza automáticos e traçar perfis de dados. Por exemplo, os programas Talend, Trifacta e OpenRefine oferecem soluções abrangentes para a transformação e limpeza de dados. Para aumentar a sua eficácia e eficiência, estas tecnologias incluem frequentemente métodos de ponta como a inteligência artificial e a aprendizagem automática. Estas tecnologias ajudam as empresas a gerir de forma mais eficiente informações enormes e complexas, automatizando operações repetitivas e oferecendo capacidades analíticas avançadas.

Nos cuidados de saúde, os dados limpos são essenciais para os cuidados dos doentes, a investigação e a conformidade regulamentar. Nas finanças, os dados exactos são essenciais para a gestão de riscos, deteção de fraudes e estratégias de investimento. No marketing, os dados de alta qualidade permitem experiências personalizadas para os clientes e uma gestão eficaz das campanhas. Em todos os sectores, os dados limpos apoiam uma melhor tomada de decisões, previsões mais precisas e uma maior eficiência operacional.

Nos cuidados de saúde, os registos dos doentes, os históricos médicos e os dados de investigação devem ser meticulosamente mantidos para garantir diagnósticos exactos, tratamentos eficazes e resultados de investigação fiáveis. Dados imprecisos ou incompletos podem levar a decisões médicas incorrectas, potencialmente prejudiciais para os pacientes. Além disso, os organismos reguladores exigem que as organizações de cuidados de saúde mantenham elevados padrões de integridade dos dados para cumprirem as leis e os regulamentos, como a Lei de Portabilidade e Responsabilidade dos Seguros de Saúde (HIPAA). Os dados limpos garantem que os prestadores de cuidados de saúde têm acesso a informações exactas e abrangentes, permitindo-lhes prestar melhores cuidados aos doentes e fazer avançar a investigação médica.

Para que o sector financeiro possa gerir riscos, identificar fraudes e tomar decisões de investimento sensatas, a qualidade dos dados é fundamental. Para determinar as perspectivas de investimento, determinar a solvabilidade e identificar actividades fraudulentas, as instituições financeiras dependem de dados fiáveis. Avaliações de risco imprecisas resultantes de dados de baixa qualidade podem causar perdas financeiras, bem como danos à reputação de uma instituição. Além disso, a comunicação de dados exactos e transparentes é necessária para que a atividade financeira cumpra os regulamentos. As instituições financeiras podem cumprir os regulamentos, reduzir os riscos e tomar decisões de investimento sensatas quando têm acesso a dados limpos.

No marketing, os dados limpos são essenciais para compreender o comportamento do cliente, segmentar audiências e personalizar campanhas de marketing. Os profissionais de marketing utilizam os dados para analisar as preferências dos clientes, acompanhar o desempenho das campanhas e otimizar as estratégias de marketing. Dados imprecisos ou incompletos podem levar a campanhas ineficazes, recursos desperdiçados e oportunidades perdidas. Ao manter uma elevada qualidade dos dados, os profissionais de marketing podem direcionar com precisão os seus públicos, proporcionar experiências personalizadas e medir a eficácia dos seus esforços. Os dados limpos permitem aos profissionais de marketing tomar decisões baseadas em dados que melhoram o envolvimento do cliente e impulsionam o crescimento do negócio.

Em todos os sectores, a limpeza de dados permite uma melhor tomada de decisões, previsões mais precisas e uma maior eficiência operacional. As organizações que dão prioridade à qualidade dos dados estão melhor posicionadas para aproveitar os seus activos de dados para obter vantagens competitivas. Dados limpos fornecem uma base sólida para a análise, permitindo que as organizações descubram insights, identifiquem tendências e tomem decisões informadas. Como os dados continuam a crescer em volume e complexidade, a importância da limpeza de dados só irá aumentar, tornando-a um aspeto essencial das práticas modernas de gestão de dados.

Uma das etapas mais importantes para gerir e utilizar corretamente os dados é a limpeza dos dados. Esta inclui a resolução de valores em falta, a eliminação de duplicações, a normalização de formatos de dados, a deteção e correção de erros e a garantia de consistência entre conjuntos de dados. A limpeza de dados ajuda as empresas a utilizarem melhor os seus activos de dados, o que produz melhores percepções, escolhas e resultados ao melhorar a qualidade dos dados. A limpeza de dados tornar-se-á ainda mais importante à medida que o volume e a complexidade dos dados continuarem a aumentar, tornando-a uma componente crucial das técnicas contemporâneas de gestão de dados.

3.4 Transformação e normalização de dados

A transformação de dados é uma etapa crucial no pré-processamento de dados que envolve a conversão de dados do seu formato bruto para um formato estruturado e utilizável adequado para análise. Neste processo, são utilizados vários métodos, incluindo a codificação, o escalonamento, a agregação e a normalização. Os dados são ajustados a uma escala comum através da normalização, o que é especialmente crucial para algoritmos que dependem de uma grande variedade de dados de entrada. Ao combinar vários pontos de dados num formato resumido, a agregação melhora a interpretabilidade e reduz a complexidade. Os dados categóricos podem ser utilizados com métodos de aprendizagem automática, codificando-os numa representação numérica. As caraterísticas dos dados são normalizadas por escalonamento, de modo a que cada uma contribua igualmente para a análise. A transformação de dados garante que os dados são fiáveis, consistentes e num formato que optimiza a eficácia e a eficiência da modelação e análise de dados posteriores. Esta fase requer previsões exactas e a obtenção de informações valiosas a partir dos dados.

A transformação de dados é um processo vital no pipeline de pré-processamento de dados, com o objetivo de converter dados em bruto num formato mais adequado para análise e modelação. Este processo engloba várias técnicas-chave, cada uma delas com um objetivo específico de melhorar a capacidade de utilização e a qualidade dos dados. A normalização, por exemplo, envolve o ajuste da escala das caraterísticas numéricas de modo a que se enquadrem num intervalo comum, normalmente entre 0 e 1. Isto é crucial para os algoritmos que se baseiam em medições de distância, como o agrupamento k-means ou a descida de gradiente em redes neuronais, uma vez que garante que todas as caraterísticas contribuem igualmente para a análise e impede que uma única caraterística influencie desproporcionadamente os resultados.

Outro método de transformação crucial é a agregação, que resume os dados através da fusão de muitos registos numa representação única e abrangente. Na análise de séries cronológicas, este método é frequentemente utilizado para descobrir tendências a longo prazo, agregando dados diários com dados mensais. Para tratar dados categóricos, a codificação é necessária, uma vez que transforma as categorias numa representação numérica que os algoritmos podem compreender. Os modelos de aprendizagem automática podem incorporar variáveis categóricas sem acrescentar enviesamento, utilizando técnicas como a codificação de um ponto, em que cada categoria é representada como um vetor binário.

O processo de normalização das caraterísticas dos dados para que tenham uma média de zero e um desvio padrão de um é conhecido como escalonamento, e é outra abordagem crucial. Os modelos que dependem de dados regularmente distribuídos ou os que são sensíveis à variação das caraterísticas de entrada devem prestar especial atenção a este aspeto. Para além destes métodos, a transformação de dados também engloba processos mais complexos, como a discretização de dados, que transforma dados contínuos em intervalos discretos para tipos específicos de análise, e a extração de caraterísticas, que cria novas caraterísticas a partir de dados existentes para melhorar o desempenho do modelo.

Para garantir que os dados estão nas melhores condições possíveis para análise e para melhorar a qualidade e a fiabilidade de quaisquer conclusões retiradas dos mesmos, é necessária a transformação dos dados. Os cientistas e analistas de dados podem certificar-se de que os dados são consistentes, adequadamente escalonados e num formato que aproveita as vantagens de várias abordagens analíticas e de aprendizagem automática, utilizando estas várias estratégias de transformação. No final, isto produz modelos e conhecimentos que são mais fortes, mais fiáveis e mais fáceis de compreender.

A normalização de dados é um processo fundamental no pré-processamento de dados que envolve o ajuste dos valores dos dados numéricos a uma escala comum sem distorcer as diferenças nos intervalos de valores. O principal objetivo da normalização é colocar todos os valores das caraterísticas num intervalo semelhante, frequentemente entre 0 e 1 ou -1 e 1. Isto é particularmente importante para os algoritmos de aprendizagem automática que são sensíveis à escala dos dados de entrada, como os que se baseiam em cálculos de distância (por exemplo, k-vizinhos mais próximos) ou otimização baseada em gradientes (por exemplo, redes neurais). Ao normalizar os dados, cada caraterística contribui de forma igual para o modelo, evitando que as caraterísticas com intervalos maiores dominem o processo de aprendizagem. As técnicas comuns de normalização incluem o escalonamento Min-Max, que redimensiona os dados para um intervalo fixo, e a normalização Z-score, que transforma os dados com base na média e no desvio padrão. Em geral, a normalização melhora o desempenho e a velocidade de convergência dos algoritmos de aprendizagem automática, conduzindo a modelos mais precisos e fiáveis.

3.5 Ferramentas para processamento de dados (por exemplo, Apache Spark, Hadoop)

O Apache Spark é um motor de análise unificado e de código aberto concebido para o processamento de dados em grande escala, conhecido pela sua velocidade, facilidade de utilização e capacidades de análise sofisticadas. Inicialmente desenvolvido no AMPLab da Universidade da Califórnia, em Berkeley, o Spark foi aberto em 2010 e mais tarde tornou-se um projeto de nível superior da Apache Software Foundation em 2014. O Spark fornece uma interface para programar clusters inteiros com paralelismo de dados implícito e tolerância a falhas. Estende o popular modelo MapReduce para suportar cálculos mais complexos, como consultas interactivas e processamento de fluxos, que são essenciais para a análise de dados moderna.

Os Resilient Distributed Datasets (RDDs) são conjuntos de itens tolerantes a falhas que podem ser processados em simultâneo e constituem a base em que assenta o Spark. Os RDDs podem ser criados convertendo RDDs existentes ou usando InputFormats do Hadoop. O Spark pode executar operações até 100 vezes mais rápido na memória ou 10 vezes mais rápido no disco do que o Hadoop MapReduce devido à sua estrutura. A capacidade de processamento na memória do Spark, que elimina a necessidade de gravar dados intermédios no disco, e a utilização eficaz do agendador Direted Acyclic Graph (DAG) para a execução de tarefas são responsáveis pela vantagem de velocidade da plataforma.

Uma caraterística importante do Apache Spark é o seu ecossistema abrangente que inclui bibliotecas para SQL (Spark SQL), aprendizagem automática (MLlib), processamento de gráficos (GraphX) e processamento de fluxos (Structured Streaming). O Spark SQL permite aos utilizadores executar consultas SQL juntamente com outras operações sem problemas, proporcionando uma ferramenta poderosa para a manipulação e análise de dados. O MLlib oferece algoritmos de aprendizagem automática escaláveis, facilitando a integração da aprendizagem automática em fluxos de trabalho de dados. O GraphX suporta cálculos paralelos de gráficos, permitindo o processamento de gráficos em grande escala. O Structured Streaming permite o processamento de fluxos em tempo real com a mesma API de alto nível utilizada para o processamento em lote.

Muitas linguagens de programação diferentes, como Java, Scala, Python e R, são suportadas pelo Apache Spark, tornando-o utilizável por um vasto espetro de programadores e cientistas de dados. Com o suporte multilingue do Spark, os utilizadores podem tirar o máximo partido dos seus conhecimentos actuais e incorporar o Spark nos seus fluxos de trabalho com facilidade. Além disso, os shells interactivos do Spark, que vêm em Scala e Python, oferecem um excelente cenário para prototipagem rápida e análise exploratória de dados.

A integração do Apache Spark com outras ferramentas de big data e sistemas de armazenamento é uma das suas principais vantagens. Entre outros locais, pode ler dados do HDFS, HBase, Cassandra e Amazon S3. Além disso, o Spark faz interface com o Apache Mesos e o Hadoop YARN, oferecendo agendamento flexível e gerenciamento de recursos. O Spark pode ser uma parte integrante de qualquer arquitetura de grandes volumes de dados devido à sua capacidade de integração, que permite uma interação perfeita com uma variedade de fontes de dados e estruturas de processamento.

As APIs estruturadas do Apache Spark aumentam a produtividade e a fiabilidade. A API DataFrame, inspirada nos quadros de dados do R e no pandas do Python, fornece um nível mais alto de abstração do que os RDDs, tornando o código mais fácil de escrever e ler. Os DataFrames também trazem melhorias de desempenho através de optimizações como o Catalyst, o optimizador de consultas do Spark. A API de conjunto de dados, introduzida posteriormente, combina os benefícios dos RDDs e dos DataFrames, fornecendo segurança de tipo e recursos de programação orientada a objetos, mantendo as vantagens de desempenho dos DataFrames.

Uma das aplicações notáveis do Spark é a análise de grandes volumes de dados, onde é utilizado para processar grandes conjuntos de dados para extrair informações significativas. Empresas como a Netflix, a Amazon e a Uber utilizam o Spark para tarefas que vão desde os motores de recomendação e a análise em tempo real até à manutenção preditiva e à deteção de fraudes. A capacidade do Spark de lidar com dados em lote e em fluxo contínuo torna-o uma ferramenta versátil para várias necessidades de processamento de dados.

As capacidades de aprendizagem automática do Spark são particularmente significativas, dada a importância crescente da tomada de decisões baseada em dados. MLlib, a biblioteca de aprendizado de máquina do Spark, inclui uma variedade de algoritmos para classificação, regressão, clustering e filtragem colaborativa. Ela também fornece ferramentas para construir, avaliar e ajustar pipelines de aprendizado de máquina. Com o aumento do tamanho dos conjuntos de dados, a capacidade de escalar tarefas de aprendizado de máquina de forma eficiente é crucial, e o Spark MLlib atende a essa necessidade de forma eficaz.

O processamento de dados em fluxo contínuo é outra área em que o Spark se destaca. O Fluxo Estruturado, introduzido como parte do Spark 2.0, fornece uma API de alto nível para processamento de fluxo que é poderosa e fácil de usar. Ele permite que os desenvolvedores escrevam trabalhos de streaming usando as mesmas operações que os trabalhos em lote, simplificando o processo de desenvolvimento. Esta unificação das capacidades de processamento em lote e em fluxo na mesma API é uma vantagem significativa, permitindo o processamento de dados em tempo real com um esforço mínimo.

A tolerância a falhas e a alta disponibilidade também são suportadas pelo design do Apache Spark. A estrutura de dados fundamental do Spark, os RDDs, é intrinsecamente tolerante a falhas. A fim de recomputar eficazmente os dados perdidos resultantes de falhas de nós, eles monitorizam a informação de linhagem. Além disso, o Spark fornece checkpointing, o que melhora ainda mais a tolerância a falhas em aplicações longas, armazenando o estado de um RDD num armazenamento estável.

Qualquer ferramenta de grandes volumes de dados deve ter em conta a escalabilidade e o Apache Spark foi concebido para funcionar num único sistema ou em centenas de nós. É adequado para gerir volumes maciços de dados devido à sua capacidade de dividir eficazmente as tarefas de processamento de dados por vários processadores dentro de clusters enormes. Esta escalabilidade é complementada pelas optimizações de desempenho do Spark, que incluem computação na memória, gestão eficiente de recursos e agendamento avançado de tarefas.

A comunidade Apache Spark é ativa e vibrante, contribuindo para a sua melhoria contínua e para a expansão do seu ecossistema. Atualizações e lançamentos regulares garantem que o Spark permaneça na vanguarda da tecnologia de processamento de big data. A comunidade também fornece documentação extensa, tutoriais e suporte, facilitando a iniciação de novos utilizadores e o aprofundamento dos conhecimentos dos utilizadores existentes.

A natureza de código aberto do Spark incentiva a inovação e a colaboração, com inúmeras contribuições de empresas e indivíduos de todo o mundo. Este ambiente colaborativo levou ao desenvolvimento de muitas extensões e integrações que melhoram a funcionalidade e o desempenho do Spark. O compromisso com os princípios de código aberto garante que o Spark continue a ser uma ferramenta flexível, poderosa e em evolução para o processamento de dados.

O Apache Spark é um motor de análise poderoso e versátil, especializado no processamento de dados em grande escala. As suas excelentes capacidades analíticas, velocidade e facilidade de utilização fazem dele uma escolha popular entre as empresas. Devido ao seu suporte robusto para uma vasta gama de fontes de dados, à integração perfeita com outras ferramentas de big data e ao vasto ecossistema de bibliotecas para SQL, aprendizagem automática, processamento de gráficos e processamento de fluxo, o Spark está bem adaptado para satisfazer os requisitos complexos e variados da análise de dados moderna. A extraordinária velocidade, escalabilidade e capacidade do Apache Spark para combinar processamento em lote e em fluxo fazem dele uma parte essencial das arquitecturas de grandes volumes de dados contemporâneas.

O Apache Hadoop é uma estrutura poderosa e de código aberto que permite o processamento distribuído de grandes conjuntos de dados em clusters de computadores utilizando modelos de programação simples. Inicialmente desenvolvido por Doug Cutting e Mike Cafarella em 2005 e inspirado nos documentos MapReduce e Google File System (GFS) da Google, o Hadoop tornou-se desde então uma pedra angular das tecnologias de grandes volumes de dados, facilitando o armazenamento e a análise de grandes quantidades de dados de forma eficiente e fiável.

O núcleo do Hadoop é a sua capacidade de dividir grandes tarefas de processamento de dados em tarefas mais pequenas que podem ser distribuídas por muitos computadores ou nós e executadas em paralelo. Essa capacidade é possibilitada principalmente pelos dois principais componentes do Hadoop: O Sistema de Ficheiros Distribuídos Hadoop (HDFS) e o modelo de programação MapReduce. O HDFS fornece acesso de alto rendimento aos dados da aplicação, dividindo os ficheiros em grandes blocos e distribuindo-os pelos nós de um cluster. Esta abordagem de armazenamento distribuído garante redundância de dados e tolerância a falhas, tornando-o resistente a falhas de hardware. A replicação de dados entre nós aumenta ainda mais essa tolerância a falhas, garantindo que, mesmo que vários nós falhem, os dados permaneçam acessíveis.

O MapReduce é o motor computacional do Hadoop, que processa os dados em duas fases: A fase Map, que filtra e ordena os dados, e a fase Reduce, que efectua uma operação de resumo. Este modelo é altamente escalável e pode lidar com petabytes de dados, tornando-o adequado para tarefas como indexação, extração de dados, análise de registos e muito mais. Ao distribuir a computação por vários nós, o MapReduce reduz significativamente o tempo de processamento e aumenta a eficiência.

O ecossistema do Hadoop inclui uma vasta gama de ferramentas e componentes que alargam a sua funcionalidade e facilidade de utilização. Alguns componentes notáveis são o Apache Hive, Pig, HBase e Spark. O Hive fornece uma interface do tipo SQL para os dados armazenados no Hadoop, permitindo aos utilizadores efetuar consultas e análises de dados utilizando uma linguagem familiar. Pig, por outro lado, oferece uma linguagem de script de alto nível para a criação de programas MapReduce, facilitando aos utilizadores a manipulação e análise de grandes conjuntos de dados. O HBase é uma base de dados NoSQL distribuída e escalável que é executada sobre o HDFS, permitindo o acesso de leitura/escrita em tempo real a grandes conjuntos de dados. O Apache Spark, frequentemente utilizado em conjunto com o Hadoop, oferece um motor de computação avançado, na memória, que acelera as tarefas de processamento de dados e suporta análises complexas, aprendizagem automática e processamento de fluxos.

Uma das vantagens significativas do Hadoop é a sua escalabilidade. As organizações podem começar com um pequeno cluster e expandi-lo à medida que as suas necessidades de processamento de dados aumentam, simplesmente adicionando mais nós ao cluster. Esta flexibilidade torna o Hadoop uma solução ideal para organizações de todas as dimensões, desde pequenas empresas em fase de arranque a grandes empresas, uma vez que pode ser escalado para processar quantidades praticamente ilimitadas de dados. Além disso, a utilização de hardware de base pelo Hadoop minimiza o custo de escalonamento, permitindo às organizações gerir e processar conjuntos de dados maciços sem um investimento de capital significativo em infra-estruturas dispendiosas.

A tolerância a falhas é outra caraterística crítica do Hadoop. O HDFS garante a fiabilidade dos dados através da replicação de blocos de dados em vários nós. Em caso de falha de um nó, o Hadoop pode aceder sem problemas a uma cópia dos dados a partir de outro nó, garantindo um processamento de dados ininterrupto. O modelo MapReduce também incorpora tolerância a falhas, reexecutando automaticamente as tarefas falhadas noutro nó. Esta robusta tolerância a falhas é essencial para manter uma elevada disponibilidade e fiabilidade em ambientes de processamento de dados em grande escala.

A comunidade e o ecossistema do Hadoop são vibrantes e estão em constante evolução. Como um projeto da Apache Software Foundation, o Hadoop beneficia de uma grande e ativa comunidade de programadores e utilizadores que contribuem para o seu desenvolvimento, fornecem suporte e criam um rico ecossistema de ferramentas e tecnologias complementares. Esse ambiente colaborativo promove a inovação e garante que o Hadoop permaneça na vanguarda das tecnologias de big data. Além disso, a extensa documentação, os fóruns e as conferências fornecem recursos e apoio aos utilizadores a todos os níveis, facilitando a adoção e a utilização eficaz do Hadoop.

O Hadoop é amplamente adotado em várias indústrias para diversos casos de utilização, desde o processamento de dados de registo e de eventos até à deteção de fraudes e análise de sentimentos. Nas finanças, por exemplo, o Hadoop é utilizado para analisar dados de mercado e detetar transacções fraudulentas através do processamento e correlação de grandes quantidades de dados em tempo real. Nos cuidados de saúde, o Hadoop ajuda a gerir e a analisar grandes volumes de dados de pacientes, permitindo uma medicina personalizada e melhorando os resultados dos pacientes. Os retalhistas utilizam o Hadoop para analisar o comportamento dos clientes, otimizar as cadeias de fornecimento e melhorar a experiência do cliente, oferecendo recomendações e promoções personalizadas. A capacidade de processar e analisar conjuntos de dados grandes e complexos faz do Hadoop uma ferramenta inestimável para as organizações que procuram obter informações e conduzir a tomada de decisões orientada por dados.

Apesar dos seus muitos pontos fortes, o Hadoop apresenta alguns desafios. Um dos principais desafios é a sua complexidade. A configuração e gestão de um cluster Hadoop requer um conhecimento profundo dos seus componentes e arquitetura. Além disso, escrever programas MapReduce pode ser complicado e requer conhecimentos especializados em computação distribuída. Para resolver estes desafios, várias empresas oferecem serviços e soluções geridos do Hadoop que simplificam a implementação e a gestão, como o Amazon EMR, o Google Cloud Dataproc e o Microsoft Azure HDInsight. Esses serviços permitem que as organizações aproveitem o poder do Hadoop sem a sobrecarga de gerenciar a infraestrutura.

Outro desafio é a sobrecarga de desempenho associada ao modelo MapReduce, especialmente para tarefas de processamento iterativo comuns na aprendizagem automática e no processamento de grafos. Embora o MapReduce seja excelente para o processamento em lote de grandes conjuntos de dados, pode ser menos eficiente para tarefas que exigem cálculos repetidos. Para ultrapassar este problema, foram desenvolvidas estruturas como o Apache Spark para complementar o Hadoop, fornecendo capacidades de processamento na memória que aceleram significativamente as tarefas iterativas. O Spark pode ser utilizado juntamente com o Hadoop, tirando partido do HDFS para armazenamento e oferecendo um motor de computação mais eficiente para casos de utilização específicos.

O Hadoop também enfrenta a concorrência de novas estruturas e tecnologias de processamento de grandes volumes de dados que oferecem diferentes abordagens à gestão e análise de dados. Tecnologias como o Apache Flink, o Apache Kafka e armazéns de dados nativos da nuvem, como o Google BigQuery e o Amazon Redshift, fornecem soluções alternativas que podem ser mais adequadas para determinadas aplicações. No entanto, o ecossistema abrangente e a fiabilidade comprovada do Hadoop continuam a fazer dele uma escolha popular para muitas organizações.

A segurança é outra consideração crucial para as organizações que utilizam o Hadoop. Com os dados sensíveis a serem frequentemente processados e armazenados em clusters Hadoop, é essencial garantir a segurança dos dados e a conformidade com os regulamentos. O Hadoop fornece várias funcionalidades de segurança, incluindo autenticação baseada em Kerberos, encriptação e mecanismos de controlo de acesso. No entanto, a configuração e a gestão destas funcionalidades de segurança podem ser complexas e as organizações devem manter-se vigilantes para proteger os seus dados de potenciais ameaças. A integração do Hadoop com soluções de segurança empresarial e a adoção das melhores práticas de segurança de dados podem ajudar a reduzir estes riscos.

O futuro do Hadoop parece promissor, com desenvolvimentos e inovações em curso que melhoram continuamente as suas capacidades. A introdução de projectos como o Apache Hadoop YARN transformou o Hadoop de um simples motor MapReduce numa plataforma de processamento de dados de uso geral capaz de executar uma vasta gama de aplicações. O YARN (Yet Another Resource Negotiator) separa a gestão de recursos da camada de processamento de dados, permitindo a execução simultânea de vários motores de processamento de dados no mesmo cluster Hadoop. Esta flexibilidade abriu caminho a novas aplicações e casos de utilização, solidificando ainda mais a posição do Hadoop no panorama dos grandes volumes de dados.

O Apache Hadoop é uma tecnologia fundamental no domínio dos grandes volumes de dados, fornecendo uma estrutura robusta, escalável e tolerante a falhas para processar e analisar grandes quantidades de dados. Os seus componentes principais, HDFS e MapReduce, juntamente com o seu extenso ecossistema de ferramentas e tecnologias, fazem dele uma solução versátil para diversas necessidades de processamento de dados. Embora o Hadoop apresente alguns desafios, como a complexidade e a sobrecarga de desempenho, as inovações em curso e a vibrante comunidade que o apoia continuam a melhorar as suas capacidades e a resolver as suas limitações. Uma vez que as organizações dependem cada vez mais dos dados para tomar decisões, o Hadoop continua a ser uma ferramenta essencial para desbloquear o valor dos grandes volumes de dados e obter informações acionáveis. Com seu histórico comprovado, escalabilidade e capacidade de lidar com diversas cargas de trabalho, o Hadoop está pronto para continuar sendo uma tecnologia fundamental no cenário em evolução da análise de big data.

Capítulo 4: Análise Exploratória de Dados (AED)

A Análise Exploratória de Dados (AED) é uma fase crítica no processo de análise de dados, que envolve a utilização de gráficos estatísticos e outros métodos de visualização de dados para examinar os conjuntos de dados em causa antes de fazer quaisquer suposições. A AED foi concebida para ajudar os analistas a compreender a estrutura subjacente dos dados, identificar padrões, detetar anomalias, testar hipóteses e verificar pressupostos através de estatísticas e visualizações resumidas. O principal objetivo é obter informações que podem não ser imediatamente aparentes apenas a partir de dados brutos, permitindo assim uma tomada de decisões mais informada.

No centro da EDA está a utilização de várias técnicas gráficas para visualizar as distribuições, relações e tendências dos dados. As ferramentas gráficas comuns incluem histogramas, gráficos de caixa, gráficos de dispersão e gráficos de barras. Os histogramas fornecem uma representação visual da distribuição de uma variável numérica, ajudando a identificar a frequência dos pontos de dados dentro de determinados intervalos. Os gráficos de caixa, por outro lado, oferecem um resumo da distribuição de um conjunto de dados através dos seus quartis e ajudam a identificar valores atípicos. Os gráficos de dispersão são essenciais para visualizar a relação entre duas variáveis numéricas, enquanto os gráficos de barras são eficazes para comparar dados categóricos. Estas ferramentas visuais permitem aos analistas ver padrões, tendências e valores atípicos que podem não ser óbvios em dados tabulares.

As estatísticas sumárias também desempenham um papel fundamental na AED. As medidas de tendência central, como a média, a mediana e a moda, fornecem informações sobre os valores típicos dos dados. As medidas de dispersão, como o intervalo, a variância e o desvio padrão, revelam a dispersão dos pontos de dados, indicando a variabilidade do conjunto de dados. Além disso, as medidas de forma, como a assimetria e a curtose, descrevem a assimetria e o pico da distribuição dos dados, respetivamente. Estes resumos estatísticos ajudam a compreender as caraterísticas gerais dos dados, orientando a análise e a tomada de decisões posteriores.

A AED também envolve a utilização de técnicas mais avançadas, como a análise de correlação e a análise de componentes principais (PCA). A análise de correlação ajuda a identificar a força e a direção das relações entre variáveis numéricas. Utiliza coeficientes de correlação para quantificar o grau de associação, o que pode informar a seleção de caraterísticas para a modelação preditiva. A PCA, por outro lado, é uma técnica de redução da dimensionalidade que transforma um grande conjunto de variáveis num conjunto mais pequeno, mantendo a maior parte da variância dos dados. Isto é particularmente útil para simplificar conjuntos de dados complexos, facilitando a sua visualização e análise.

Um aspeto importante da AED é a limpeza e preparação dos dados. Isto inclui o tratamento dos valores em falta, a correção de erros e a garantia da coerência dos dados. Os valores em falta podem ser tratados através de métodos de imputação ou da remoção de registos incompletos, dependendo do contexto e da extensão dos dados em falta. Os erros e as incoerências nos dados, como os valores atípicos ou as entradas incorrectas, são identificados e corrigidos para garantir a qualidade e a fiabilidade da análise. A transformação dos dados, como a normalização ou a estandardização, também faz parte deste processo, tornando as diferentes variáveis comparáveis e prontas para uma análise posterior.

A EDA é iterativa e não linear, o que significa que os analistas alternam frequentemente entre diferentes etapas e técnicas à medida que vão descobrindo novas informações. Esta natureza iterativa permite flexibilidade e adaptabilidade, permitindo que os analistas aperfeiçoem a sua abordagem com base na evolução da compreensão dos dados. As informações obtidas com a EDA informam as fases subsequentes do processo de análise de dados, como a seleção de caraterísticas, o teste de hipóteses e a modelação preditiva.

As ferramentas e o software interactivos melhoraram significativamente o processo de EDA. Ferramentas como R, Python (com bibliotecas como pandas, matplotlib, seaborn e plotly), Tableau e Power BI fornecem funcionalidades poderosas para a visualização e análise de dados. Estas ferramentas oferecem uma vasta gama de funções incorporadas para criar visualizações complexas e efetuar análises estatísticas, tornando a AED mais acessível e eficiente. Os dashboards e gráficos interactivos permitem aos analistas aprofundar aspectos específicos dos dados, facilitando uma exploração e compreensão mais profundas.

Além disso, a AED é crucial para a geração e teste de hipóteses. Ao explorar os dados, os analistas podem formular hipóteses sobre relações e padrões, que podem depois ser testados utilizando métodos estatísticos. Isto ajuda a identificar variáveis-chave e as suas interações, orientando o desenvolvimento de modelos preditivos. Por exemplo, através da AED, um analista pode descobrir que certas variáveis estão fortemente correlacionadas com a variável-alvo, sugerindo a sua inclusão num modelo preditivo.

A EDA também desempenha um papel fundamental na identificação de problemas de qualidade dos dados e na compreensão das limitações dos mesmos. Ao explorar minuciosamente os dados, os analistas podem detetar anomalias, enviesamentos e outras questões que podem afetar a validade da análise. Este conhecimento é essencial para tomar decisões informadas e evitar potenciais armadilhas no processo de análise. Por exemplo, se um conjunto de dados contiver um número significativo de valores anómalos, isso pode indicar problemas subjacentes, como erros de introdução de dados ou a presença de subpopulações com caraterísticas diferentes.

No contexto da aprendizagem automática, a EDA é vital para a engenharia de caraterísticas, que envolve a criação de novas caraterísticas a partir de dados existentes para melhorar o desempenho do modelo. Através da AED, os analistas podem identificar padrões e relações importantes que servem de base à criação de novas caraterísticas. Por exemplo, ao visualizar a relação entre diferentes variáveis, um analista pode identificar interações ou padrões não lineares que podem ser captados através de caraterísticas polinomiais ou termos de interação.

A EDA não é apenas uma questão de visualizações e estatísticas resumidas; envolve também uma mentalidade crítica. Os analistas devem questionar os dados, procurar inconsistências e pensar de forma criativa sobre como descobrir informações ocultas. Esta abordagem crítica garante uma compreensão abrangente dos dados, conduzindo a análises mais robustas e fiáveis. Por exemplo, um analista pode questionar se os padrões observados são consistentes em diferentes subconjuntos de dados, como diferentes grupos demográficos ou períodos de tempo.

Em aplicações práticas, a EDA é utilizada em vários domínios, incluindo negócios, cuidados de saúde, finanças e ciências sociais. Nas empresas, a EDA ajuda a compreender o comportamento dos clientes, a identificar tendências de mercado e a otimizar as operações. Por exemplo, uma empresa de retalho pode utilizar a AED para analisar dados de vendas, identificar tendências sazonais e otimizar a gestão de stocks. No sector da saúde, a EDA é utilizada para explorar dados de pacientes, identificar factores de risco de doenças e melhorar os resultados do tratamento. Por exemplo, a EDA pode revelar padrões nos dados demográficos e nos resultados de saúde dos pacientes, orientando intervenções específicas. Nas finanças, a AED é utilizada para analisar dados de mercado, detetar actividades fraudulentas e gerir riscos. Por exemplo, um analista pode utilizar a AED para identificar padrões invulgares em dados de transacções, indicando uma potencial fraude.

Os conhecimentos obtidos com a EDA fornecem uma base sólida para uma análise e modelação de dados mais avançada. Explorando e compreendendo os dados de forma exaustiva, os analistas podem criar modelos mais exactos e interpretáveis, conduzindo a melhores decisões e resultados. A AED ajuda a selecionar caraterísticas relevantes, a detetar problemas nos dados e a informar a escolha de técnicas de modelação. Por exemplo, ao compreender a distribuição e as relações nos dados, um analista pode escolher os algoritmos e as definições de parâmetros mais adequados para a modelação preditiva.

Na era dos grandes volumes de dados, a EDA tem-se tornado cada vez mais importante. Com a proliferação de conjuntos de dados grandes e complexos, os métodos de análise tradicionais são muitas vezes insuficientes. A EDA fornece as ferramentas e técnicas necessárias para dar sentido a estas vastas quantidades de dados, descobrindo informações valiosas que impulsionam a inovação e o crescimento. Por exemplo, na análise das redes sociais, a EDA ajuda a compreender o comportamento, o sentimento e o envolvimento dos utilizadores, informando as estratégias de marketing e o desenvolvimento de produtos.

A Análise Exploratória de Dados (AED) é uma etapa fundamental no processo de análise de dados, envolvendo a utilização de métodos visuais e estatísticos para explorar e compreender conjuntos de dados. A EDA ajuda a identificar padrões, relações e anomalias, orientando a geração de hipóteses, a seleção de caraterísticas e o desenvolvimento de modelos. Ao proporcionar uma compreensão abrangente dos dados, a AED garante que as análises subsequentes assentam em bases sólidas, conduzindo a conhecimentos mais precisos e fiáveis. A natureza iterativa e flexível da EDA, combinada com poderosas ferramentas de visualização e técnicas estatísticas, torna-a uma parte indispensável da análise de dados moderna. Quer seja utilizada em negócios, cuidados de saúde, finanças ou noutros domínios, a EDA fornece as informações críticas necessárias para tomar decisões informadas e impulsionar a inovação baseada em dados.

4.1 Importância da AED

A Análise Exploratória de Dados (AED) é indispensável no processo de análise de dados, servindo como uma etapa crítica que permite aos analistas compreender os meandros dos seus dados antes de se envolverem numa modelação mais formal. A importância da AED reside na sua capacidade de fornecer uma visão global do conjunto de dados, destacando as suas principais caraterísticas através de estatísticas resumidas e visualizações. Ao explorar exaustivamente os dados, os analistas podem identificar padrões, tendências e anomalias que, de outra forma, poderiam permanecer ocultos. Este exame preliminar é crucial por várias razões.

Antes de mais, a EDA ajuda a descobrir a estrutura subjacente dos dados. Permite aos analistas compreender a distribuição de cada variável, as relações entre variáveis e a presença de quaisquer valores atípicos. Por exemplo, através da utilização de histogramas e gráficos de caixa, os analistas podem visualizar a distribuição das variáveis numéricas e identificar se seguem uma distribuição normal ou se apresentam assimetria. Os gráficos de dispersão podem revelar correlações entre pares de variáveis, indicando potenciais relações que podem merecer uma investigação mais aprofundada. Ao compreender estes aspectos, os analistas podem tomar decisões informadas sobre as etapas subsequentes do processo de análise.

Outra função crítica da AED é a limpeza e preparação dos dados. Os dados raramente são perfeitos; muitas vezes contêm valores em falta, erros e inconsistências. A EDA ajuda a identificar estes problemas, permitindo que os analistas os resolvam antes de afectarem os resultados da sua análise. Por exemplo, os valores em falta podem ser detectados através de estatísticas resumidas e visualizações, levando o analista a decidir se deve imputar esses valores ou excluir os registos afectados. Os valores anómalos, que podem distorcer significativamente os resultados, também podem ser identificados e geridos durante o processo de EDA. Esta limpeza e preparação meticulosas garantem que os dados são exactos, fiáveis e adequados para análise.

A EDA também desempenha um papel fundamental na geração e teste de hipóteses. Ao explorar os dados, os analistas podem formular hipóteses sobre potenciais relações e padrões. Estas hipóteses podem então ser testadas utilizando métodos estatísticos, fornecendo uma base sólida para uma análise mais aprofundada. Por exemplo, um analista pode observar uma forte correlação entre duas variáveis durante a EDA, levando a uma hipótese sobre uma relação causal que pode ser testada através de técnicas estatísticas mais rigorosas. Este processo iterativo de geração e teste de hipóteses é essencial para a construção de modelos analíticos robustos.

Além disso, a EDA é crucial para a seleção e engenharia de caraterísticas. Na modelação preditiva, a escolha das caraterísticas (variáveis) tem um impacto significativo no desempenho do modelo. A EDA ajuda a identificar as caraterísticas mais relevantes, examinando as suas distribuições, relações e poder de previsão. Por exemplo, através da análise de correlação e de visualizações, os analistas podem determinar quais as variáveis que estão mais fortemente associadas à variável-alvo. Além disso, a EDA pode revelar interações e relações não lineares que podem não ser imediatamente aparentes. Estes conhecimentos permitem a criação de novas caraterísticas, melhorando a exatidão e a interpretabilidade do modelo.

Uma das vantagens mais significativas da EDA é a sua capacidade de fornecer um resumo visual dos dados, facilitando a comunicação das conclusões às partes interessadas. As visualizações, como tabelas, gráficos e diagramas, transmitem informações complexas de uma forma intuitiva e acessível. Isto é particularmente importante quando se apresentam resultados de análises a audiências não técnicas, que podem ter dificuldade em interpretar dados em bruto ou resumos estatísticos. As visualizações eficazes permitem uma comunicação clara dos principais conhecimentos, facilitando a tomada de decisões baseadas em dados em toda a organização.

A AED também ajuda a identificar potenciais enviesamentos e limitações nos dados. Os dados recolhidos a partir de processos reais estão frequentemente sujeitos a vários enviesamentos, como o enviesamento da amostragem, o enviesamento da medição ou o enviesamento da comunicação. Ao explorar os dados, os analistas podem detetar estes enviesamentos e tê-los em conta na sua análise. Por exemplo, se determinados grupos demográficos estiverem sub-representados no conjunto de dados, este facto pode ser identificado através da AED, permitindo ao analista tomar medidas corretivas ou interpretar os resultados com cautela. A compreensão destas limitações garante a exatidão da análise e a validade das conclusões retiradas.

No contexto da aprendizagem automática, a AED é essencial para compreender o comportamento de diferentes algoritmos no conjunto de dados. Ao examinar as distribuições e relações nos dados, os analistas podem escolher os algoritmos mais adequados e ajustar os seus parâmetros de forma eficaz. Por exemplo, se os dados contiverem relações não lineares, os algoritmos que podem captar essas complexidades, como as árvores de decisão ou as redes neuronais, podem ser preferidos aos modelos lineares. A EDA também ajuda a diagnosticar problemas como o sobreajuste ou o subajuste, orientando a seleção e o ajuste fino dos modelos para obter um desempenho ótimo.

A AED não é um processo único, mas sim iterativo, permitindo aos analistas aperfeiçoar a sua compreensão dos dados à medida que vão surgindo novos conhecimentos. Este carácter iterativo é particularmente valioso em análises complexas, em que as conclusões iniciais podem conduzir a novas questões e a investigações mais profundas. Ao revisitar e aperfeiçoar continuamente a sua análise exploratória, os analistas podem construir uma compreensão mais matizada e abrangente dos dados, conduzindo a conclusões mais sólidas e fiáveis.

Nas aplicações práticas, a EDA é utilizada em vários domínios para impulsionar a tomada de decisões e a inovação. No mundo dos negócios, a EDA ajuda as empresas a compreender o comportamento dos clientes, a identificar tendências de mercado e a otimizar as operações. Por exemplo, uma empresa de retalho pode utilizar a EDA para analisar dados de vendas, identificar padrões sazonais e otimizar a gestão de stocks. Na área da saúde, a EDA é utilizada para explorar dados de pacientes, identificar factores de risco de doenças e melhorar os resultados do tratamento. Por exemplo, a EDA pode revelar padrões nos dados demográficos e nos resultados de saúde dos doentes, orientando intervenções específicas. Nas finanças, a AED é utilizada para analisar dados de mercado, detetar actividades fraudulentas e gerir riscos. Por exemplo, um analista pode utilizar a AED para identificar padrões invulgares em dados de transacções, indicando uma potencial fraude.

Além disso, a AED é crucial na investigação científica, onde ajuda os investigadores a explorar dados experimentais, a identificar descobertas significativas e a gerar novas hipóteses. Por exemplo, na genómica, a AED pode ser utilizada para identificar padrões em dados de expressão genética, conduzindo a novos conhecimentos sobre doenças genéticas e potenciais tratamentos. Nas ciências do ambiente, a EDA pode ajudar a analisar dados climáticos, revelando tendências e anomalias que informam as decisões políticas.

A importância da EDA é ainda sublinhada pelo seu papel na melhoria da interpretabilidade dos modelos analíticos. Os modelos complexos, como os algoritmos de aprendizagem profunda, podem muitas vezes funcionar como caixas negras, o que dificulta a compreensão da forma como fazem as previsões. A EDA ajuda a colmatar esta lacuna, fornecendo informações sobre os dados que informam o modelo. Por exemplo, a compreensão da distribuição e das relações nos dados pode ajudar a explicar por que razão um modelo faz determinadas previsões, aumentando a confiança e a transparência no processo analítico.

O advento de ferramentas e software de EDA avançados melhorou significativamente a eficiência e a eficácia deste processo. Ferramentas como o R, Python (com bibliotecas como pandas, matplotlib, seaborn e plotly), Tableau e Power BI fornecem funcionalidades poderosas para a visualização e análise de dados. Estas ferramentas oferecem uma vasta gama de funções incorporadas para criar visualizações complexas e efetuar análises estatísticas, tornando a AED mais acessível e eficiente. Os dashboards e gráficos interactivos permitem aos analistas aprofundar aspectos específicos dos dados, facilitando uma exploração e compreensão mais profundas.

Na era dos grandes volumes de dados, a EDA tem-se tornado cada vez mais importante. Com a proliferação de conjuntos de dados grandes e complexos, os métodos de análise tradicionais são muitas vezes insuficientes. A EDA fornece as ferramentas e técnicas necessárias para dar sentido a estas vastas quantidades de dados, descobrindo informações valiosas que impulsionam a inovação e o crescimento. Por exemplo, na análise das redes sociais, a EDA ajuda a compreender o comportamento, o sentimento e o envolvimento dos utilizadores, informando as estratégias de marketing e o desenvolvimento de produtos.

A Análise Exploratória de Dados (EDA) é um passo fundamental no processo de análise de dados, fornecendo uma compreensão completa dos dados através de métodos visuais e estatísticos. A EDA ajuda a identificar padrões, relações e anomalias, orientando a geração de hipóteses, a seleção de caraterísticas e o desenvolvimento de modelos. Ao garantir a qualidade dos dados e ao revelar enviesamentos, a EDA aumenta a precisão e a fiabilidade das análises subsequentes. A natureza iterativa e flexível da EDA, combinada com poderosas ferramentas de visualização e técnicas estatísticas, torna-a uma parte indispensável da análise de dados moderna. Quer seja utilizada na atividade empresarial, nos cuidados de saúde, nas finanças ou na investigação científica, a EDA fornece os conhecimentos críticos necessários para tomar decisões informadas e impulsionar a inovação baseada em dados. A importância da AED não pode ser sobrestimada, uma vez que estabelece as bases para todas as etapas subsequentes do processo de análise de dados, garantindo que a análise se baseia numa compreensão sólida e abrangente dos dados.

4.2 Técnicas de exploração de dados

A extração de informações de conjuntos de dados não processados começa com a exploração de dados. Os cientistas de dados utilizam a exploração de dados como uma bússola para navegar no enorme mar de informações. Implica conhecer muito bem o material, compreender como está organizado e encontrar pepitas importantes que estão escondidas à superfície.

Como funciona a exploração de dados?

Recolha de dados: O primeiro passo na exploração de dados é a recolha de dados de muitas fontes, incluindo bases de dados, APIs e métodos de raspagem da Web. O objetivo desta fase é compreender as estruturas, os formatos e as ligações dos dados. Para compreender as estatísticas subjacentes, as distribuições e os intervalos dos dados recolhidos, é efectuada uma análise exaustiva dos dados.

Purificação de dados: A correção de outliers, pontos de dados inconsistentes e valores em falta é uma parte essencial deste procedimento, uma vez que garante a validade das análises que se seguem. A utilização de técnicas como a normalização do formato dos dados, a deteção de valores aberrantes e a imputação de valores em falta fazem parte deste processo. A transformação e a estruturação dos dados facilitam ainda mais a sua análise e compreensão.

Análise Exploratória de Dados (AED): Nesta fase do estudo, são aplicadas várias técnicas estatísticas, incluindo gráficos de caixa, gráficos de dispersão, histogramas e gráficos de distribuição. Para encontrar ligações, padrões e tendências nos dados, são também utilizadas matrizes de correlação e estatísticas descritivas.

O objetivo da engenharia de caraterísticas é melhorar os modelos de previsão através da adição ou modificação de caraterísticas. São utilizados métodos como o escalonamento, a codificação, a normalização dos dados e a criação de variáveis. Ao assegurar que as caraterísticas são consistentes e úteis, esta fase acaba por melhorar o desempenho do modelo.

Construção e validação de modelos: Para testar teorias ou previsões, são criados modelos iniciais nesta fase. Dependendo da natureza do problema, são utilizadas abordagens de regressão, classificação ou agrupamento. A generalização e o desempenho do modelo são avaliados através de técnicas de validação cruzada.

Etapas envolvidas na exploração de dados

Embora a exploração de dados seja um processo contínuo, há sempre algumas fases cruciais a seguir:

Interpretação de dados
Conhecimento: Obter uma sinopse do tipo, quantidade e origem dos dados.
Conhecer o significado e a função de cada variável do conjunto de dados para a identificar.

Purificação de dados
Encontrar valores em falta: Encontrar os pontos de dados em falta e tomar as medidas adequadas (por exemplo, remoção, imputação).
Correção de erros: Procurar e corrigir quaisquer discrepâncias ou erros nos dados. Tratar os casos anómalos que possam distorcer o estudo, identificando-os e determinando a melhor forma de atuação.

Análise de dados exploratórios (EDA)

A análise univariada envolve o exame de variáveis individuais para compreender a sua distribuição; exemplos disto são as tabelas de frequência para variáveis categóricas e histogramas e boxplots para variáveis numéricas.
A análise bivariada envolve o exame das relações entre duas variáveis e a procura de possíveis correlações, utilizando ferramentas como gráficos de dispersão.

Visualização de informações
Fazer visualizações: Para transmitir eficazmente padrões e tendências nos dados, utilize gráficos e diagramas (mapas de calor, gráficos de linhas e gráficos de barras).

Seleção de gráficos adequados: Escolha as visualizações que o ajudarão a obter as informações e o tipo de dados que procura.

Repetição e melhoria

Iteração: Poderá ser necessário voltar atrás e rever as fases anteriores à medida que vai investigando.

Refinamento: Novas informações podem levar a mais limpezas, análises alternativas ou à criação de novos elementos visuais.

A importância da exploração de dados reside na sua capacidade de revelar padrões e tendências subjacentes em conjuntos de dados que passariam despercebidos. Isto inclui a identificação de tendências e a deteção de anomalias. Facilita a deteção de valores anómalos ou anomalias que podem ter uma grande influência na forma como as decisões são tomadas. As empresas podem precisar de identificar estes padrões numa fase inicial, a fim de se ajustarem, planearem ou tomarem medidas preventivas.

- Manter a integridade e a qualidade dos dados seguras: É crucial para identificar e resolver problemas com a qualidade dos dados numa fase inicial. A exploração de dados garante a exatidão e a fiabilidade das informações utilizadas em estudos e modelos subsequentes, resolvendo valores em falta, valores atípicos e conflitos. Isto melhora a integridade geral e a fiabilidade das conclusões.
- Revelação de conhecimentos latentes: Frequentemente, a informação perspicaz pode estar enterrada nos dados e não ser imediatamente visível. A exploração de dados revela estas informações ocultas através da análise estatística e da visualização, oferecendo uma compreensão mais profunda das ligações, interações entre variáveis e factores que têm impacto em determinados resultados.
- Base para uma análise e modelação mais complexas A base para uma análise e métodos de modelação mais complexos é estabelecida pela exploração de dados. Esta ajuda na seleção de caraterísticas pertinentes, na avaliação do seu significado e no seu refinamento para o melhor desempenho possível do modelo. Na ausência de uma investigação

abrangente, as tentativas de modelação posteriores podem ser superficiais ou inexactas.

- Incentivar a tomada de decisões bem informadas: A exploração de dados dá aos decisores uma melhor compreensão do contexto dos dados, expondo tendências e conhecimentos. Isto torna possível tomar decisões bem informadas e baseadas em factos numa variedade de áreas, incluindo tácticas de marketing, avaliação de riscos, atribuição de recursos e aumento da eficiência operacional.

- Adaptabilidade e inovação: A exploração de dados permite às empresas desenvolverem-se e adaptarem-se num ambiente em rápida mudança. Para se manterem competitivas e promoverem a inovação dentro dos sectores, pode ser imperativo utilizar a exploração de dados para identificar novas tendências ou mudanças nos hábitos dos clientes.

- Mitigação de riscos e conformidade: Ao detetar possíveis tendências de fraude ou prever perigos para a saúde utilizando dados de pacientes, a exploração de dados ajuda a reduzir o risco em sectores como o financeiro e o da saúde. Além disso, ao garantir a exatidão dos dados e ao seguir critérios regulamentares, apoia as actividades de conformidade.

Benefícios da exploração de dados

- Mitigação de fraudes: As instituições financeiras podem reduzir as perdas financeiras e salvaguardar os activos dos seus clientes, detectando e combatendo proactivamente a atividade fraudulenta.

- Segurança reforçada: Ao melhorar o quadro de segurança dos sistemas financeiros, a exploração de dados ajuda as partes interessadas e os clientes a sentirem-se mais confiantes.

- Eficiência operacional: É possível reduzir os recursos necessários para investigar e corrigir situações fraudulentas, simplificando as operações operacionais através da identificação e mitigação de fraudes com base na exploração de dados.

4.3 Ferramentas e técnicas de visualização de dados

Os recursos visuais sempre foram suficientemente poderosos para ultrapassar as barreiras linguísticas e tornar as ideias difíceis mais fáceis de compreender. As visualizações, desde os mapas elaborados que orientavam os exploradores até às pinturas rupestres que retratavam a vida quotidiana, sempre foram essenciais para ajudar os seres humanos a compreender o mundo que os rodeia. A relação fundamental entre o conhecimento e as imagens serve de base às ferramentas de visualização de dados, que se desenvolveram em dispositivos altamente avançados na era digital.

A visualização de dados é a representação gráfica de quaisquer informações ou dados. Isto facilita a separação efectiva dos dados através da utilização de uma variedade de recursos visuais, incluindo quadros, gráficos, mapas e ferramentas de visualização. Além disso, os dados podem ser apresentados de uma forma muito distinta e inteligível com a ajuda de uma ferramenta de visualização de dados, facilitando a compreensão de tudo por indivíduos não técnicos.

O que são ferramentas de visualização de dados?

As plataformas de software conhecidas como ferramentas de visualização de dados fornecem informações num estilo gráfico, como um gráfico ou uma tabela, para facilitar a sua leitura e utilização. A razão pela qual as soluções de visualização de dados são tão populares é o facto de facilitarem aos estatísticos e analistas o desenvolvimento de modelos de dados visuais que satisfazem as suas necessidades, localizando centralmente ferramentas de aprendizagem automática, ligações a bases de dados e interfaces!

Melhores ferramentas para visualização de dados

1. Quadro

Os analistas de dados, cientistas, estatísticos e outros podem utilizar o Tableau, uma ferramenta de visualização de dados, para ver os dados e tirar conclusões da análise. O Tableau é conhecido pela sua capacidade de processar rapidamente os dados e gerar os resultados de visualização de dados necessários. Além disso, pode conseguir isto ao mesmo tempo que oferece o nível máximo de segurança e uma promessa de resolver as falhas de segurança assim que estas aparecem ou são descobertas pelos utilizadores.

Além disso, o Tableau dá aos clientes a capacidade de organizar, limpar e estilizar os seus dados antes de produzir visualizações de dados que fornecem aos utilizadores informações partilháveis e acionáveis. O Tableau pode ser utilizado individualmente por analistas de dados ou em grandes quantidades por equipas e organizações empresariais. Existe um período de teste gratuito de 14 dias antes de a versão premium estar disponível.

Prós

- O Tableau é uma ferramenta incrivelmente fácil de utilizar, que até alguém sem conhecimentos técnicos pode utilizar apenas "arrastando e largando".

- Apelo visual: Uma área importante em que o Tableau se destaca da concorrência na comunicação de informações é a criação de painéis esteticamente bonitos e altamente interactivos.

Contras

- Custo: Um fator que limita a escalabilidade é o preço do Tableau, especialmente para implantações empresariais em que não existem muitas soluções gratuitas.
- Escalabilidade: O Tableau é uma ferramenta poderosa, mas devido a potenciais problemas de desempenho, pode não ser a melhor escolha para cobrir cenários de conjuntos de dados muito grandes e complicados.

2. Olhador

O Looker é uma ferramenta de visualização de dados que pode examinar os dados em grande pormenor e efetuar análises para produzir conclusões esclarecedoras. Dá às organizações acesso a painéis de dados em tempo real para análise posterior, permitindo-lhes tomar decisões imediatas com base nas visualizações de dados que criaram. O Looker permite-lhe ligar-se a várias bases de dados sem qualquer problema. Oferece ligações com Redshift, Snowflake e BigQuery, para além de mais de 50 dialectos suportados por SQL. Qualquer pessoa pode utilizar qualquer ferramenta específica para distribuir visualizações de dados Looker. Além disso, é possível exportar instantaneamente estes ficheiros em qualquer formato. Além disso, oferece assistência ao cliente, onde pode colocar qualquer questão e obter uma resposta. Pode solicitar um orçamento preenchendo este formulário.

Prós

Segurança: O controlo de acesso baseado em funções e a encriptação de dados estão disponíveis para garantir a proteção de dados ilimitados, tornando a segurança dos dados uma das principais caraterísticas do Looker.

Dados em tempo real: O Looker dá grande ênfase à exploração de dados em tempo real, permitindo que os utilizadores tomem decisões rápidas e inteligentes com base nas informações mais recentes.

Contras

Curva de aprendizagem: Embora a leitura possa nem sempre ser tão simples como a utilização de outras ferramentas, os principiantes continuarão a necessitar de alguma instrução para dominar a técnica de visualização de dados.
Personalização limitada: O Looker tem visuais incorporados predefinidos, o que o torna um pouco limitado para os clientes que pretendem alternativas adicionais que satisfaçam as suas necessidades.

3. Zoho Analytics

"O Zoho Analytics é um software de Business Intelligence e de análise de dados que o pode ajudar a criar visualizações de dados de aspeto maravilhoso com base nos seus dados em poucos minutos." Pode examinar os dados da sua empresa em todos os departamentos, combinando dados de várias fontes para criar visualizações de dados multidimensionais. Pode utilizar o Zia, um assistente inteligente criado com recurso a inteligência artificial, aprendizagem automática e processamento de linguagem natural, caso tenha alguma dúvida. Com o Zoho Analytics, pode publicar ou partilhar os seus relatórios com os seus colegas e participar em discussões ou adicionar comentários, conforme necessário. Os ficheiros do Zoho Analytics podem ser exportados numa variedade de formatos, incluindo folhas de cálculo, MS Word, Excel, PowerPoint e PDFs. Uma das opções de preço do software é uma subscrição básica que custa cerca de 34,1 dólares por mês quando facturada anualmente.

Prós
Acessibilidade: O Zoho Analytics oferece soluções básicas, mesmo para os utilizadores do plano gratuito de entrada de gama. Estas são ideais para necessidades individuais ou empresariais de pequena escala.

Integração: Como parte do ecossistema Zoho, o Zoho Analytics oferece uma plataforma centralizada para administração e análise de dados que se sincroniza com outras aplicações Zoho.

Contras

Funcionalidade restrita: Em comparação com outras soluções, o Zoho Analytics oferece provavelmente menos possibilidades de manipulação de dados complexos e/ou visualizações avançadas.

Suporte da comunidade: Em comparação com algumas ferramentas de visualização de dados de grande dimensão, como o Tableau ou o Qlik, as ofertas de suporte do Zoho podem não ser tão sofisticadas.

4. Sisense

"O Sisense é um sistema de visualização de dados baseado em business intelligence e fornece várias ferramentas que permitem aos analistas de dados simplificar dados complexos e obter informações para a sua organização e para o exterior." A Sisense pensa que, no final, todos os negócios serão orientados por dados e todos os produtos terão alguma ligação aos dados. Como resultado, faz todos os esforços para dar às equipas de negócios e de análise de dados uma variedade de ferramentas de análise de dados para que possam contribuir para tornar as suas organizações nas empresas orientadas por dados do futuro. O Sisense é muito simples de utilizar e configurar. Os analistas de dados podem concluir as suas tarefas e obter resultados de imediato com a sua instalação simples de um minuto. Os utilizadores do Sisense podem exportar os seus ficheiros numa variedade de formatos, incluindo PPT, Excel, MS Word, PDF, entre outros. Além disso, o Sisense oferece serviços de apoio ao cliente 24/7 para quaisquer problemas que os consumidores possam ter. Pode solicitar uma cotação de preços preenchendo este formulário.

Prós

O Sisense aproveita a análise na memória para agilizar a movimentação e a visualização de dados, facilitando a análise rápida de grandes conjuntos de dados.

Compatível com dispositivos móveis: O Sisense oferece dashboards adequados para dispositivos móveis, permitindo que os utilizadores visualizem e analisem dados em praticamente qualquer lugar.

Contras

Custo: O Sisense, tal como o Tableau, pode ser dispendioso para utilização empresarial, especialmente quando todos os detalhes de preços estão disponíveis.

Opções de implementação: O Sisense oferece modos de implementação no local e na nuvem. No entanto, o sistema em nuvem tem menos funcionalidades do que a versão local.

5. IBM Cognos Analytics

"O IBM Cognos Analytics é uma plataforma de business intelligence baseada em Inteligência Artificial que suporta a análise de dados, entre outras coisas". Todos na sua empresa podem aceder e beneficiar da visualização de dados, da análise e da partilha de informações acionáveis. Pode utilizar o IBM Cognos Analytics com facilidade, mesmo que saiba muito pouco ou nada sobre a análise de dados, uma vez que este faz o trabalho de interpretação e fornece-lhe informações claras e acionáveis. Se desejar, também pode partilhar os seus dados na nuvem com outras pessoas e enviar imagens através do Slack ou do e-mail. Além disso, tem a capacidade de fundir fontes de dados relevantes num único módulo de dados, importando dados de várias fontes, incluindo folhas de cálculo, a nuvem, ficheiros CSV e bases de dados no local. Durante trinta dias, o IBM Cognos Analytics oferece um teste gratuito, após o qual existe um plano de cerca de A$ 20,87 por mês.

Prós

Integração de IA: O IBM Cognos Analytics orgulha-se de incorporar capacidades baseadas em IA que permitem aos utilizadores automatizar processos, oferecer insights e facilitar a exploração de dados self-service.

Escalabilidade: O IBM Cognos Analytics foi concebido para tornar o processamento de dados simples e eficaz, mesmo para conjuntos de dados grandes e complexos que são frequentemente utilizados pelas empresas.

Contras

Complexidade: Devido às suas funções complexas, esta ferramenta pode ser difícil de compreender e pode demorar algum tempo a dominar o seu funcionamento e a aprender a utilizá-la com bom gosto.
Personalização: Em comparação com tecnologias completamente personalizadas e de fonte aberta, as possibilidades de personalização do IBM Cognos Analytics podem oferecer menos liberdade.

6. Qlik Sense

"O Qlik Sense é uma plataforma de visualização de dados que ajuda as empresas a tornarem-se empresas orientadas para os dados, fornecendo um motor de análise de dados associativo, um sofisticado sistema de Inteligência Artificial e uma arquitetura multi-nuvem escalável que lhe permite implementar qualquer combinação de SaaS, on-premises ou uma nuvem privada. Pode facilmente combinar, carregar, visualizar e explorar os seus dados no Qlik Sense, independentemente do seu tamanho. Todos os gráficos de dados, tabelas e outras visualizações são interactivos e actualizam-se instantaneamente de acordo com o contexto atual dos dados. A IA do Qlik Sense pode até fornecer insights de dados e ajudá-lo a criar análises usando apenas arrastar e soltar. Pode experimentar o Qlik Sense Business gratuitamente durante 30 dias e depois passar para uma versão paga.

Prós
Motor associativo: Ao utilizar o motor associativo, os utilizadores podem aceder facilmente a vários segmentos de dados, o que leva à construção de conhecimentos mais profundos.
Análise self-service: Qlik Sense permite aos utilizadores realizar análises de dados independentes sem depender de especialistas de TI para organizar os dados e preparar os gráficos.

Contras

Custos associados ao licenciamento: Embora o Qlik Sense ofereça uma avaliação gratuita, as instalações maiores ou médias podem precisar de um bom orçamento para os pagamentos de assinatura.

Recursos de colaboração restritos: Qlik Sense pode não ser tão eficaz na colaboração real de dashboards como alguns dos produtos de seus concorrentes.

7. Domo

"O Domo é um modelo de business intelligence que contém várias ferramentas de visualização de dados que fornecem uma plataforma consolidada onde pode efetuar análises de dados e, em seguida, criar visualizações de dados interactivas que permitem que outras pessoas compreendam facilmente as conclusões dos seus dados." No painel de controlo da Domo, pode misturar e combinar cartões, texto e fotografias para conduzir os outros através dos dados enquanto narra uma história sobre eles. Pode utilizar os painéis pré-construídos para obter rapidamente informações sobre os dados, caso tenha alguma dúvida. Antes de se comprometer completamente com o Domo, pode utilizar a sua opção de teste gratuito para ter uma ideia da plataforma. O horário de atendimento ao cliente do Domo é das 7h às 18h, de segunda a sexta-feira. Pode experimentar a versão gratuita da aplicação antes de comprar a versão premium.

Vantagens da Plataforma Unificada: A Domo destaca uma plataforma abrangente para a visualização de dados, conhecimento e colaboração, tudo incluído na sua interface de fácil utilização.

Capacidades de narração de histórias: Ao fundir texto e imagens com visualizações, os utilizadores podem criar contos de dados, que têm um efeito profundamente transformador na forma como transmitem os dados.

Contras

Complexidade: Para os utilizadores inexperientes ou novos na área, a abundância de funcionalidades do Domo e as capacidades de visualização de dados essenciais podem constituir um desafio.

A capacidade de escalar Preocupações: Ao utilizar conjuntos de dados extremamente grandes nas aplicações Domo, alguns clientes relataram problemas de desempenho.

8. Microsoft Power BI

"O Microsoft Power BI é uma plataforma de visualização de dados centrada na criação de uma cultura de inteligência empresarial orientada para os dados em todas as empresas actuais. Para tal, oferece ferramentas de análise self-service que podem ser utilizadas para analisar, agregar e partilhar dados de uma forma significativa". Os clientes do Microsoft Power BI podem utilizar centenas de visualizações de dados, opções de conetividade com o Excel e funcionalidades de Inteligência Artificial integradas. E tudo isto é realmente acessível, com o Microsoft Power BI Pro a custar 9,99 dólares por utilizador, todos os meses. Também oferece vários sistemas de suporte, como FAQs, fóruns e suporte de chat ao vivo com a equipa.

Prós Custo-eficácia: O Power BI tem uma versão gratuita e uma versão comercial que é acessível a um grande número de utilizadores, o que aumenta a adoção por parte dos utilizadores.
Integração com o ecossistema Microsoft: O Power BI melhora a produtividade da realização de tarefas como a transferência de dados de e para outros produtos MS, incluindo o Excel e o processo analítico.

Contras Personalização limitada: Em comparação com determinadas soluções de visualização de dados de código aberto ou personalizadas bem criadas, o Power BI pode oferecer menos opções de personalização.
Bloqueio do fornecedor: Os utilizadores que optam por uma abordagem menos centrada na plataforma podem ficar limitados pela utilização fiável e a longo prazo das aplicações Microsoft para análise de dados.

9. Klipfolio

"A Klipfolio é uma empresa canadiana de business intelligence que fornece uma das melhores ferramentas de visualização de dados. Pode aceder aos seus dados a partir de centenas de fontes de dados diferentes, como folhas de cálculo, bases de dados, ficheiros e aplicações de serviços Web, utilizando conectores". Para além disso, o Klipfolio permite-lhe criar visualizações de dados personalizadas de arrastar e largar a partir de uma variedade de opções, tais como tabelas, gráficos, gráficos de dispersão, etc. Também oferece ferramentas para executar fórmulas complexas que podem resolver problemas de dados difíceis. O plano empresarial básico custa 49 dólares por mês e está disponível uma avaliação gratuita de 14 dias. Se tiver alguma dúvida sobre o Klipfolio, pode contactar a comunidade ou o fórum de conhecimento.

Vantagens

Ênfase nos KPIs: É importante notar que o Klipfolo realiza um excelente trabalho no desenvolvimento de painéis de controlo baseados em KPIs, ou indicadores-chave de desempenho, que fornecem às empresas uma visão geral do seu desempenho comercial.

Interface simples de arrastar e soltar: O Klipfolio tem uma interface simples de arrastar e largar que facilita aos utilizadores a construção rápida de novas visualizações. Obtendo as vantagens que a visualização pode oferecer aos utilizadores que estão apenas a começar.

Contras

Acesso offline restrito: Quando uma ligação à Internet é irregular, a principal funcionalidade online da Klipfolio pode estar menos acessível.

Opções restritas de fontes de dados: O suporte do Klipfolio para uma ampla gama de fontes de dados pode ser restrito em comparação com as capacidades de certos instrumentos abrangentes.

10. Nuvem do SAP Analytics

"O SAP Analytics Cloud utiliza capacidades de business intelligence e de análise de dados para o ajudar a avaliar os seus dados e a criar visualizações para prever resultados empresariais. Além disso, oferece-lhe as ferramentas de modelação mais actualizadas que o apoiam na classificação de várias medidas e dimensões de dados e o avisam de quaisquer problemas nos dados. Além disso, o SAP Analytics Cloud oferece transformações de dados inteligentes que melhoram as visualizações. Se tiver quaisquer problemas ou preocupações sobre a visualização de dados do ponto de vista empresarial, o SAP Analytics Cloud garante a satisfação total do cliente, utilizando o processamento de linguagem natural e a inteligência artificial de conversação para responder às suas questões. Após uma avaliação gratuita de 30 dias, é necessário pagar 22 dólares por mês pelo pacote Business Intelligence para continuar a utilizar esta plataforma.

Vantagens da segurança de nível empresarial: A SAP dá prioridade à proteção de dados no que diz respeito à segurança da plataforma de nuvem, fornecendo fortes capacidades para garantir a segurança dos dados na nuvem.

Análise preditiva: O SAP Analytics Cloud tem a funcionalidade de análise preditiva, entre outras coisas, que permite aos utilizadores ver padrões futuros e fazer escolhas baseadas em dados.

Contras: O custo do licenciamento do SAP Analytics Cloud, que varia consoante a funcionalidade e o método de implementação de dados, pode ser elevado para clientes individuais e pequenas empresas.

Curva de aprendizagem: Dadas as capacidades e a natureza baseada na nuvem do SAP Analytics Cloud, os utilizadores podem necessitar de formação adequada para beneficiarem plenamente de todas as suas funcionalidades.

4.4 Identificação de padrões e tendências

A identificação de padrões em grandes volumes de dados envolve a utilização de técnicas analíticas e algoritmos avançados para descobrir tendências ocultas, correlações e conhecimentos em conjuntos de dados vastos e complexos. Este processo começa normalmente com a recolha de dados, em que as informações são recolhidas de várias fontes, como as redes sociais, registos de transacções e sensores. O pré-processamento de dados é necessário para limpar e organizar os dados depois de recolhidos e prepará-los para análise. Em seguida, são utilizados métodos como a análise estatística, a extração de dados e a aprendizagem automática para encontrar padrões. Por exemplo, os algoritmos de aprendizagem automática são capazes de classificar dados, prever padrões e identificar anomalias. Ao apresentar visualmente os dados, as ferramentas de visualização de dados podem desempenhar um papel fundamental, ajudando a identificar padrões e correlações que podem não ser imediatamente óbvios a partir de dados em bruto. O objetivo final é converter dados não processados em conhecimentos úteis que possam orientar os esforços estratégicos, melhorar as operações e influenciar a tomada de decisões numa série de sectores, incluindo marketing, finanças e cuidados de saúde.

A identificação de padrões em grandes volumes de dados é um processo complexo, com várias etapas, que utiliza tecnologias sofisticadas para extrair informações significativas de conjuntos de dados grandes e diversificados. Inicialmente, os dados são recolhidos de várias fontes, incluindo plataformas de redes sociais, bases de dados transaccionais, dispositivos IoT, entre outros, o que resulta num conjunto de dados altamente heterogéneo. O pré-processamento de dados é necessário para limpar e organizar os dados depois de terem sido recolhidos e prepará-los para análise. Em seguida, são utilizados métodos como a análise estatística, a extração de dados e a aprendizagem automática para encontrar padrões. Por exemplo, os algoritmos de aprendizagem automática são capazes de classificar dados, prever padrões e identificar anomalias. Ao apresentar visualmente os dados, as ferramentas de visualização de dados podem desempenhar um papel fundamental, ajudando a identificar padrões e correlações que podem não ser imediatamente óbvios a partir de dados em bruto. O objetivo final é converter dados não processados em conhecimentos úteis que possam orientar os esforços estratégicos, melhorar as operações e influenciar a tomada de decisões numa série de sectores, incluindo marketing, finanças e cuidados de saúde. As ferramentas de visualização de dados, como gráficos, diagramas e mapas de calor, são depois utilizadas para apresentar estes padrões de uma forma intuitiva e acessível, permitindo aos analistas e decisores compreender rapidamente relações e tendências complexas. Em última análise, o objetivo da identificação de padrões em megadados é converter grandes quantidades de informação em conhecimentos acionáveis, conduzindo a uma tomada de decisões informada e a um planeamento estratégico em vários sectores, incluindo cuidados de saúde, finanças, marketing e outros. Este processo não só melhora a eficiência operacional, como também abre novas oportunidades de inovação e vantagem competitiva.

4.5 Resumos estatísticos e representações gráficas

Grandes volumes de dados é o termo utilizado para descrever conjuntos de dados demasiado grandes e complicados para serem tratados eficazmente pelas tecnologias de processamento de dados normais. Os "Três Vs" significam volume, velocidade e variedade, e encapsulam frequentemente as qualidades dos grandes volumes de dados. Os termos "volume", "velocidade" e "variedade" referem-se às muitas formas de dados (estruturados, semi-estruturados e não estruturados), bem como à enorme quantidade de dados.

O significado dos resumos estatísticos em Big Data

Os grandes conjuntos de dados podem ser destilados em métricas digeríveis que revelam padrões e conhecimentos sobre a distribuição de dados subjacente através da utilização de resumos estatísticos. Precisamos destes resumos por várias razões.

1. Redução de dados: Ajudam a simplificar os dados para que sejam mais fáceis de compreender.
2. Reconhecimento de padrões: As principais tendências e padrões são destacados em resumos.
3. Tomada de decisões: Oferecem uma base para uma tomada de decisão bem informada.
4. Controlo de qualidade: Os valores anómalos e as anomalias podem ser encontrados com a utilização de resumos estatísticos.

Sinopses estatísticas importantes

1. Estatísticas das caraterísticas
- Média: "O número médio que indica a tendência central dos dados."
- Mediana: "A média, que oferece uma medida não afetada por valores atípicos".
- Modo: "Para dados categóricos, o valor que aparece com maior frequência."
- Desvio padrão e variância: "Índices de variabilidade do conjunto de dados que mostram como os dados estão dispersos em torno da média."

- Quartis e percentis: "Uma ferramenta valiosa para compreender a distribuição de dados, estes são valores que dividem os dados em partes iguais."

- Assimetria e curtose: "Estas medidas caracterizam o pico e a assimetria da distribuição de dados, respetivamente."

2. Estatística inferencial:

   - Intervalos de confiança: "Fornecem um intervalo dentro do qual esperamos que o verdadeiro parâmetro populacional se situe com um determinado nível de confiança."

   - Teste de hipóteses: "Um método para testar uma afirmação ou hipótese sobre um parâmetro numa população, utilizando dados de amostra."

   - Análise de regressão: "Um método estatístico para modelar as relações entre variáveis dependentes e independentes."

Representações gráficas de Big Data

As representações gráficas são fundamentais para a visualização e interpretação de grandes volumes de dados. Transformam os dados brutos num contexto visual, facilitando a compreensão e a comunicação de padrões e conhecimentos complexos.

1. Histogramas: "Utilizados para representar a distribuição de frequências de um conjunto de dados, mostrando o número de pontos de dados que se enquadram num intervalo especificado de valores (caixas)." Os histogramas são úteis para compreender a forma da distribuição, a tendência central e a variabilidade.

2. Box Plots (Box-and-Whisker Plots): "Estes gráficos mostram a distribuição dos dados com base num resumo de cinco números: mínimo, primeiro quartil, mediana, terceiro quartil e máximo. São particularmente úteis para identificar valores atípicos e comparar distribuições entre vários grupos.

3. Gráficos de dispersão: "Utilizados para examinar a relação entre duas variáveis contínuas." Cada ponto representa uma observação no conjunto de dados. Os

gráficos de dispersão podem revelar correlações, tendências e potenciais valores atípicos.

4. Gráficos de linhas: "Apresentam pontos de dados ligados por linhas rectas, úteis para mostrar tendências ao longo do tempo." Os gráficos de linhas são normalmente utilizados na análise de séries cronológicas.

5. Gráficos de barras: "Utilizados para representar dados categóricos com barras rectangulares. O comprimento de cada barra corresponde à frequência ou ao valor da categoria". Os gráficos de barras são eficazes para comparar diferentes categorias.

6. Mapas de calor: "Utilizam gradientes de cor para representar a magnitude dos valores dos dados." Os mapas de calor são particularmente úteis para apresentar a intensidade dos dados em duas dimensões, como nas matrizes de correlação.

7. Gráficos de pizza: "Gráficos circulares divididos em sectores, cada um representando uma proporção do todo." Embora nem sempre sejam recomendados devido a potenciais erros de interpretação, os gráficos de pizza podem ser úteis para mostrar as dimensões relativas de partes de um todo.

8. Mapas em árvore: "Apresentam dados hierárquicos como rectângulos aninhados. O tamanho de cada retângulo é proporcional ao valor que representa. Os mapas em árvore são úteis para visualizar relações entre partes e o todo.

9. Gráficos de rede: "Usados para representar relações entre entidades". Os nós representam as entidades e as arestas representam as ligações entre elas. Os gráficos de rede são particularmente úteis na análise de redes sociais e na compreensão de interdependências complexas.

10. Visualizações geoespaciais: "Estes mapas apresentam dados sobre áreas geográficas." Ferramentas como os SIG (Sistemas de Informação Geográfica) permitem a visualização de dados espaciais, tornando-as essenciais para análises que envolvam dados baseados na localização.

Combinação de resumos estatísticos e representações gráficas

É frequentemente necessário combinar resumos estatísticos com representações gráficas para obter informações completas. Esta integração permite uma compreensão mais sofisticada dos dados, uma vez que as representações gráficas podem realçar tendências e anomalias que passariam despercebidas apenas com resumos numéricos.

Exemplo 1: Análise de dados de vendas - Estatísticas descritivas: Determine a média, a mediana e o desvio padrão dos números de vendas.
- Representação gráfica: Para comparar as vendas em vários locais, utilize um gráfico de barras e um gráfico de linhas para ilustrar os padrões de vendas ao longo do tempo.

Exemplo 2: Segmentação de clientes
- Estatísticas descritivas: Fornecer uma visão geral dos factores demográficos, incluindo idade, rendimento e compras anteriores.
- Representação gráfica: Utilizar gráficos de caixa para comparar as distribuições de despesas em vários grupos etários e gráficos de dispersão para representar as relações entre idade e despesas.

Métodos avançados de visualização de grandes volumes de dados

A dimensão e a complexidade dos conjuntos de dados podem tornar insuficientes os métodos de visualização habituais. Foram criados métodos e recursos inovadores para lidar com estas questões.

1. Dashboards interactivos: Os utilizadores podem construir visualizações interactivas manipuláveis em tempo real utilizando plataformas como Tableau e Power BI. Os subconjuntos de dados podem ser explorados interactivamente pelos utilizadores, que também podem filtrar e fazer zoom em locais específicos.

2. Aprendizagem automática para visualização: O reconhecimento de padrões e a visualização podem ser produzidos automaticamente por algoritmos. Por exemplo, os pontos de dados relacionados podem ser agrupados por algoritmos de agrupamento, e os gráficos de dispersão codificados por cores resultantes podem ser utilizados para ilustrar os resultados.

3. Visualização 3D: As visualizações 3D podem oferecer mais contexto e profundidade a informações muito vastas e multidimensionais. As aplicações no domínio da ciência e da engenharia utilizam-nas frequentemente.

4. Gráficos de fluxo: São utilizados para apresentar fluxos de dados e a quantidade de dados num dado momento é representada pela espessura do fluxo. Os gráficos de fluxo são muito úteis para acompanhar os fluxos de dados em tempo real.

5. Coordenadas paralelas: Dados multidimensionais podem ser vistos usando este método. Os pontos de dados são representados como linhas que se encontram com cada eixo vertical, que representa cada variável. Para determinar as relações entre diversas variáveis, as coordenadas paralelas são úteis.

Aspectos realistas e dificuldades

1. Escalabilidade: As grandes quantidades de dados devem ser tratadas e bem processadas pelas visualizações. Os grandes volumes de dados podem não ser adequados para algumas ferramentas e métodos que são apropriados para conjuntos de dados mais pequenos.

2. Interatividade: A inclusão de componentes interactivos na exploração de dados pode melhorar a eficiência do utilizador. No entanto, a conceção e a execução da visualização podem tornar-se mais complicadas em resultado disso.

3. Qualidade dos dados: As visualizações inexactas podem resultar de dados de baixa qualidade. Para que a visualização seja bem sucedida, é necessário garantir a exaustividade e a correção dos dados.

4. Experiência do utilizador: A capacidade do utilizador final para compreender e interagir com os dados deve ser tida em conta na conceção das representações. As ajudas visuais demasiado complexas podem ser difíceis de compreender e podem efetivamente impedir, em vez de facilitar, o processo de análise.

5. Considerações éticas: Para evitar induzir em erro ou deturpar os dados subjacentes, as visualizações de dados devem ser cuidadosamente concebidas e avaliadas.

Ao analisar grandes quantidades de dados, as representações gráficas e os resumos estatísticos são ferramentas essenciais. Uma melhor tomada de decisões numa variedade de disciplinas é possível graças à sua capacidade de traduzir conjuntos de dados complicados em conhecimentos inteligíveis e práticos. As representações gráficas dão aos utilizadores um meio natural de visualizar e interpretar as medidas necessárias para compreender as distribuições e ligações dos dados, enquanto os resumos estatísticos fornecem as métricas essenciais. Quando combinados, proporcionam uma força tremenda que ajuda a concretizar todo o potencial dos grandes volumes de dados. O desenvolvimento de métodos e ferramentas de visualização sofisticados será essencial para abordar as oportunidades e dificuldades que este sector em rápida expansão apresenta à medida que os grandes volumes de dados continuam a aumentar em dimensão e importância.

Capítulo 5: Análise avançada e aprendizagem automática

Análise avançada

A análise avançada refere-se a um conjunto de técnicas e ferramentas sofisticadas utilizadas para analisar conjuntos de dados grandes e complexos para descobrir informações, padrões e tendências mais profundos. Ao contrário da análise tradicional, que se centra principalmente em estatísticas descritivas e relatórios, a análise avançada engloba a análise preditiva, prescritiva e de diagnóstico. Isto inclui métodos como a análise de regressão, o agrupamento, as redes neuronais e a previsão de séries temporais. A análise avançada utiliza frequentemente tecnologias de grandes volumes de dados, como o Hadoop e o Spark, para tratar volumes maciços de dados de forma eficiente. Ao utilizar estas técnicas, as empresas podem tomar decisões mais informadas, otimizar processos, identificar novas oportunidades e obter uma vantagem competitiva. Por exemplo, a análise preditiva pode prever comportamentos futuros dos clientes, enquanto a análise prescritiva pode sugerir o melhor curso de ação com base em informações preditivas. Em última análise, a análise avançada transforma dados brutos em informações valiosas e acionáveis que impulsionam iniciativas estratégicas.

A análise avançada envolve a aplicação de técnicas estatísticas, computacionais e matemáticas sofisticadas para analisar conjuntos de dados vastos e complexos, extraindo conhecimentos mais profundos que os métodos tradicionais podem não conseguir. Vai para além da simples análise e comunicação de dados, incorporando a análise preditiva, prescritiva e de diagnóstico. Com a utilização de dados anteriores, a análise preditiva faz previsões sobre o futuro, procurando padrões que indiquem potenciais tendências ou comportamentos. A análise prescritiva optimiza os processos de tomada de decisão, oferecendo recomendações de acções com base nessas previsões. A análise de diagnóstico examina o desempenho histórico para determinar as causas de determinados resultados. A análise avançada baseia-se em métodos como a aprendizagem automática, a extração de dados, as redes neuronais e o processamento de linguagem natural para tratar e analisar dados não estruturados de várias fontes, incluindo redes sociais, sensores e registos. Ao utilizar estas estratégias, as empresas podem encontrar ligações despercebidas, detetar possíveis perigos e possibilidades e estimular a criatividade. As organizações podem melhorar as experiências dos clientes, aumentar a eficiência operacional e obter uma vantagem competitiva nos respectivos sectores através da utilização de análises sofisticadas.

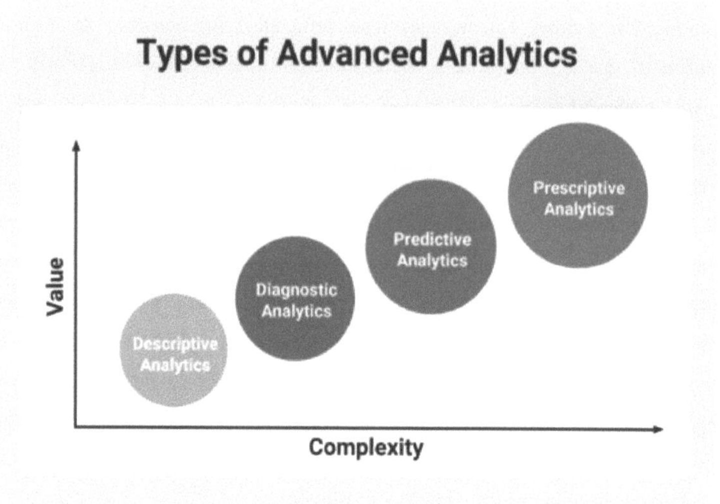

Aprendizagem automática

A aprendizagem automática é um subconjunto da inteligência artificial (IA) que se centra no desenvolvimento de algoritmos e modelos estatísticos que permitem aos computadores aprender e fazer previsões ou tomar decisões com base em dados. Ao contrário da programação tradicional, em que as regras são explicitamente codificadas, os algoritmos de aprendizagem automática identificam padrões e relações nos dados para melhorar o seu desempenho ao longo do tempo. Existem vários tipos de aprendizagem automática, incluindo a aprendizagem supervisionada, a aprendizagem não supervisionada e a aprendizagem por reforço. Na aprendizagem supervisionada, os algoritmos são treinados com dados rotulados, o que lhes permite prever resultados para dados novos e não vistos. A aprendizagem não supervisionada lida com dados não rotulados, identificando estruturas e padrões inerentes, como o agrupamento de pontos de dados semelhantes. A aprendizagem

140

por reforço envolve a formação de modelos através de tentativa e erro, optimizando as decisões com base no feedback do seu ambiente. A aprendizagem automática é amplamente utilizada em aplicações como o reconhecimento de imagem e de voz, sistemas de recomendação, veículos autónomos e manutenção preditiva, transformando fundamentalmente as indústrias ao permitir processos mais inteligentes e automatizados.

A aprendizagem automática é um ramo da inteligência artificial (IA) que se centra no desenvolvimento de algoritmos que permitem aos computadores aprender e tomar decisões com base em dados. Ao contrário da programação tradicional, em que as instruções explícitas são codificadas por humanos, os algoritmos de aprendizagem automática identificam padrões e relações nos dados para melhorar o seu desempenho ao longo do tempo sem serem explicitamente programados para tarefas específicas. Existem vários tipos de aprendizagem automática, incluindo a aprendizagem supervisionada, a aprendizagem não supervisionada e a aprendizagem por reforço. Na aprendizagem supervisionada, os algoritmos são treinados em conjuntos de dados rotulados, aprendendo a prever resultados ou a classificar dados com base em exemplos com respostas conhecidas. A aprendizagem não supervisionada, por outro lado, lida com dados não rotulados, procurando descobrir estruturas e relações ocultas, como o agrupamento de pontos de dados semelhantes através de clustering. A aprendizagem por reforço envolve algoritmos que aprendem acções óptimas através de tentativa e erro, recebendo feedback do seu ambiente para maximizar as recompensas cumulativas. As aplicações da aprendizagem automática são vastas e variadas, desde o reconhecimento de imagem e de voz, sistemas de recomendação e deteção de fraude até à condução autónoma. Ao tirar partido de grandes conjuntos de dados e de técnicas computacionais poderosas, a aprendizagem automática permite previsões mais exactas, tomadas de decisão automatizadas e soluções inovadoras em vários sectores, transformando fundamentalmente a forma como as tarefas são executadas e as decisões são tomadas. `

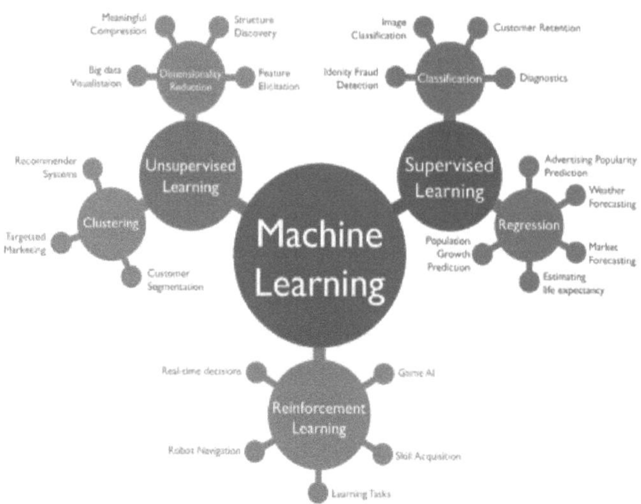

5.1 Visão geral da aprendizagem automática

Os modelos computacionais, conhecidos como algoritmos de aprendizagem automática, são criados para ajudar os computadores a compreender padrões, a tomar decisões e a melhorar com o tempo, sem necessidade de serem explicitamente codificados. A aprendizagem automática, um ramo da inteligência artificial (IA) que se centra na criação de sistemas com capacidades de aprendizagem baseadas em dados, baseia-se nestas técnicas. Os algoritmos de aprendizagem automática são suficientemente versáteis para serem utilizados numa vasta gama de domínios, como o processamento de linguagem natural, a identificação de imagens, os cuidados de saúde e as finanças. A aquisição de conhecimentos sobre as principais classificações e atributos destes algoritmos oferece perspectivas valiosas sobre o seu funcionamento e utilização na resolução de problemas complexos.

Algoritmos de aprendizagem supervisionada:

Os algoritmos aprendem utilizando dados de treino rotulados na aprendizagem supervisionada, em que os dados de entrada são associados a rótulos de saída correspondentes. O objetivo é aprender uma função de mapeamento que possa prever corretamente o resultado para dados novos e não contaminados. Os algoritmos típicos para a aprendizagem supervisionada consistem no seguinte:

1. Regressão linear: O ajuste de uma equação linear aos dados observados permite que os algoritmos de regressão prevejam a ligação entre uma variável dependente e uma ou mais variáveis independentes. Aplica-se à previsão de resultados contínuos.

2. Regressão logística: Como o nome sugere, esta abordagem de classificação calcula a probabilidade de uma instância pertencer a uma classe específica. Modela a distribuição de probabilidade utilizando a função logística.

3. Árvores de decisão: Adequadas tanto para aplicações de classificação como de regressão, as árvores de decisão são uma técnica flexível. Com base nos atributos de entrada, dividem o espaço de entrada em regiões, cada uma das quais está ligada a uma determinada saída ou classe.

4. Floresta aleatória: Um método de aprendizagem de conjunto bem conhecido que constrói muitas árvores de decisão durante o treino e produz a previsão média (regressão) ou a moda das classes (classificação) para cada árvore individual.

5. Máquinas de vectores de suporte (SVM): Para aplicações que envolvem regressão e classificação, a SVM é uma técnica eficaz. A fim de maximizar a margem entre as classes, determina qual o hiperplano que melhor divide os pontos de dados em classes distintas.

6. K-Nearest Neighbors (KNN): O KNN é uma técnica fácil de compreender que utiliza a classe maioritária dos k-vizinhos mais próximos do espaço de caraterísticas para classificar novas ocorrências.

7. Naive Bayes: O método de classificação probabilística baseado no teorema de Bayes. A fim de simplificar o cálculo das probabilidades, parte do princípio de que as caraterísticas são condicionalmente independentes.

Técnicas de aprendizagem não monitorizadas:

Os algoritmos que aprendem a partir de dados não rotulados tentam encontrar padrões, clusters ou estruturas nos dados. Este processo é conhecido como aprendizagem não supervisionada. Os algoritmos típicos para a aprendizagem não supervisionada consistem em:

1. Agrupamento K-Means: Com base na semelhança, o K-means é uma técnica de partição que separa os dados em grupos \(k \). O algoritmo atribui pontos de dados aos clusters iterativamente, o que também altera os centróides dos clusters até à convergência.

2. Agrupamento hierárquico: Este método cria uma estrutura de clusters como uma árvore, com cada nó representando um cluster e os ramos significando a fusão ou divisão de clusters de acordo com a similaridade.

3. DBSCAN (Density-Based Spatial Clustering of Applications with Noise): Esta técnica de agrupamento baseada na densidade divide as regiões de menor densidade e agrupa os pontos de dados próximos.

4. Análise de componentes principais (PCA): A PCA é um método de redução da dimensionalidade que preserva a informação mais importante ao converter dados de elevada dimensão num espaço de dimensão inferior.

5. Análise de componentes independentes (ICA): Utilizando a ICA, é possível extrair componentes independentes aditivas de um sinal multivariado. É muito útil para a separação cega de fontes e para o processamento de sinais.

6. Autoencoders: Estas técnicas baseadas em redes neuronais reduzem a dimensionalidade e facilitam a aprendizagem não supervisionada. O seu objetivo é obter uma representação simplificada e eficaz dos dados de entrada.

Algoritmos para a aprendizagem por reforço:

Através de interações com o meio envolvente, um agente pode aprender a tomar decisões através da aprendizagem por reforço. Com base nos seus comportamentos, o agente recebe feedback sob a forma de incentivos ou castigos. Os algoritmos típicos para a aprendizagem por reforço consistem no seguinte:

1. Q-Learning: O Q-learning é um método de aprendizagem por reforço sem modelos que maximiza as recompensas acumuladas ao longo do tempo através da aprendizagem de uma política representada por uma função Q.

2. Rede Q profunda (DQN): A DQN é uma extensão do Q-learning que utiliza espaços de estado de elevada dimensão para o tratar através da aproximação da função Q utilizando redes neuronais profundas.

3. Métodos de gradiente de política: Estas técnicas maximizam diretamente as recompensas antecipadas através da otimização da política de um agente. Este grupo inclui algoritmos como o Proximal Policy Optimization e o REINFORCE.

4. Algoritmos de crítica de actores: Estes algoritmos incorporam elementos de metodologias baseadas em políticas e em valores. O crítico avalia a eficácia da política, enquanto a componente ator a aprende.

Técnicas de redes neuronais:

As redes neuronais, cujo modelo é inspirado na arquitetura do cérebro humano, são constituídas por camadas de nós ou neurónios ligados entre si. As redes neuronais são capazes de aprender padrões complicados a partir dos dados, devido à sua profundidade e complexidade. As concepções típicas de redes neuronais consistem no seguinte:

1. Redes neuronais feedforward: O tipo mais básico de rede neural em que os dados se deslocam da camada de entrada para a camada de saída através de camadas ocultas numa única direção. São aplicadas em tarefas que envolvem tanto a classificação como a regressão.

2. As CNN, ou redes neurais convolucionais, são concebidas para interpretar dados estruturados em grelha, como imagens. Aprendem automaticamente e de forma adaptativa as hierarquias espaciais das caraterísticas utilizando camadas convolucionais.

3. Redes Neuronais Recorrentes (RNNs): As RNNs podem reter memória interna, uma vez que são construídas para dados sequenciais. A análise de séries temporais e o processamento de linguagem natural são duas utilizações frequentes destas redes.

4. Redes de memória de curto prazo (LSTM): Uma melhoria das RNNs que resolve o problema do gradiente de desaparecimento através da adição de células de memória especializadas que permitem a aprendizagem de dependências de longo prazo em dados sequenciais.

5. Redes Adversariais Generativas (GAN): As GAN são constituídas por duas redes que são simultaneamente ensinadas através de formação adversária: um discriminador e um gerador. São utilizadas na produção de dados novos e exactos.

6. Transformer: Originalmente desenvolvida para o processamento de linguagem natural, a arquitetura Transformer tornou-se bem conhecida em vários domínios. Utiliza processos de auto-atenção para identificar ligações entre várias partes da sequência de entrada.

Técnicas de aprendizagem colectiva:

Para melhorar o desempenho global, a aprendizagem em conjunto combina as previsões de vários modelos. É possível utilizar algoritmos de conjunto para tarefas que envolvam regressão e classificação. Os algoritmos típicos para a aprendizagem de conjuntos são os seguintes:

1. Bagging (Bootstrap Aggregating): O ensacamento utiliza um algoritmo para criar várias instâncias de um modelo em vários subconjuntos dos dados de treino. Um exemplo de um algoritmo de ensacamento é o Random Forest.

2. Reforço: Ao atribuir pesos aos exemplos de treino em função da classificação incorrecta, o reforço combina aprendentes fracos num aprendente forte. Os algoritmos de reforço, como o AdaBoost e o Gradient Boosting, são amplamente utilizados.

3. Empilhamento: Ao treinar um meta-modelo nos resultados dos modelos de base, o empilhamento combina previsões de vários modelos. O seu objetivo é aumentar o desempenho global utilizando as vantagens de vários modelos.

4. Classificadores de votação: Os classificadores de votação agregam as previsões de vários modelos e a média ponderada (votação suave) ou a votação por maioria (votação difícil) determina a previsão final.

As aplicações modernas baseadas em dados dependem fortemente de técnicas de aprendizagem automática, que fornecem uma vasta gama de ferramentas para resolver uma variedade de problemas. A sua versatilidade e capacidade de aprendizagem baseada em dados tornam-nas vantajosas em muitos sectores, desde os cuidados de saúde e a banca até ao entretenimento e aos sistemas autónomos. Os investigadores e os profissionais investigam algoritmos, arquitecturas e estratégias de ponta para ultrapassar os limites da inteligência artificial e melhorar as capacidades dos sistemas de aprendizagem automática à medida que o campo continua a desenvolver-se.

5.2 Aprendizagem supervisionada vs. não supervisionada

Com a aprendizagem supervisionada, um algoritmo pode aprender a partir de dados de treino rotulados para gerar previsões ou julgamentos sem a necessidade de programação explícita, o que o torna um paradigma potente na aprendizagem automática. Incorpora uma ligação distinta entre etiquetas nos atributos de saída e de entrada, o que permite ao modelo generalizar e produzir previsões precisas em dados novos e não testados. A regressão e a classificação são os dois principais subtipos de aprendizagem supervisionada.

Regressão na aprendizagem supervisionada:

A previsão de valores numéricos contínuos é o principal objetivo da regressão, um tipo de aprendizagem supervisionada. O método aprende um mapeamento entre as caraterísticas de entrada e uma variável de saída contínua em problemas de regressão. O objetivo é representar a ligação fundamental entre as variáveis para que o algoritmo possa prever ocorrências futuras com precisão. As tarefas de regressão são frequentemente utilizadas para antecipar os preços das acções, estimar a temperatura com base em dados meteorológicos anteriores e prever o valor das habitações com base em factores como a metragem quadrada e o número de camas.

O principal objetivo da regressão é encontrar uma função matemática que melhor se adapte aos dados observados. Esta função pode ser uma equação linear ou uma relação não linear mais complexa, dependendo da natureza dos dados. A regressão linear, por exemplo, procura encontrar a linha reta que melhor se ajusta aos pontos de dados, minimizando a diferença entre os valores previstos e reais. Técnicas de regressão mais avançadas, como a regressão polinomial ou a regressão que utiliza algoritmos de aprendizagem automática, como máquinas de vectores de suporte ou redes neuronais, permitem captar relações complexas nos dados.

Os modelos de regressão são avaliados com base em métricas como o erro quadrático médio (MSE) ou a raiz do erro quadrático médio (RMSE), que quantificam a diferença média quadrática entre os valores previstos e os valores efectivos. Quanto mais baixo for o erro, melhor será o desempenho do modelo na captação dos padrões subjacentes nos dados.

Categorização no ensino supervisionado:

Outra área da aprendizagem supervisionada é a classificação, que diz respeito aos rótulos das classes ou à previsão de resultados categóricos. O método aprende um mapeamento da informação de entrada para classes ou categorias especificadas em tarefas de classificação. O objetivo principal é atribuir novas instâncias a uma das classes estabelecidas utilizando padrões descobertos a partir dos dados de treino.

Tarefas como a identificação de imagens, a análise de sentimentos, a deteção de correio eletrónico não solicitado e o diagnóstico médico são exemplos típicos de tarefas de classificação.

Na classificação, a variável de saída é discreta, representando diferentes classes ou categorias. O algoritmo aprende os limites de decisão que separam uma classe de outra no espaço de caraterísticas. Por exemplo, numa tarefa de classificação binária, um modelo pode aprender a distinguir entre mensagens de correio eletrónico "spam" e "não-spam" com base em caraterísticas como a presença de determinadas palavras-chave ou informações sobre o remetente da mensagem. Na classificação multi-classe, o modelo classifica as instâncias em mais de duas classes, como a identificação de diferentes espécies de animais com base em caraterísticas de imagem.

Os modelos de classificação são avaliados através de métricas como a exatidão, a precisão, a recuperação e a pontuação F1. A exatidão mede a correção geral das previsões, enquanto a precisão se centra no rácio de instâncias positivas previstas corretamente entre todas as instâncias positivas previstas. A recuperação avalia a capacidade de identificar corretamente todas as instâncias positivas reais, e a pontuação F1 combina a precisão e a recuperação numa única métrica, fornecendo uma medida equilibrada do desempenho de um modelo.

Para efeitos de treino e validação dos modelos, tanto a regressão como a classificação na aprendizagem supervisionada dependem da disponibilidade de dados de treino rotulados. O desempenho e a capacidade de generalização dos modelos são fortemente influenciados pelo calibre e representatividade dos dados de treino. As particularidades dos dados e a natureza do trabalho de previsão também influenciam a escolha do método. A regressão e a classificação são ferramentas vitais no vasto mundo das aplicações de aprendizagem supervisionada porque, apesar das suas diferenças, ambas assentam na ideia fundamental de aprender a partir de instâncias rotuladas para produzir previsões.

Aprendizagem não supervisionada

No domínio da aprendizagem automática, conhecida como "aprendizagem não supervisionada", os algoritmos são encarregados de identificar padrões e estruturas em dados não rotulados ou não categorizados. Os dois principais métodos utilizados na aprendizagem não supervisionada são a redução da dimensionalidade e o agrupamento.

Agrupamento no ensino não supervisionado:

Na aprendizagem não supervisionada, o agrupamento é uma técnica que agrupa pontos de dados semelhantes com base em padrões ou semelhanças inerentes ao conjunto de dados. Encontrar divisões ou agrupamentos naturais nos dados - em que os exemplos dentro de um agrupamento são mais semelhantes entre si do que as instâncias fora do agrupamento - é o principal objetivo. O K-Means, o agrupamento hierárquico e o DBSCAN são exemplos de técnicas de agrupamento comuns.

Um dos métodos mais populares é o agrupamento K-Means, que divide os dados em grupos k de acordo com a semelhança das caraterísticas. Os centróides dos agrupamentos são actualizados e os pontos de dados são repetidamente atribuídos a agrupamentos pelo algoritmo até à convergência. Em contrapartida, o agrupamento hierárquico cria uma estrutura semelhante a uma árvore de agrupamentos, com os nós a representarem os agrupamentos e os ramos a indicarem a fusão ou separação dos agrupamentos de acordo com a semelhança. O DBSCAN trata os outliers e encontra áreas densas nos dados para gerar clusters.

As aplicações de agrupamento podem ser encontradas em muitos domínios, como a segmentação de consumidores no marketing, o agrupamento de textos com assuntos relacionados no processamento de linguagem natural e o reconhecimento de padrões em dados biológicos. As métricas que medem a compacidade e a separabilidade dos agrupamentos, como o índice de Davies-Bouldin ou a pontuação de silhueta, são frequentemente utilizadas para avaliar a eficácia de uma técnica de agrupamento.

Redução da dimensionalidade na aprendizagem não supervisionada:

Outra estratégia importante de aprendizagem não supervisionada que aborda o problema dos dados de elevada dimensão é a redução da dimensionalidade. Numerosos cenários do mundo real envolvem conjuntos de dados com uma multiplicidade de atributos, nem todos contribuindo igualmente para a compreensão dos padrões subjacentes. O objetivo das técnicas de redução da dimensionalidade é preservar a informação mais importante dos dados e, ao mesmo tempo, reduzir o número de caraterísticas para facilitar o seu tratamento e talvez melhorar o desempenho do modelo.

Um método popular para reduzir a dimensionalidade dos dados é a análise de componentes principais (PCA), que converte dados de elevada dimensão num espaço de dimensão inferior, mantendo a informação mais importante. Os componentes principais, ou combinações lineares das caraterísticas originais que captam a maior variação nos dados, são identificados através da PCA. Uma representação de dimensão reduzida dos dados pode ser obtida mantendo uma parte desses elementos.

Outras técnicas para reduzir a dimensionalidade incluem a Aproximação e Projeção Uniforme de Manifold (UMAP) e a Incorporação de Vizinhos Estocásticos Distribuídos (t-SNE), que funcionam especialmente bem para a visualização de dados bidimensionais ou tridimensionais de alta dimensão. Estas técnicas são úteis para examinar padrões complicados nos dados porque colocam a tónica na manutenção de ligações locais entre pontos de dados.

A redução da dimensionalidade é crucial em várias aplicações, como o processamento de imagens e sinais, onde a redução do número de caraterísticas pode levar a algoritmos mais eficientes e a uma melhor interpretabilidade. Para além disso, ajuda a mitigar a maldição da dimensionalidade, que se refere aos desafios associados ao aumento da esparsidade dos dados em espaços de elevada dimensão.

A aprendizagem não supervisionada envolve o agrupamento e a redução da dimensionalidade, cada um dos quais tem uma função específica na identificação de padrões e na racionalização de conjuntos de dados complicados. Ao identificar grupos ou estruturas inatas nos dados, o agrupamento oferece informações perspicazes para uma série de aplicações. Por outro lado, a redução da dimensionalidade resolve as dificuldades apresentadas pelos dados de elevada dimensão, removendo informações supérfluas, diminuindo as despesas de processamento e melhorando a interpretabilidade. Estes métodos acrescentam muito ao domínio da aprendizagem não supervisionada, fornecendo meios flexíveis para examinar e compreender informações não rotuladas numa variedade de domínios.

A aprendizagem supervisionada e não supervisionada são dois tipos fundamentais de aprendizagem automática, cada um com abordagens e aplicações distintas. A aprendizagem supervisionada envolve o treino de um modelo num conjunto de dados rotulados, em que cada ponto de dados de entrada é emparelhado com um rótulo de saída correspondente. O modelo aprende a mapear as entradas para as saídas corretas, identificando padrões nos dados de treino. Esta abordagem é amplamente utilizada para tarefas como a classificação, em que o objetivo é categorizar os dados em classes predefinidas, e a regressão, que envolve a previsão de valores contínuos. Os exemplos incluem a deteção de spam em e-mails e a previsão de preços de casas com base em várias caraterísticas.

Em contrapartida, a aprendizagem não supervisionada lida com dados não rotulados, o que significa que o modelo deve encontrar estruturas e padrões nos dados sem rótulos predefinidos. O objetivo é descobrir relações ou agrupamentos ocultos nos dados. As técnicas comuns na aprendizagem não supervisionada incluem o agrupamento, em que o modelo agrupa pontos de dados semelhantes, e a associação, que identifica regras que descrevem grandes porções dos dados, como a análise do cabaz de compras no retalho. A aprendizagem não supervisionada é frequentemente utilizada para a análise exploratória de dados, deteção de anomalias e segmentação de clientes, fornecendo informações que orientam outras análises ou tomadas de decisão. Enquanto a aprendizagem supervisionada se centra na previsão e classificação, a aprendizagem não supervisionada destaca-se por revelar a estrutura subjacente dos dados.

5.3 Algoritmos e técnicas comuns

Os algoritmos de aprendizagem automática podem ser classificados em termos gerais em aprendizagem supervisionada, não supervisionada e por reforço. Cada categoria inclui vários algoritmos concebidos para lidar com tipos específicos de problemas, desde a classificação e regressão até ao agrupamento e tomada de decisões.

Algoritmos de aprendizagem supervisionada

Regressão linear

A regressão linear é um dos algoritmos mais simples e mais utilizados na aprendizagem supervisionada. Modela a relação entre uma variável dependente e uma ou mais variáveis independentes, ajustando uma equação linear aos dados observados. A equação assume a forma $y = mx + b$, em que y é a variável dependente, x é a variável independente, m é o declive e b é a interceção. Este método é amplamente utilizado para prever resultados contínuos, como a previsão de vendas e os preços da habitação.

Regressão logística

A regressão logística é utilizada para problemas de classificação binária, em que a variável de resultado é categórica com dois resultados possíveis. Calcula a probabilidade de um determinado input pertencer a uma determinada categoria. Ao contrário da regressão linear, a regressão logística utiliza a função logística para comprimir o resultado entre 0 e 1, tornando-a adequada para a estimativa de probabilidades. As aplicações incluem a deteção de spam, a pontuação de crédito e o diagnóstico de doenças.

Árvores de decisão

As árvores de decisão são um método de aprendizagem supervisionado não paramétrico utilizado para tarefas de classificação e regressão. Funcionam dividindo os dados em subconjuntos com base no valor das caraterísticas de entrada. Cada nó interno representa uma caraterística, cada ramo representa uma regra de decisão e cada nó folha representa um resultado. As árvores de decisão são fáceis de interpretar e podem tratar dados numéricos e categóricos. No entanto, são propensas ao sobreajuste, que pode ser atenuado utilizando técnicas como a poda.

Florestas aleatórias

As florestas aleatórias são um método de aprendizagem em conjunto que constrói várias árvores de decisão e funde os seus resultados para melhorar a precisão e controlar o sobreajuste. Cada árvore da floresta é treinada num subconjunto aleatório de dados e caraterísticas. A previsão final é efectuada através da média das previsões (na regressão) ou da votação por maioria (na classificação) de todas as árvores. As florestas aleatórias são robustas, lidam bem com grandes conjuntos de dados e são menos propensas ao sobreajuste em comparação com as árvores de decisão individuais.

Máquinas de vectores de suporte (SVM)

As máquinas de vectores de suporte são classificadores poderosos que funcionam encontrando o hiperplano que melhor separa os pontos de dados de diferentes classes. O hiperplano ótimo é aquele que maximiza a margem, que é a distância entre o hiperplano e os pontos de dados mais próximos de cada classe (vectores de suporte). As SVMs podem tratar a classificação linear e não linear utilizando funções de kernel para transformar os dados em dimensões superiores. São utilizadas na classificação de textos, no reconhecimento de imagens e na bioinformática.

Redes Neuronais

As redes neuronais são um conjunto de algoritmos inspirados no cérebro humano, concebidos para reconhecer padrões. São constituídas por camadas de nós (neurónios), estando cada camada ligada à seguinte. Cada ligação tem um peso e cada nó tem uma função de ativação que determina a sua saída. As redes neuronais são a base da aprendizagem profunda, que utiliza várias camadas ocultas para modelar padrões complexos. As aplicações incluem o reconhecimento de imagem e de voz, o processamento de linguagem natural e o jogo.

Algoritmos de aprendizagem não supervisionada

Agrupamento K-Means

O agrupamento K-means é um algoritmo popular de aprendizagem não supervisionada utilizado para dividir um conjunto de dados em K clusters. O algoritmo funciona através da inicialização aleatória de K centróides, atribuindo cada ponto de dados ao centróide mais próximo e, em seguida, actualizando os centróides com base na média dos pontos que lhes foram atribuídos. Este processo é repetido até os centróides estabilizarem. O K-means é utilizado na segmentação de clientes, compressão de imagens e reconhecimento de padrões.

Agrupamento hierárquico

O agrupamento hierárquico constrói uma hierarquia de clusters numa abordagem aglomerativa (bottom-up) ou divisiva (top-down). Na abordagem aglomerativa, cada ponto de dados começa como o seu próprio cluster e os pares de clusters são fundidos com base na sua semelhança até restar um único cluster. Na abordagem divisiva, o algoritmo começa com um cluster e divide-o recursivamente. Os resultados são frequentemente visualizados através de dendrogramas. As aplicações incluem a análise de redes sociais, a análise de dados de expressão genética e o agrupamento de documentos.

Análise de componentes principais (PCA)

A análise de componentes principais é uma técnica de redução da dimensionalidade utilizada para transformar dados de elevada dimensão numa forma de dimensão inferior, mantendo a maior parte da variância. A ACP funciona identificando os componentes principais, que são as direcções da variância máxima nos dados. Estes componentes são ortogonais e ordenados pela quantidade de variância que explicam. A PCA é utilizada na análise exploratória de dados, na redução do ruído e como passo de pré-processamento para outros algoritmos de aprendizagem automática.

Aprendizagem de regras de associação

A aprendizagem de regras de associação é utilizada para descobrir relações interessantes, ou associações, entre variáveis em grandes conjuntos de dados. O algoritmo mais famoso para este efeito é o algoritmo Apriori, que identifica conjuntos de itens frequentes e deriva regras de associação com base em medidas como o apoio, a confiança e a elevação. Esta técnica é amplamente utilizada na análise de cabazes de compras para encontrar padrões de compra de produtos.

Algoritmos de aprendizagem por reforço

Q-Learning

O Q-learning é um algoritmo de aprendizagem por reforço sem modelo que visa aprender o valor de uma ação num determinado estado. O agente aprende uma função de valor Q (qualidade), que estima a recompensa total que pode ser esperada ao tomar uma ação num determinado estado e ao seguir a política óptima subsequente. O algoritmo actualiza os valores Q iterativamente com base na recompensa recebida e nas recompensas futuras máximas esperadas. O Q-learning é utilizado em robótica, jogos e gestão de recursos.

Redes Q profundas (DQN)

As redes Q profundas combinam o Q-learning com redes neuronais profundas para lidar com espaços de estado de elevada dimensão. Em vez de manter uma tabela de valores Q, o DQN utiliza uma rede neural para aproximar a função de valor Q. A rede é treinada utilizando a repetição da experiência e uma rede alvo para estabilizar a aprendizagem. A DQN foi aplicada com êxito a problemas complexos, como jogar jogos Atari e condução autónoma.

Técnicas de melhoramento de modelos

Validação cruzada

A validação cruzada é uma técnica utilizada para avaliar o desempenho de um modelo de aprendizagem automática, dividindo os dados em vários subconjuntos, treinando o modelo em alguns subconjuntos e validando-o nos restantes subconjuntos. A forma mais comum é a validação cruzada de k dobras, em que os dados são divididos em k dobras e o modelo é treinado e validado k vezes, utilizando de cada vez uma dobra diferente como conjunto de validação. A validação cruzada ajuda a avaliar a generalização do modelo e evita o sobreajuste.

Regularização

As técnicas de regularização são utilizadas para evitar o sobreajuste, adicionando um termo de penalização à função de perda. Dois métodos de regularização comuns são a regularização L1 (Lasso) e L2 (Ridge). A regularização L1 adiciona os valores absolutos dos coeficientes como uma penalidade, levando a modelos esparsos ao definir alguns coeficientes como zero. A regularização L2 adiciona os valores quadrados dos coeficientes como uma penalidade, reduzindo os coeficientes, mas não necessariamente a zero. Estas técnicas são essenciais para criar modelos mais simples e mais robustos.

Aprendizagem em conjunto

A aprendizagem em conjunto combina vários modelos para melhorar o desempenho global. Técnicas como bagging, boosting e stacking são normalmente utilizadas. O ensacamento, como nas Random Forests, reduz a variância treinando vários modelos em diferentes subconjuntos de dados e calculando a média das suas previsões. O Boosting, como nas Gradient Boosting Machines (GBM) e AdaBoost, reduz o enviesamento através do treino sequencial de modelos, cada um centrado na correção dos erros do seu antecessor. O empilhamento combina previsões de vários modelos utilizando um meta-modelo. Os métodos de conjunto atingem frequentemente uma maior precisão do que os modelos individuais.

Tópicos avançados em aprendizagem automática

Aprendizagem profunda

A aprendizagem profunda é um subconjunto da aprendizagem automática que utiliza redes neuronais com muitas camadas (redes neuronais profundas) para modelar padrões complexos nos dados. Destaca-se em tarefas como o reconhecimento de imagem e de voz, o processamento de linguagem natural e a condução autónoma. As redes neuronais convolucionais (CNN) são utilizadas para tarefas relacionadas com a imagem, enquanto as redes neuronais recorrentes (RNN) e as redes de memória de curto prazo longa (LSTM) são utilizadas para dados sequenciais. A aprendizagem profunda requer grandes quantidades de dados e poder computacional, mas atinge resultados de ponta em muitos domínios.

Aprendizagem por transferência

A aprendizagem por transferência utiliza modelos pré-treinados em tarefas novas mas relacionadas. Em vez de treinar um modelo de raiz, a aprendizagem por transferência afina um modelo pré-treinado num novo conjunto de dados, o que pode reduzir significativamente o tempo de treino necessário e melhorar o desempenho, especialmente quando os dados são limitados. Esta abordagem é amplamente utilizada na classificação de imagens, em que modelos como o VGG, o ResNet e o Inception são pré-treinados em grandes conjuntos de dados como o ImageNet.

Processamento de linguagem natural (PNL)

A PNL centra-se na interação entre os computadores e a linguagem humana. As técnicas incluem a classificação de textos, a análise de sentimentos, a tradução automática e a geração de textos. Os avanços recentes no domínio da PNL são impulsionados por modelos como o BERT, o GPT-3 e os transformadores, que utilizam mecanismos de atenção para captar relações contextuais no texto. As aplicações da PNL abrangem chatbots, tradução de línguas e geração automática de conteúdos.

Redes Adversariais Generativas (GANs)

As GAN são constituídas por duas redes neuronais, um gerador e um discriminador, que competem entre si. O gerador cria dados falsos enquanto o discriminador avalia a sua autenticidade. O processo de formação continua até que o gerador produza dados indistinguíveis dos dados reais. Os GANs são utilizados na geração de imagens, transferência de estilos e aumento de dados e abriram novas fronteiras em aplicações criativas de IA.

Aplicações práticas e desafios

Aplicações do sector

A aprendizagem automática está a transformar as indústrias, automatizando processos e fornecendo informações acionáveis. No sector da saúde, os modelos de aprendizagem automática são utilizados para o diagnóstico de doenças, o tratamento personalizado e a descoberta de medicamentos. Nas finanças, os algoritmos detectam transacções fraudulentas, avaliam o risco de crédito e automatizam a negociação. Os retalhistas utilizam o ML para previsão da procura, gestão de inventário e sistemas de recomendação. A indústria transformadora beneficia da manutenção preditiva e do controlo de qualidade. Os veículos autónomos dependem fortemente do ML para a navegação, deteção de objectos e tomada de decisões.

Desafios éticos e práticos

Apesar do seu potencial, a aprendizagem automática coloca vários desafios éticos e práticos. Questões como a parcialidade dos dados de treino podem conduzir a resultados injustos e discriminatórios. É fundamental garantir a transparência e a explicabilidade dos modelos de aprendizagem automática, especialmente em domínios de grande importância como os cuidados de saúde e as finanças. A privacidade e a segurança dos dados são fundamentais, uma vez que os modelos de aprendizagem automática requerem frequentemente grandes quantidades de dados sensíveis. Além disso, os recursos computacionais necessários para treinar modelos complexos podem ser substanciais, limitando a acessibilidade para organizações mais pequenas.

A aprendizagem automática engloba uma vasta gama de algoritmos e técnicas concebidos para extrair informações dos dados e tomar decisões inteligentes. Desde os algoritmos tradicionais, como a regressão linear e as árvores de decisão, até aos métodos avançados, como a aprendizagem profunda e as GAN, cada abordagem tem os seus pontos fortes e aplicações adequadas. A evolução contínua da aprendizagem automática promete impulsionar a inovação em todos os sectores, embora seja acompanhada de desafios que devem ser cuidadosamente geridos. Compreender os conceitos fundamentais, os algoritmos comuns e as implicações práticas da aprendizagem automática é essencial para tirar partido de todo o seu potencial e abordar as considerações éticas que implica.

5.4 Formação e avaliação do modelo

A formação e a avaliação de modelos na aprendizagem automática são fases críticas que garantem a eficácia e a fiabilidade de um modelo. Durante a fase de formação do modelo, o algoritmo aprende com um conjunto de dados, que é normalmente dividido num conjunto de treino e num conjunto de validação. O conjunto de treino é utilizado para ensinar o modelo, ajustando os seus parâmetros para minimizar o erro através de um processo como a descida gradiente. O conjunto de validação ajuda a ajustar os hiperparâmetros e a evitar o sobreajuste, fornecendo um conjunto de dados separado para avaliar periodicamente o desempenho do modelo.

Após a conclusão do treino, é utilizado um conjunto de teste - um conjunto de dados independente não utilizado durante o treino - para avaliar o modelo. Esta avaliação mede a capacidade do modelo para generalizar para dados novos e não testados. O desempenho é medido através de uma variedade de medidas, incluindo o erro quadrático médio (R-quadrado) para tarefas de regressão, exatidão, precisão, recuperação e pontuação F1 para tarefas de classificação. A robustez é ainda garantida pela validação cruzada, que divide os dados em várias dobras e treina e avalia o modelo várias vezes. Para criar modelos de aprendizagem automática que sejam exactos e tenham uma boa generalização dos dados do mundo real, é necessária uma abordagem metódica de formação e avaliação.

A formação e a avaliação de modelos são etapas fundamentais no processo de aprendizagem automática, garantindo que um modelo não só aprende com os dados, mas também generaliza bem para conjuntos de dados novos e inéditos. O percurso desde os dados em bruto até um modelo de aprendizagem automática implementável envolve várias etapas cruciais: preparação de dados, seleção de modelos, formação, validação e avaliação final. Compreender estes passos em pormenor ajuda a desenvolver aplicações de aprendizagem automática robustas e fiáveis.

Preparação de dados

Antes de iniciar a formação do modelo, é essencial preparar os dados de forma adequada. A preparação dos dados inclui a limpeza, a transformação e a divisão do conjunto de dados. A limpeza envolve o tratamento de valores em falta, outliers e inconsistências nos dados. A transformação dos dados pode incluir normalização ou padronização, que ajusta a escala das caraterísticas, tornando o processo de treinamento mais eficiente e eficaz. Além disso, as variáveis categóricas podem ser codificadas em valores numéricos utilizando técnicas como a codificação de um ponto.

O conjunto de dados é então normalmente dividido em três partes: o conjunto de treino, o conjunto de validação e o conjunto de teste. O conjunto de treino é utilizado para ajustar o modelo, o conjunto de validação é utilizado para afinar os hiperparâmetros e evitar o sobreajuste, e o conjunto de teste é utilizado para avaliar o desempenho do modelo final. Um rácio de divisão comum é de 70% para a formação, 15% para a validação e 15% para o teste, mas pode variar consoante a dimensão do conjunto de dados e os requisitos específicos da tarefa.

Seleção de modelos

A escolha do modelo correto é fundamental e depende do problema em causa - quer se trate de regressão, classificação, agrupamento ou outro tipo de tarefa. Por exemplo, a regressão linear pode ser adequada para prever resultados contínuos, enquanto as árvores de decisão ou as máquinas de vectores de suporte podem ser escolhidas para tarefas de classificação. As redes neuronais, nomeadamente os modelos de aprendizagem profunda, são escolhidas para tarefas mais complexas, como o reconhecimento de imagens e o processamento de linguagem natural, devido à sua capacidade de modelar padrões complexos nos dados.

Formação de modelos

O treino do modelo é o processo em que o algoritmo escolhido aprende com os dados de treino. O objetivo é encontrar os melhores parâmetros do modelo que minimizem uma função de perda, que mede o erro entre as saídas previstas e as saídas reais. Os diferentes algoritmos utilizam várias técnicas de otimização para ajustar os parâmetros. Por exemplo, a descida do gradiente é uma técnica de otimização popular em que o modelo ajusta iterativamente os seus parâmetros numa direção que reduz a perda.

Durante o treinamento, cada iteração sobre todo o conjunto de dados é chamada de época. Em cada época, o conjunto de dados pode ser processado em lotes mais pequenos, um método conhecido como descida de gradiente em mini-lote, que equilibra a eficiência da descida de gradiente em lote e o efeito de redução de ruído da descida de gradiente estocástica. A monitorização regular do desempenho da formação através de métricas como a precisão ou a perda ajuda a compreender até que ponto o modelo está a aprender e a detetar quaisquer problemas numa fase inicial.

Afinação de hiperparâmetros

Os hiperparâmetros são as configurações externas ao modelo que não podem ser estimadas a partir dos dados, mas que têm um impacto significativo no desempenho do modelo. Os exemplos incluem a taxa de aprendizagem, o tamanho do lote e o número de camadas numa rede neural. A afinação de hiperparâmetros envolve encontrar o conjunto ótimo de hiperparâmetros que resulta no melhor desempenho no conjunto de validação. Para este efeito, podem ser utilizadas técnicas como a pesquisa em grelha, a pesquisa aleatória e métodos mais sofisticados como a otimização bayesiana.

A pesquisa em grelha pesquisa exaustivamente um conjunto predefinido de hiperparâmetros, enquanto a pesquisa aleatória recolhe amostras de um subconjunto de combinações de hiperparâmetros. A otimização bayesiana utiliza um modelo probabilístico para identificar regiões promissoras do espaço de hiperparâmetros, o que a torna mais eficiente do que a pesquisa em grelha e a pesquisa aleatória, especialmente para espaços de elevada dimensão.

Validação cruzada

A validação cruzada é uma técnica robusta utilizada para avaliar a capacidade de generalização de um modelo. Na validação cruzada k-fold, o conjunto de dados é dividido em k subconjuntos ou dobras. O modelo é treinado em k-1 dobras e validado na dobra restante. Este processo é repetido k vezes, cada vez com uma dobra diferente como conjunto de validação, e a média das métricas de desempenho é calculada sobre todas as k tentativas. Este método reduz o risco de sobreajuste e fornece uma melhor estimativa do desempenho do modelo em dados não vistos.

Evitar o sobreajuste

O sobreajuste ocorre quando um modelo aprende demasiado bem os dados de treino, captando ruído e detalhes que não se generalizam a novos dados. As técnicas para evitar o sobreajuste incluem a regularização, em que é adicionada uma penalização à função de perda para desencorajar modelos complexos; o abandono, que ignora aleatoriamente os neurónios durante o treino em redes neuronais; e a paragem precoce, em que o treino é interrompido quando o desempenho no conjunto de validação deixa de melhorar. Garantir um bom equilíbrio entre a complexidade do modelo e a dimensão dos dados de treino é crucial para obter modelos generalizáveis.

Avaliação do modelo

Uma vez concluído o treino, o desempenho do modelo é avaliado utilizando o conjunto de teste. Esta avaliação fornece uma estimativa imparcial do desempenho do modelo em dados novos e não vistos. As métricas de desempenho variam consoante a tarefa. Para tarefas de classificação, as métricas incluem exatidão, precisão, recuperação, pontuação F1 e a Área sob a curva caraterística de funcionamento do recetor (AUC-ROC). Para tarefas de regressão, são normalmente utilizadas métricas como o erro quadrático médio (MSE), o erro quadrático médio da raiz (RMSE) e o R-quadrado.

A exatidão mede a proporção de previsões corretas, mas pode não ser suficiente para conjuntos de dados desequilibrados em que algumas classes estão sub-representadas. A precisão e a recuperação fornecem uma visão mais matizada, considerando o tipo de erros que o modelo comete. A pontuação F1, que é a média harmónica da precisão e da recuperação, equilibra as duas e é particularmente útil para conjuntos de dados desequilibrados. A curva AUC-ROC visualiza o compromisso entre as taxas de verdadeiros positivos e falsos positivos, oferecendo uma visão abrangente do desempenho do modelo.

Para tarefas de regressão, o MSE e o RMSE fornecem informações sobre a diferença média ao quadrado entre os valores previstos e os valores reais, sendo o RMSE mais interpretável devido ao facto de ter as mesmas unidades que a variável-alvo. O R-quadrado indica a proporção da variância na variável dependente explicada pelo modelo, fornecendo uma medida da qualidade do ajuste.

Implementação e monitorização de modelos

Depois de um modelo satisfatório ser desenvolvido e avaliado, é implementado num ambiente de produção onde pode fazer previsões em tempo real ou processar dados em lote. No entanto, o processo não termina aqui. É necessária uma monitorização contínua do desempenho do modelo para garantir que este se mantém preciso e fiável ao longo do tempo. A deriva de dados, em que as propriedades estatísticas dos dados de entrada se alteram ao longo do tempo, pode degradar o desempenho do modelo. A reciclagem regular com novos dados e a avaliação periódica com conjuntos de dados de referência ajudam a manter a exatidão e a relevância do modelo.

Tópicos avançados em treinamento e avaliação de modelos

Aprendizagem por transferência

A aprendizagem por transferência envolve a utilização de um modelo pré-treinado, normalmente num grande conjunto de dados, e a sua afinação num conjunto de dados mais pequeno, específico da tarefa. Esta técnica é particularmente útil quando existe uma escassez de dados rotulados. Por exemplo, no reconhecimento de imagens, os modelos pré-treinados no conjunto de dados ImageNet podem ser aperfeiçoados para tarefas específicas, como a análise de imagens médicas. A aprendizagem por transferência reduz significativamente o tempo de formação e melhora o desempenho, tirando partido das caraterísticas previamente aprendidas.

Aprendizagem em conjunto

A aprendizagem em conjunto combina previsões de vários modelos para melhorar o desempenho global. Técnicas como bagging, boosting e stacking são normalmente utilizadas. O ensacamento, exemplificado pelas Random Forests, envolve a formação de vários modelos em diferentes subconjuntos de dados e o cálculo da média das suas previsões. Boosting, utilizado em modelos como AdaBoost e Gradient Boosting Machines, treina sequencialmente modelos, cada um centrado na correção de erros cometidos pelos seus antecessores. O empilhamento envolve a formação de um meta-modelo para combinar as previsões de vários modelos de base. Os conjuntos atingem frequentemente uma maior precisão e robustez do que os modelos individuais.

Técnicas de otimização de hiperparâmetros

Para além das pesquisas em grelha e aleatórias, surgiram técnicas de otimização de hiperparâmetros mais sofisticadas. A otimização Bayesiana constrói um modelo probabilístico da função objetivo e utiliza-o para selecionar definições de hiperparâmetros promissoras. Os algoritmos genéticos, inspirados no processo de seleção natural, desenvolvem uma população de soluções candidatas ao longo de gerações sucessivas. A hiperbanda, uma abordagem baseada em bandidos, atribui dinamicamente recursos a configurações promissoras, tornando-a eficiente para a otimização de hiperparâmetros em grande escala.

IA explicável (XAI)

À medida que os modelos de aprendizagem automática se tornam mais complexos, a compreensão das suas decisões torna-se um desafio. A IA explicável tem por objetivo tornar os modelos mais transparentes e interpretáveis. Técnicas como LIME (Local Interpretable Model-agnostic Explanations) e SHAP (SHapley Additive exPlanations) fornecem informações sobre previsões individuais aproximando o modelo localmente. As árvores de decisão e os modelos lineares são inerentemente interpretáveis, mas para modelos complexos como as redes neuronais profundas, as técnicas de visualização como os mapas de saliência e as pontuações de importância das caraterísticas ajudam a compreender o comportamento do modelo. Garantir a explicabilidade do modelo é crucial em domínios como os cuidados de saúde e as finanças, onde as decisões devem ser transparentes e justificáveis.

Desafios e soluções práticas

Qualidade e quantidade dos dados

A qualidade e a quantidade de dados têm um impacto significativo no desempenho do modelo. Dados de alta qualidade que representam com exatidão o espaço problemático conduzem a melhores modelos. Por outro lado, dados ruidosos ou tendenciosos podem degradar a precisão do modelo. O aumento dos dados, que aumenta artificialmente a dimensão do conjunto de dados de treino através da criação de versões modificadas dos dados existentes, pode ajudar a resolver o problema da escassez de dados. Técnicas como a SMOTE (Synthetic Minority Over-Sampling Technique) geram amostras sintéticas para equilibrar as distribuições de classes em conjuntos de dados desequilibrados.

Recursos informáticos

O treino de modelos complexos, especialmente modelos de aprendizagem profunda, requer recursos computacionais substanciais. A utilização de GPUs e TPUs pode acelerar significativamente o processo de treino. As estruturas de computação distribuída, como o Apache Spark e o Horovod, permitem a formação paralela de modelos em várias máquinas, tornando viável a formação de modelos de grandes dimensões em conjuntos de dados maciços. As plataformas baseadas na nuvem, como o AWS, o Google Cloud e o Azure, oferecem infra-estruturas escaláveis para tarefas de aprendizagem automática.

Previsões em tempo real vs. previsões em lote

Dependendo do aplicativo, os modelos podem precisar fazer previsões em tempo real ou processar dados em lotes. As previsões em tempo real requerem pipelines de inferência de baixa latência, que podem ser obtidos usando estruturas de implantação otimizadas, como TensorFlow Serving, ONNX Runtime e AWS SageMaker. O processamento em lote, adequado para tarefas de análise periódicas, pode ser tratado usando estruturas de processamento de big data como Apache Hadoop e Spark.

Conclusão

A formação e avaliação de modelos são essenciais para o desenvolvimento de soluções eficazes de aprendizagem automática. Um conhecimento profundo da preparação de dados, da seleção de modelos, das metodologias de formação, da afinação de hiperparâmetros e das métricas de avaliação garante o desenvolvimento de modelos robustos e generalizáveis. Técnicas como a validação cruzada e a aprendizagem em conjunto melhoram o desempenho do modelo, enquanto métodos avançados como a aprendizagem por transferência e a IA explicável abordam desafios específicos e melhoram a interpretabilidade. À medida que a aprendizagem automática continua a evoluir, manter-se a par das técnicas mais recentes e das melhores práticas é essencial para criar modelos que não só tenham um bom desempenho nos dados actuais, como também se adaptem a ambientes e requisitos em mudança.

5.5 Otimização da escalabilidade e do desempenho

A escalabilidade e a otimização do desempenho são considerações críticas na aprendizagem automática, garantindo que os modelos podem lidar eficazmente com volumes de dados e exigências computacionais crescentes. A escalabilidade refere-se à capacidade do modelo para manter o desempenho à medida que o tamanho do conjunto de dados aumenta, o que é essencial para aplicações que lidam com dados em grande escala, como a análise de redes sociais, o comércio eletrónico e a análise em tempo real. As técnicas para alcançar a escalabilidade incluem a computação distribuída, em que as tarefas são paralelizadas em vários nós usando estruturas como Apache Spark e Hadoop, e aproveitando a infraestrutura de nuvem que fornece recursos escaláveis sob demanda. A otimização do desempenho, por outro lado, centra-se no aumento da velocidade e eficiência da formação e inferência de modelos. Isto pode ser conseguido através de melhorias algorítmicas, como a utilização de estruturas de dados e algoritmos mais eficientes e acelerações de hardware como GPUs e TPUs, que são concebidas para tarefas de computação de alto desempenho. Além disso, métodos como a poda de modelos, a quantização e a utilização de arquitecturas mais eficientes (por exemplo, redes neurais leves) reduzem a carga computacional e a utilização de memória sem comprometer significativamente a precisão. Em conjunto, estas estratégias garantem que os modelos de aprendizagem automática permanecem eficazes e reactivos em aplicações reais de grande escala, fornecendo resultados atempados e precisos.

A escalabilidade e a otimização do desempenho na aprendizagem automática são essenciais para desenvolver modelos que possam lidar com quantidades crescentes de dados e exigências computacionais sem degradar a eficiência ou a precisão. A escalabilidade garante que o desempenho de um modelo se mantém robusto à medida que o tamanho do conjunto de dados aumenta. Isto pode ser conseguido através de estruturas de computação paralela e distribuída, como o Apache Spark e o Hadoop, que permitem o processamento de grandes conjuntos de dados em vários nós. As plataformas de nuvem, como o AWS, o Google Cloud e o Azure, oferecem recursos escaláveis, permitindo que os modelos de aprendizagem automática se ajustem dinamicamente a cargas de trabalho variáveis. Estas plataformas fornecem serviços geridos que tratam da infraestrutura subjacente, permitindo que os cientistas de dados se concentrem no desenvolvimento e na implementação de modelos.

A otimização do desempenho envolve o aperfeiçoamento da eficiência computacional das fases de formação e inferência dos modelos de aprendizagem automática. Isto pode ser feito através de melhorias algorítmicas que simplificam o processamento de dados e melhoram as taxas de convergência, reduzindo assim o tempo e os recursos necessários para a formação. A utilização de hardware especializado, como as unidades de processamento gráfico (GPUs) e as unidades de processamento tensorial (TPUs), pode acelerar significativamente estes processos, uma vez que foram concebidas para a natureza paralela dos cálculos de aprendizagem automática. Além disso, técnicas como a poda de modelos, que remove parâmetros desnecessários, e a quantização, que reduz a precisão dos pesos do modelo, ajudam a diminuir a carga computacional e o espaço de memória.

Além disso, as práticas eficientes de gestão de dados, incluindo a partilha eficaz de dados e o armazenamento em cache, podem melhorar os tempos de acesso aos dados e reduzir a latência. A implementação de formação assíncrona, em que diferentes partes do modelo são treinadas simultaneamente, e a utilização de algoritmos de otimização avançados, como o Adam ou o LAMB, podem melhorar ainda mais o desempenho. A monitorização e a afinação regulares do desempenho são cruciais, pois ajudam a identificar os estrangulamentos e a ajustar os recursos em conformidade.

Garantir a escalabilidade e otimizar o desempenho na aprendizagem automática envolve uma combinação de técnicas computacionais avançadas, um tratamento eficiente dos dados e a utilização de uma infraestrutura escalável. Estes esforços resultam em modelos capazes de processar dados em grande escala de forma atempada e eficiente em termos de recursos, tornando-os adequados para aplicações do mundo real que exigem um elevado desempenho e fiabilidade.

Capítulo 6: Tecnologias e ferramentas de megadados

As tecnologias e ferramentas de Big Data englobam uma vasta gama de estruturas, plataformas e metodologias concebidas para lidar com os enormes volumes de dados gerados na era digital atual. Estas tecnologias surgiram como soluções essenciais para as organizações que procuram extrair conhecimentos valiosos de conjuntos de dados grandes e complexos, que os sistemas tradicionais de processamento de dados têm dificuldade em gerir de forma eficiente.

No centro das tecnologias de Big Data está o conceito de escalabilidade - tanto em termos de armazenamento como de capacidades de processamento. As bases de dados tradicionais enfrentam frequentemente limitações quando lidam com grandes quantidades de dados, levando a estrangulamentos de desempenho e a custos mais elevados. Em contrapartida, as tecnologias de megadados utilizam estruturas de computação distribuída que distribuem as tarefas de processamento de dados por vários nós ou servidores, permitindo um processamento paralelo e uma recuperação de dados mais rápida.

Uma das tecnologias fundamentais no ecossistema de Big Data é o Hadoop, uma estrutura de código aberto que suporta o processamento distribuído de grandes conjuntos de dados em clusters de computadores utilizando modelos de programação simples. Os principais componentes do Hadoop incluem o Hadoop Distributed File System (HDFS), que fornece uma camada de armazenamento fiável para dados em grande escala, e o MapReduce, um modelo de programação para processar e gerar grandes conjuntos de dados com um algoritmo paralelo e distribuído num cluster.

O Apache Spark surgiu como outra tecnologia de Big Data proeminente conhecida pelas suas capacidades de processamento na memória que aceleram significativamente as tarefas de processamento de dados em comparação com o processamento tradicional baseado em disco. O Spark suporta uma vasta gama de aplicações, incluindo processamento em lote, processamento de fluxo em tempo real, aprendizagem automática e processamento de gráficos, tornando-o versátil para vários fluxos de trabalho de análise de Big Data.

As bases de dados NoSQL, como MongoDB, Cassandra e HBase, ganharam popularidade no cenário de Big Data devido à sua capacidade de lidar com dados não estruturados e semi-estruturados de forma mais eficaz do que as bases de dados relacionais tradicionais. Estas bases de dados são optimizadas para arquitecturas distribuídas e oferecem escalabilidade, elevada disponibilidade e flexibilidade na modelação de dados, o que as torna adequadas para aplicações em que a flexibilidade de esquemas e a escalabilidade horizontal são fundamentais.

As tecnologias de armazenamento de dados como o Amazon Redshift, o Google BigQuery e o Snowflake fornecem plataformas especializadas para armazenar e analisar dados estruturados em escala. Estas soluções baseadas na nuvem oferecem funcionalidades como armazenamento em colunas, processamento paralelo massivo (MPP) e capacidades de consulta avançadas que permitem uma análise de dados rápida e eficiente para fins de business intelligence e tomada de decisões.

Para além das tecnologias de armazenamento e processamento, as ferramentas de Big Data abrangem uma vasta gama de estruturas e bibliotecas adaptadas a tarefas específicas de análise de dados. O Apache Kafka, por exemplo, é uma plataforma de fluxo distribuído que permite o processamento de dados em tempo real, tratando feeds de dados de elevado débito e baixa latência de uma forma tolerante a falhas e escalável. O Kafka é amplamente utilizado para construir pipelines de dados em tempo real e arquitecturas orientadas para eventos em aplicações de Big Data.

As tecnologias de aprendizagem automática e de IA desempenham um papel crucial na extração de informações significativas dos megadados. Estruturas como o TensorFlow, o PyTorch e o scikit-learn fornecem ferramentas poderosas para criar e implementar modelos de aprendizagem automática em escala, tirando partido das plataformas de Big Data para o pré-processamento de dados, a formação de modelos e a inferência. Estas ferramentas permitem a análise preditiva, a deteção de anomalias e outras aplicações avançadas baseadas em dados que impulsionam a inovação e a eficiência empresarial.

As ferramentas de contentorização e orquestração, como o Docker e o Kubernetes, tornaram-se parte integrante das implementações de Big Data, oferecendo ambientes escaláveis e portáteis para implementar, gerir e dimensionar aplicações de Big Data em infra-estruturas híbridas e multi-nuvem. Essas ferramentas simplificam o processo de implantação, melhoram a utilização de recursos e aumentam a resiliência dos sistemas de Big Data, automatizando o gerenciamento do ciclo de vida do contêiner e garantindo um desempenho consistente do aplicativo.

As ferramentas de integração de dados e ETL (Extract, Transform, Load), tais como Apache NiFi, Informatica e Talend, facilitam o movimento e a transformação de dados entre diferentes sistemas e formatos em ambientes de Big Data. Estas ferramentas permitem aos engenheiros e analistas de dados limpar, enriquecer e harmonizar diversas fontes de dados antes de os carregar para lagos de dados ou armazéns para análise posterior.

As ferramentas de visualização de dados e de criação de relatórios, como o Tableau, o Power BI e o Apache Superset, fornecem interfaces intuitivas para explorar e visualizar informações de Big Data, permitindo que as partes interessadas obtenham informações acionáveis de conjuntos de dados complexos através de painéis, gráficos e relatórios interactivos. Estas ferramentas desempenham um papel crucial na democratização do acesso aos dados e na promoção da tomada de decisões baseada em dados nas organizações.

As tecnologias e ferramentas de Big Data constituem um ecossistema diversificado e em rápida evolução, concebido para enfrentar os desafios da gestão e análise de grandes volumes de dados em tempo real. Desde estruturas de armazenamento e processamento distribuído, como o Hadoop e o Spark, a bases de dados especializadas, plataformas de aprendizagem automática e ferramentas de integração de dados, cada componente desempenha um papel fundamental para permitir que as organizações aproveitem o poder dos dados para a tomada de decisões estratégicas, a inovação e a vantagem competitiva na atual economia orientada para os dados.

As tecnologias e ferramentas de Big Data representam uma força transformadora no domínio da gestão e análise de dados, oferecendo soluções escaláveis para lidar com as grandes quantidades de informação geradas diariamente em vários sectores. No panorama digital atual, o volume, a velocidade e a variedade de dados continuam a crescer exponencialmente, exigindo estruturas e metodologias avançadas para extrair informações valiosas de forma eficiente. Os sistemas tradicionais de processamento de dados têm frequentemente dificuldade em lidar com esta escala e complexidade, o que levou ao aparecimento de tecnologias de Big Data concebidas para ultrapassar estes desafios.

No centro de muitos ecossistemas de Big Data está o Hadoop, uma estrutura de código aberto conhecida pela sua capacidade de distribuir grandes conjuntos de dados em clusters de hardware de base utilizando um modelo de programação chamado MapReduce. O sistema de ficheiros distribuídos do Hadoop, HDFS, fornece uma camada de armazenamento fiável e tolerante a falhas, capaz de lidar com petabytes de dados. O MapReduce permite o processamento paralelo de dados, dividindo as tarefas em subtarefas mais pequenas que podem ser executadas em simultâneo nos nós do cluster. Esta abordagem distribuída não só aumenta a velocidade de processamento, como também melhora a tolerância a falhas, replicando os dados em vários nós.

O Apache Spark surgiu como uma alternativa poderosa ao MapReduce, particularmente para aplicações que requerem processamento em tempo real e algoritmos iterativos. O Spark aproveita a computação na memória para acelerar as tarefas de processamento de dados, reduzindo a latência e permitindo a análise interactiva de dados. A sua arquitetura versátil suporta uma vasta gama de casos de utilização, incluindo processamento em lote, análise de fluxo contínuo, aprendizagem automática e processamento de gráficos. A capacidade do Spark de armazenar dados em cache na memória em vários estágios de computação o torna altamente eficiente para algoritmos iterativos e exploração interativa de dados.

Para além das estruturas de processamento, os ecossistemas de Big Data englobam uma variedade de bases de dados NoSQL optimizadas para o tratamento de dados não estruturados e semi-estruturados. Ao contrário das bases de dados relacionais tradicionais, que impõem esquemas rígidos e escalonamento vertical, as bases de dados NoSQL como MongoDB, Cassandra e HBase oferecem flexibilidade de esquema e escalabilidade horizontal. Estas bases de dados foram concebidas para funcionar eficientemente em arquitecturas distribuídas, permitindo às organizações armazenar e recuperar diversos tipos de dados com elevada disponibilidade e baixa latência. O MongoDB, por exemplo, é adequado para o armazenamento orientado a documentos, enquanto o Cassandra se destaca no gerenciamento de dados distribuídos e na tolerância a falhas.

As tecnologias de armazenamento de dados também evoluíram para atender às demandas da análise de Big Data, fornecendo plataformas escalonáveis para armazenar e consultar dados estruturados. O Amazon Redshift, o Google BigQuery e o Snowflake são os principais exemplos de armazéns de dados baseados na nuvem que aproveitam o processamento paralelo e o armazenamento em colunas para proporcionar um desempenho de consulta rápido em grandes conjuntos de dados. Essas plataformas permitem que as organizações realizem análises complexas, gerem insights acionáveis e ofereçam suporte a iniciativas de business intelligence com o mínimo de despesas gerais de gerenciamento de infraestrutura.

O advento dos dados de fluxo contínuo e da análise em tempo real impulsionou ainda mais a adoção de tecnologias como o Apache Kafka, uma plataforma de fluxo contínuo distribuído concebida para tratar feeds de dados de elevado débito em tempo real. O Kafka facilita a criação de pipelines de dados que capturam, processam e analisam dados de fluxo contínuo de diversas fontes. A sua arquitetura tolerante a falhas garante a durabilidade dos dados e permite uma integração perfeita com estruturas de processamento de Big Data como Spark e Flink para processamento e análise contínuos de dados.

A aprendizagem automática (ML) e a inteligência artificial (IA) tornaram-se componentes integrais dos ecossistemas de Big Data, permitindo que as organizações obtenham informações preditivas e automatizem os processos de tomada de decisões. As estruturas de aprendizagem automática, como o TensorFlow, o PyTorch e o scikit-learn, fornecem ferramentas para criar e implementar modelos de aprendizagem automática em escala, tirando partido das plataformas de Big Data para o pré-processamento de dados, a formação de modelos e a inferência. Estas estruturas suportam uma vasta gama de algoritmos e técnicas de aprendizagem automática, incluindo a aprendizagem supervisionada, a aprendizagem não supervisionada e a aprendizagem por reforço, permitindo aplicações como a manutenção preditiva, a previsão da rotatividade de clientes e as recomendações personalizadas.

As tecnologias de contentorização e orquestração, como o Docker e o Kubernetes, simplificaram a implementação e a gestão de aplicações de Big Data em ambientes híbridos e multi-nuvem. Ao encapsular aplicações em contentores leves e automatizar a sua orquestração, o Docker e o Kubernetes simplificam a escalabilidade, a gestão de recursos e a tolerância a falhas em ambientes de computação distribuída. Estas tecnologias garantem um desempenho consistente das aplicações e facilitam a rápida implementação de soluções de Big Data em diversas infra-estruturas.

As ferramentas de integração de dados e ETL (Extrair, Transformar, Carregar) desempenham um papel crucial para permitir o movimento e a transformação de dados sem falhas em ambientes de Big Data. O Apache NiFi, o Informatica e o Talend são ferramentas populares que facilitam a ingestão, a transformação e o encaminhamento de dados através de várias fontes e destinos. Estas ferramentas suportam processos de limpeza, enriquecimento e normalização de dados, garantindo a qualidade e a consistência dos dados antes de os carregar para lagos de dados, armazéns ou plataformas analíticas para processamento e análise adicionais.

As ferramentas de visualização de dados e de elaboração de relatórios são essenciais para traduzir as complexas informações de Big Data em informações acionáveis para os intervenientes nas organizações. Plataformas como Tableau, Power BI e Apache Superset fornecem interfaces intuitivas para a criação de dashboards, gráficos e relatórios interactivos que visualizam as principais métricas e tendências derivadas da análise de Big Data. Estas ferramentas permitem que os decisores explorem os dados visualmente, descubram padrões e tomem decisões informadas com base em informações em tempo real.

As tecnologias e ferramentas de Big Data englobam um ecossistema diversificado de estruturas, plataformas e metodologias concebidas para enfrentar os desafios colocados pelo processamento e análise de dados em grande escala. Desde estruturas de armazenamento e processamento distribuído, como o Hadoop e o Spark, a bases de dados especializadas, plataformas de streaming e ferramentas de aprendizagem automática, cada componente desempenha um papel crucial para permitir que as organizações aproveitem o poder dos dados para a tomada de decisões estratégicas, a inovação e a vantagem competitiva na atual economia orientada para os dados.

6.1 Ecossistema Hadoop

Uma plataforma de código aberto chamada Apache Hadoop foi concebida para facilitar o trabalho com grandes volumes de dados. Mas, para quem não está familiarizado com o termo, o que são exatamente os grandes dados? A expressão "big data" refere-se a conjuntos de dados que os sistemas convencionais de gestão de bases de dados (RDBMS) não conseguem processar eficazmente. O Hadoop encontrou uma casa em empresas e sectores que lidam com volumes de dados sensíveis e de grande escala de uma forma eficaz. Os grandes conjuntos de dados armazenados em forma de cluster podem ser processados com a ajuda da estrutura Hadoop. Enquanto estrutura, o Hadoop é composto por vários módulos suportados por uma vasta rede de tecnologias.

O ecossistema Hadoop é uma plataforma ou conjunto que oferece uma série de serviços para resolver problemas de grandes volumes de dados. Para além de várias ferramentas e soluções comerciais, contém também projectos Apache. O Hadoop é constituído por quatro componentes principais: Hadoop Common Utilities, MapReduce, YARN e HDFS. A maioria dos instrumentos ou soluções serve para melhorar ou reforçar estes componentes principais. Em conjunto, estes instrumentos permitem a prestação de vários serviços, incluindo a absorção, análise, armazenamento e manutenção de dados.

Os elementos que compõem um ecossistema Hadoop são os seguintes

Sistema de ficheiros distribuídos Hadoop, ou HDFS

YARN: Um negociador de recursos adicionais ChartReduce: Processamento de dados baseado em programação

Spark: Processamento de dados na memória

PIG, HIVE: Processamento de serviços de dados com base em consultas

Base de dados NoSQL HBase

Spark, bibliotecas de algoritmos de aprendizagem automática Mahout ou MLLib

Lucene Solar: Indexação e pesquisa

Zookeeper: Gestão de operações de grupo

Oozie: Agendamento de tarefas

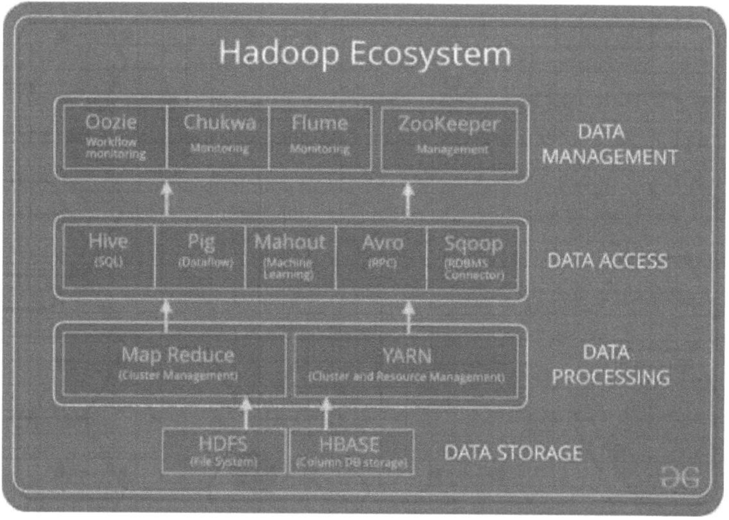

HDFS:

Grandes conjuntos de dados estruturados ou não estruturados devem ser armazenados em vários nós para que o HDFS, o principal centro do ecossistema Hadoop, preserve os metadados sob a forma de ficheiros de registo.

O HDFS é composto por duas partes principais: O nó Name

Nó para dados

O nó de nome é o nó principal que aloja metadados ou informações sobre os dados e utiliza muito menos recursos do que os nós de dados, que alojam os dados efectivos. Num contexto distribuído, estes nós de dados são apenas peças de hardware normais. Obviamente, isso reduz o custo do Hadoop.

No centro do sistema, o HDFS mantém o controlo de toda a cooperação entre o hardware e os clusters.

YARN:

Como o nome sugere, o YARN é um negociador de recursos que ajuda a gerir os recursos entre clusters. Em poucas palavras, gere o agendamento e a atribuição de recursos do sistema Hadoop.

É constituído por três componentes principais, a saber

Gestor de recursos

Gestor de nós

Gestor de aplicações

Enquanto os gestores de nós tratam da atribuição de recursos como CPU, memória e largura de banda por máquina e depois reconhecem o gestor de recursos, aos gestores de recursos é concedida a autoridade para atribuir recursos às aplicações dentro de um sistema. Os gestores de aplicações conduzem discussões em nome dos gestores de recursos e dos gestores de nós, actuando como uma interface entre eles.

MapReduce:

O MapReduce ajuda a desenvolver aplicações que reduzem grandes conjuntos de dados em conjuntos geríveis, tirando partido de algoritmos distribuídos e paralelos para realizar a lógica de processamento.

Dois métodos, Map() e Reduce(), são utilizados no MapReduce, e as suas respectivas tarefas são:

Map() organiza os dados em grupos, ordenando e filtrando a entrada. A função Reduce() processa a saída baseada em pares de valores chave que o Map produz.

Reduce() agrega os dados mapeados para fazer a sumarização, como o nome indica. Essencialmente, Reduce() condensa as tuplas de entrada produzidas por Map() numa coleção mais pequena de tuplas.

PIG:

Pig é essencialmente uma linguagem baseada em consultas, semelhante à SQL, que foi desenvolvida pela Yahoo com base na linguagem Pig Latin.

Trata-se de uma plataforma para o tratamento, processamento e análise de grandes quantidades de dados.
Pig trata de toda a execução de comandos, enquanto todas as operações MapReduce são tratadas em segundo plano. Pig guarda o resultado do processamento no HDFS. A estrutura Pig Runtime foi criada especificamente para a linguagem Pig Latin, exatamente como Java é executada na JVM.
O Pig é uma parte muito importante do ecossistema Hadoop, uma vez que facilita a programação e a otimização.

HIVE:

Os grandes conjuntos de dados podem ser lidos e escritos pelo HIVE utilizando a técnica e a interface SQL. Mas a sua linguagem de consulta é conhecida como Hive Query Language ou HQL.
Como suporta o processamento em lote e em tempo real, é muito escalável. Além disso, o Hive suporta qualquer tipo de dados SQL, o que simplifica o processamento de consultas.
Tal como as estruturas de processamento de consultas, o HIVE também é composto por duas partes: a linha de comandos do HIVE e os controladores JDBC.
Enquanto a linha de comando do HIVE ajuda no processamento de consultas, os controladores JDBC e ODBC trabalham para criar direitos e ligações de armazenamento de dados.

Mahout:

A Mahout permite que um sistema ou aplicação seja passível de aprendizagem automática. Como o nome indica, a aprendizagem automática facilita o autodesenvolvimento do sistema através da utilização de algoritmos, da interação utilizador/ambiente e de padrões.

Oferece uma série de bibliotecas ou funcionalidades, muitas das quais são técnicas de aprendizagem automática, como a filtragem colaborativa, o agrupamento e a classificação. Com as suas próprias bibliotecas, permite-nos invocar algoritmos conforme necessário.

Spark Apache:

É uma plataforma que trata de todas as tarefas que consomem processos, como o processamento em lote, o processamento interativo ou iterativo em tempo real, as conversões de gráficos e a visualização, etc.

Utiliza mais memória do que o anterior, o que o torna mais rápido em termos de otimização.

A maioria das empresas utiliza tanto o Spark como o Hadoop de forma intercambiável, uma vez que o Spark é mais adequado para dados em tempo real, enquanto o Hadoop é mais adequado para dados estruturados ou processamento em lote.

Apache HBase:

Por ser uma base de dados NoSQL, pode lidar com qualquer tipo de base de dados Hadoop, uma vez que suporta todos os tipos de dados. Tem as mesmas funcionalidades que a BigTable da Google, o que a torna útil para lidar com grandes volumes de dados.

Quando precisamos de procurar ou obter uma pequena quantidade de informação de uma grande base de dados, precisamos que o pedido seja tratado rapidamente. O HBase é útil nestas situações, pois fornece um método tolerante de armazenamento de pequenos dados.

Elementos adicionais: Para além de tudo isto, alguns elementos adicionais também desempenham um papel significativo para permitir que o Hadoop processe conjuntos de dados maciços. Eles são listados na seguinte ordem:

Com a ajuda de várias bibliotecas Java, Solr e Lucene são os dois serviços que realizam as tarefas de pesquisa e indexação. O Lucene, em particular, é baseado em Java e possui um mecanismo de correção ortográfica. No entanto, o Solr é o motor do Lucene.

Zookeeper: Havia um problema significativo com a sincronização e a coordenação dos componentes ou recursos do Hadoop, o que frequentemente levava a resultados inconsistentes. O Zookeeper superou todos os problemas realizando a sincronização, a comunicação entre componentes, o agrupamento e a manutenção.

Oozie: O Oozie apenas desempenha as funções de um programador, agendando tarefas e ligando-as como uma entidade unificada. Existem dois tipos diferentes de profissões. Por exemplo, as funções de coordenador Oozie e o processo. As tarefas de coordenador do Oozie são aquelas que são iniciadas quando o sistema recebe dados ou um estímulo externo, enquanto as tarefas de fluxo de trabalho do Oozie devem ser concluídas numa sequência.

6.2 Apache Spark

O Apache Spark é um motor de análise unificado e de código aberto concebido para o processamento de dados em grande escala, conhecido pela sua velocidade, facilidade de utilização e capacidades de análise sofisticadas. Inicialmente desenvolvido no AMPLab da Universidade da Califórnia, em Berkeley, o Spark foi aberto em 2010 e mais tarde tornou-se um projeto de nível superior da Apache Software Foundation em 2014. O Spark fornece uma interface para programar clusters inteiros com paralelismo de dados implícito e tolerância a falhas. Estende o popular modelo MapReduce para suportar cálculos mais complexos, como consultas interactivas e processamento de fluxos, que são essenciais para a análise de dados moderna.

Os Resilient Distributed Datasets (RDDs) são conjuntos de itens tolerantes a falhas que podem ser processados em simultâneo e constituem a base em que assenta o Spark. Os RDDs podem ser criados convertendo RDDs existentes ou usando InputFormats do Hadoop. O Spark pode executar operações até 100 vezes mais rápido na memória ou 10 vezes mais rápido no disco do que o Hadoop MapReduce devido à sua estrutura. A capacidade de processamento em memória do Spark, que elimina a necessidade de gravar dados intermédios no disco, e a utilização eficaz do agendador Direted Acyclic Graph (DAG) para a execução de tarefas são responsáveis pela vantagem de velocidade da plataforma.

Uma caraterística importante do Apache Spark é o seu ecossistema abrangente que inclui bibliotecas para SQL (Spark SQL), aprendizagem automática (MLlib), processamento de gráficos (GraphX) e processamento de fluxos (Structured Streaming). O Spark SQL permite aos utilizadores executar consultas SQL juntamente com outras operações sem problemas, proporcionando uma ferramenta poderosa para a manipulação e análise de dados. O MLlib oferece algoritmos de aprendizagem automática escaláveis, facilitando a integração da aprendizagem automática em fluxos de trabalho de dados. O GraphX suporta cálculos paralelos de gráficos, permitindo o processamento de gráficos em grande escala. O Structured Streaming permite o processamento de fluxos em tempo real com a mesma API de alto nível utilizada para o processamento em lote.

Muitas linguagens de programação diferentes, como Java, Scala, Python e R, são suportadas pelo Apache Spark, tornando-o utilizável por um vasto espetro de programadores e cientistas de dados. Com o suporte multilingue do Spark, os utilizadores podem tirar o máximo partido dos seus conhecimentos actuais e incorporar o Spark nos seus fluxos de trabalho com facilidade. Além disso, os shells interactivos do Spark, que vêm em Scala e Python, oferecem um excelente cenário para prototipagem rápida e análise exploratória de dados.

A integração do Apache Spark com outras ferramentas de big data e sistemas de armazenamento é uma das suas principais vantagens. Entre outros locais, pode ler dados do HDFS, HBase, Cassandra e Amazon S3. Além disso, o Spark faz interface com o Apache Mesos e o Hadoop YARN, oferecendo agendamento flexível e gerenciamento de recursos. O Spark pode ser uma parte integrante de qualquer arquitetura de grandes volumes de dados devido à sua capacidade de integração, que permite uma interação perfeita com uma variedade de fontes de dados e estruturas de processamento.

As APIs estruturadas do Apache Spark aumentam a produtividade e a fiabilidade. A API DataFrame, inspirada nos quadros de dados do R e no pandas do Python, fornece um nível mais alto de abstração do que os RDDs, tornando o código mais fácil de escrever e ler. Os DataFrames também trazem melhorias de desempenho através de optimizações como o Catalyst, o optimizador de consultas do Spark. A API de conjunto de dados, introduzida posteriormente, combina os benefícios dos RDDs e dos DataFrames, fornecendo segurança de tipo e recursos de programação orientada a objetos, mantendo as vantagens de desempenho dos DataFrames.

Uma das aplicações notáveis do Spark é a análise de grandes volumes de dados, onde é utilizado para processar grandes conjuntos de dados para extrair informações significativas. Empresas como a Netflix, a Amazon e a Uber utilizam o Spark para tarefas que vão desde os motores de recomendação e a análise em tempo real até à manutenção preditiva e à deteção de fraudes. A capacidade do Spark de lidar com dados em lote e em fluxo contínuo torna-o uma ferramenta versátil para várias necessidades de processamento de dados.

As capacidades de aprendizagem automática do Spark são particularmente significativas, dada a importância crescente da tomada de decisões baseada em dados. MLlib, a biblioteca de aprendizado de máquina do Spark, inclui uma variedade de algoritmos para classificação, regressão, clustering e filtragem colaborativa. Ela também fornece ferramentas para construir, avaliar e ajustar pipelines de aprendizado de máquina. Com o aumento do tamanho dos conjuntos de dados, a capacidade de escalar tarefas de aprendizado de máquina de forma eficiente é crucial, e o Spark MLlib atende a essa necessidade de forma eficaz.

O processamento de dados em fluxo contínuo é outra área em que o Spark se destaca. O Fluxo Estruturado, introduzido como parte do Spark 2.0, fornece uma API de alto nível para processamento de fluxo que é poderosa e fácil de usar. Ele permite que os desenvolvedores escrevam trabalhos de streaming usando as mesmas operações que os trabalhos em lote, simplificando o processo de desenvolvimento. Esta unificação das capacidades de processamento em lote e em fluxo na mesma API é uma vantagem significativa, permitindo o processamento de dados em tempo real com um esforço mínimo.

A tolerância a falhas e a alta disponibilidade também são suportadas pelo design do Apache Spark. A estrutura de dados fundamental do Spark, os RDDs, é intrinsecamente tolerante a falhas. A fim de recomputar eficazmente os dados perdidos resultantes de falhas de nós, eles monitorizam a informação de linhagem. Além disso, o Spark fornece checkpointing, o que melhora ainda mais a tolerância a falhas em aplicações longas, armazenando o estado de um RDD num armazenamento estável.

Qualquer ferramenta de grandes volumes de dados deve ter em conta a escalabilidade e o Apache Spark foi concebido para funcionar num único sistema ou em centenas de nós. É adequado para gerir volumes maciços de dados devido à sua capacidade de dividir eficazmente as tarefas de processamento de dados por vários processadores dentro de clusters enormes. Esta escalabilidade é complementada pelas optimizações de desempenho do Spark, que incluem computação na memória, gestão eficiente de recursos e agendamento avançado de tarefas.

A comunidade Apache Spark é ativa e vibrante, contribuindo para a sua melhoria contínua e para a expansão do seu ecossistema. Atualizações e lançamentos regulares garantem que o Spark permaneça na vanguarda da tecnologia de processamento de big data. A comunidade também fornece extensa documentação, tutoriais e suporte, facilitando a iniciação de novos utilizadores e o aprofundamento dos conhecimentos dos utilizadores existentes.

A natureza de código aberto do Spark incentiva a inovação e a colaboração, com inúmeras contribuições de empresas e indivíduos de todo o mundo. Este ambiente colaborativo levou ao desenvolvimento de muitas extensões e integrações que melhoram a funcionalidade e o desempenho do Spark. O compromisso com os princípios de código aberto garante que o Spark continue a ser uma ferramenta flexível, poderosa e em evolução para o processamento de dados.

O Apache Spark é um motor de análise poderoso e versátil, especializado no processamento de dados em grande escala. As suas excelentes capacidades analíticas, velocidade e facilidade de utilização fazem dele uma escolha popular entre as empresas. Devido ao seu suporte robusto para uma vasta gama de fontes de dados, à integração perfeita com outras ferramentas de big data e ao vasto ecossistema de bibliotecas para SQL, aprendizagem automática, processamento de gráficos e processamento de fluxo, o Spark está bem adaptado para satisfazer os requisitos complexos e variados da análise de dados moderna. A extraordinária velocidade, escalabilidade e capacidade do Apache Spark para combinar processamento em lote e em fluxo fazem dele uma parte essencial das arquitecturas de grandes volumes de dados contemporâneas.

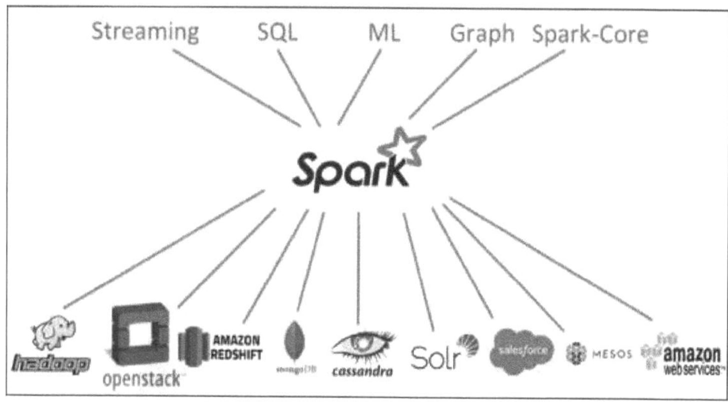

6.3 Bases de dados NoSQL (por exemplo, MongoDB, Cassandra)

A base de dados NoSQL mais utilizada é uma base de dados orientada para documentos de código aberto chamada MongoDB. "NoSQL" significa "não relacional". Isto indica que a MongoDB oferece um método completamente alternativo para armazenar e recuperar dados, em vez de se basear na estrutura da base de dados relacional que se assemelha a tabelas. BSON é o nome deste formato de armazenamento (semelhante ao formato JSON).

Uma estrutura de documentos MongoDB simples:

186

"{
title: 'Geeksforgeeks',
by: 'Harshit Gupta',
url: 'https://www.geeksforgeeks.org',
type: 'NoSQL'
}"

As bases de dados SQL armazenam dados em formato tabular. Estes dados são armazenados num modelo de dados predefinido que não é muito flexível para as aplicações actuais do mundo real em grande crescimento. As aplicações modernas estão mais ligadas em rede, sociais e interactivas do que nunca. As aplicações estão a armazenar cada vez mais dados e a aceder-lhes a taxas mais elevadas.

Uma vez que os Sistemas de Gestão de Bases de Dados Relacionais (SGBDR) não são horizontalmente escaláveis por definição, não são a melhor opção para gerir grandes quantidades de dados. A base de dados terá problemas de escalabilidade se estiver alojada apenas num servidor. As bases de dados NoSQL oferecem um melhor desempenho e são mais escaláveis. Um exemplo de uma base de dados NoSQL que se expande com a adição de servidores é o MongoDB, que aumenta a produtividade com um modelo de documento adaptável.

MongoDB vs. RDBMS:

Embora o MongoDB seja orientado para documentos, os RDBMS incluem normalmente um esquema que apresenta o número de tabelas e as relações entre essas tabelas. As relações ou o esquema não são conceitos.
Como o MongoDB não permite operações de junção sofisticadas, as transacções complexas não são suportadas.
Uma estrutura de documentos muito adaptável e escalável é possível com o MongoDB. Por exemplo, com a MongoDB, um único documento de dados dentro de uma coleção pode conter dois campos, enquanto outro documento dentro da mesma coleção pode ter quatro.
As estratégias eficazes de indexação e armazenamento do MongoDB tornam-no mais rápido do que o RDBMS.

Em ambas as bases de dados, existem algumas palavras que são semelhantes. No MongoDB, o que é chamado de Tabela em um RDBMS é chamado de Coleção. Da mesma forma, uma linha é referida como um documento e uma coluna como um campo. O MongoDB fornece um '_id' padrão (se não for fornecido explicitamente), que é um número hexadecimal de 12 bytes que garante a exclusividade de cada documento. É semelhante à chave primária em RDBMS.

Caraterísticas do MongoDB:

Uma estrutura de documentos muito adaptável e escalável é possível com o MongoDB. Por exemplo, com a MongoDB, um único documento de dados dentro de uma coleção pode conter dois campos, enquanto outro documento dentro da mesma coleção pode ter quatro.

As estratégias eficazes de indexação e armazenamento do MongoDB tornam-no mais rápido do que o RDBMS.

Em ambas as bases de dados, existem algumas palavras que são semelhantes. No MongoDB, o que é chamado de Tabela em um RDBMS é chamado de Coleção. Da mesma forma, uma linha é referida como um documento e uma coluna como um campo. O MongoDB fornece um '_id' padrão (se não for fornecido explicitamente), que é um número hexadecimal de 12 bytes que garante a exclusividade de cada documento. É semelhante à chave primária em RDBMS.

Caraterísticas do MongoDB:

Orientado a documentos: Ao contrário dos RDBMS, que dividem os dados em várias estruturas relacionais, o MongoDB mantém o tópico principal no menor número possível de documentos. Por exemplo, em vez de armazenar os dados em várias estruturas relacionais, como CPU, RAM, disco rígido, etc., ele salva as informações de todo o computador em um único documento chamado Computador.

Indexação: Sem a indexação, uma base de dados teria de percorrer laboriosamente cada documento de uma coleção para encontrar os que correspondem à consulta. Portanto, a indexação é essencial para uma pesquisa eficaz, e o MongoDB a utiliza para analisar rapidamente grandes quantidades de dados.

Escalabilidade: Ao distribuir os dados por vários servidores, uma técnica designada por sharding, o MongoDB é escalável horizontalmente. A chave de fragmentação é utilizada para dividir os dados em partes de dados, que são depois uniformemente dispersas entre fragmentações que estão espalhadas por vários servidores físicos. Um banco de dados ativo também pode ter mais computadores adicionados a ele.

Replicação e alta disponibilidade: Ao manter várias cópias dos dados em vários servidores, o MongoDB melhora a disponibilidade dos dados. Protege a base de dados de problemas de hardware, oferecendo redundância. Os dados são facilmente recuperáveis a partir de outros servidores activos que também tinham os dados guardados, no caso de um servidor ficar inoperacional.

Agregação: As operações que processam registos de dados e produzem resultados calculados são conhecidas como agregação. É comparável à cláusula GROUPBY da SQL. Alguns exemplos de expressões de agregação incluem min, max, média, total, etc.

Onde é que o MongoDB é utilizado?

Nos seguintes casos, o MongoDB é melhor do que o RDBMS:

Grandes volumes de dados: Considere o MongoDB antes das bases de dados RDBMS se precisar de armazenar uma quantidade significativa de dados em tabelas. A sua base de dados pode ser particionada e fragmentada utilizando as funcionalidades incorporadas do MongoDB.

Esquema instável: O MongoDB não tem um esquema, mas o RDBMS dificulta a adição de uma nova coluna. É bastante simples e não tem qualquer efeito em documentos mais antigos adicionar um novo campo.

Dados distribuídos Uma vez que são armazenadas várias cópias de dados em diferentes servidores, a recuperação dos dados é instantânea e segura, mesmo em caso de falha de hardware.

Com um vasto armazenamento de colunas e uma base de dados NoSQL para tratar enormes quantidades de dados em vários servidores de base, o Cassandra é um sistema de gestão de bases de dados distribuídas de código aberto que oferece uma elevada disponibilidade sem um único ponto de falha. Foi criado pela Apache Software Foundation e é escrito em Java.

O Cassandra foi inicialmente criado por Avinash Lakshman e Prashant Malik no Facebook para ativar a função de pesquisa na caixa de entrada. Em julho de 2008, o Facebook disponibilizou o Cassandra como um projeto de código aberto no código do Google. Passou para a Apache Incubator em março de 2009 e foi elevado a projeto de nível superior em fevereiro de 2010. As caraterísticas tecnológicas excepcionais do Cassandra tornam-no bastante popular.

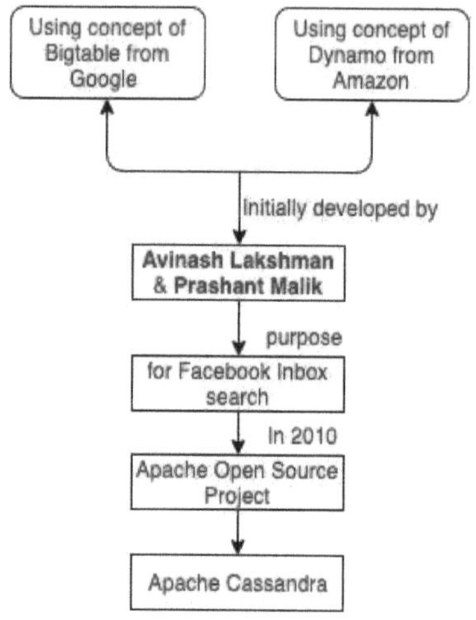

O Apache Cassandra gere volumes muito grandes de dados estruturados, distribuídos globalmente. Oferece uma disponibilidade de ponto único de falha combinada com um serviço altamente disponível. Eis alguns pormenores sobre o Apache Cassandra:

Tem tolerância a falhas, escalabilidade e consistência.

A base de dados é orientada por colunas.

O seu modelo de dados é construído com base na Big Table da Google e a sua arquitetura distribuída baseia-se no Dynamo da Amazon.

É muito diferente dos sistemas de gestão de bases de dados relacionais, tendo sido criado no Facebook.

Sem um ponto único de falha, a estratégia de replicação ao estilo Dynamo do Cassandra é melhorada pela adição de um modelo de dados de "família de colunas" mais potente. Várias das maiores empresas, incluindo o Facebook, o Twitter, a Cisco, a Rackspace, o eBay, a Netflix, entre outras, utilizam o Cassandra.

6.4 Processamento de dados em tempo real (por exemplo, Apache Kafka, Flink)

O Apache Kafka é um sistema de mensagens publish-subscribe. Um sistema de mensagens permite-lhe enviar mensagens entre processos, aplicações e servidores. Em geral, no Apache com Kafka, os tópicos - que também podem ser categorias - podem ser definidos e processados posteriormente. Os aplicativos podem estabelecer uma conexão com esse sistema e enviar uma mensagem sobre o assunto. Uma mensagem pode ser qualquer coisa, desde uma mensagem de texto básica que inicia outro evento até qualquer tipo de conteúdo de um evento no seu blogue pessoal. Normalmente, um cluster Kafka é composto por um ou mais servidores que executam o Kafka sobre eles, designados por corretores Kafka. Os processos conhecidos como produtores publicam dados em tópicos do Kafka dentro de um corretor designado, enviando mensagens através de gatilhos. Um consumidor de tópicos extrai significado de um tópico do Kafka.

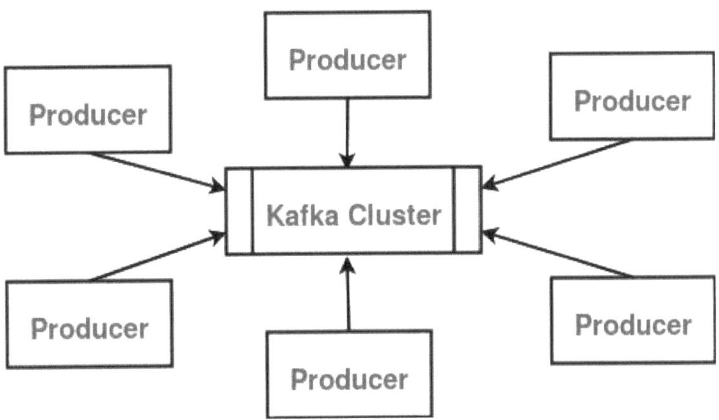

Tópico do Kafka: Um tópico é basicamente uma categoria ou um nome de feed no qual as mensagens são armazenadas e publicadas durante as operações. As mensagens são, na sua maioria, matrizes de bytes que podem armazenar qualquer

191

objeto em qualquer formato. De facto, é isso que torna o Kafka tão fantástico. É possível guardar qualquer item como uma matriz de bytes. Além disso, como já referimos, as mensagens do Kafka são organizadas por temas. Enviamos mensagens para determinados tópicos quando queremos enviá-las e recebemos mensagens de tópicos específicos quando queremos lê-las.

Tanto os consumidores individuais como os colectivos: Os clientes são livres de ler mensagens a partir de qualquer ponto de offset e podem sempre começar a ler a partir de um determinado offset. Consequentemente, os utilizadores podem juntar-se ao cluster sempre que desejarem. Isto facilita o funcionamento e a operação sem descontinuidades.

Ao dividir os dados de um determinado assunto entre vários corretores, as partições permitem-lhe paralelizar um tópico.

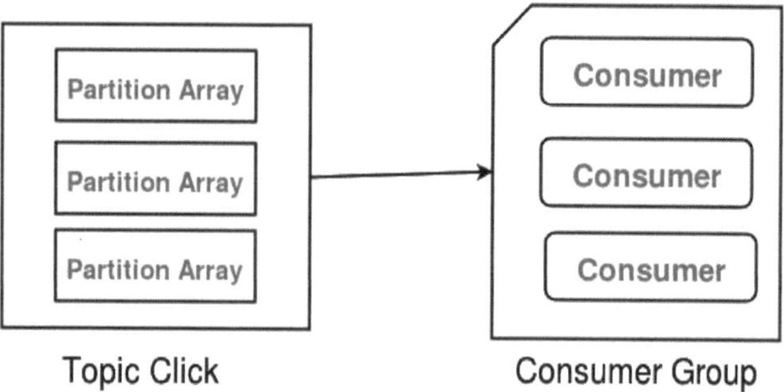

Partição de tópicos: Os tópicos do Kafka estão divididos em várias partições, o que permite dividir os dados entre vários corretores.

Grupo de consumidores: Um grupo de consumidores inclui um conjunto de processos de consumidores que estão a subscrever um tópico específico.

Nó: Um nó é um único computador no cluster do Apache Kafka.

Réplicas: Uma réplica de uma partição é uma "cópia de segurança" de uma partição. As réplicas nunca lêem ou escrevem dados. Elas são usadas para evitar a perda de dados.

Produtor: Aplicação que envia as mensagens.

Consumidor: Aplicação que recebe as mensagens.

Twitter: Apenas os utilizadores registados podem publicar e ler tweets; as pessoas não registadas podem apenas visualizá-los. O Storm-Kafka é um componente da arquitetura de processamento de fluxos do Twitter.

LinkedIn: Os dados de fluxo de atividade e a análise operacional são obtidos através do Apache Kafka no LinkedIn, para além de sistemas de análise offline como o Hadoop. O LinkedIn beneficia do sistema de mensagens Kafka através de uma série de produtos, incluindo o LinkedIn Newsfeed e o LinkedIn Today, para consumo de mensagens online.

Netflix: A Netflix é uma empresa americana global que oferece media de streaming a pedido através da Internet. O Kafka é utilizado pela Netflix para processamento de eventos e monitorização em tempo real.

Box: A infraestrutura de monitorização em tempo real e o pipeline de análise de produção da Box são alimentados pelo Kafka.

Flink

A ferramenta maciça que não é mais do que 4G de grandes dados chama-se Apache Flink. É a estrutura atual para o processamento de fluxos. Um tempo de execução de fluxo com processamento distribuído e tolerância a falhas é o kernel, ou núcleo, do Flink. O Flink tem uma latência mínima e processa consistentemente eventos a um ritmo rápido. Ele processa os dados a uma velocidade de nós. A estrutura de processamento de dados em grande escala que podemos reutilizar em situações em que os dados são criados rapidamente chama-se Apache Flink. Trata-se de uma importante plataforma de código aberto que lida eficazmente com uma vasta gama de condições:

Processamento em lote

Processamento iterativo

Processamento de fluxos em tempo real

Processamento interativo

Processamento na memória

Processamento de gráficos

O Flink é a volição do MapReduce. Ele processa dados mais de 100 vezes mais rápido que o MapReduce. É independente do Hadoop, mas pode usar o HDFS (Hadoop Distributed File System) para ler, escrever, armazenar e processar os dados. O Flink não tem seu próprio sistema de armazenamento de dados. Ele obtém dados do armazenamento distribuído.

Porquê o Apache Flink?

O Flink é uma volição ao MapReduce, processa dados mais de 100 vezes mais rápido do que o MapReduce. É independente do Hadoop, mas pode usar o HDFS para ler, escrever, armazenar e processar os dados. O Flink não fornece um mecanismo para seu próprio data warehouse. Ele usa um sistema de armazenamento distribuído para obter dados. Reduzir e superar a complexidade encontrada por outras máquinas distribuídas orientadas a dados é um dos principais objetivos do Apache Flink. Isto é conseguido através da combinação da estrutura MapReduce com a otimização de consultas, generalidades do sistema de base de dados e algoritmos paralelos eficientes na memória e fora do núcleo. Como o Apache Flink usa uma armadura de streaming para iterar sobre os dados, ele é amplamente baseado no conceito de streaming. Atualmente, o optimizador de consultas do Flink está limitado à ideia de um método iterativo. Assim, a armadura em pipeline do Apache Flink permite reciclar rapidamente os dados de streaming com uma quiescência inferior à das infra-estruturas de micro-lotes (Spark).

Recursos do Apache Flink

Baixa quiescência e alto desempenho: Sem exigir uma configuração complexa, o Apache Flink oferece baixa quiescência e alto desempenho. A sua armadura em pipeline proporciona uma elevada taxa de resultados. É frequentemente referido como 4G big data devido à rapidez com que processa os dados.
Tolerância a falhas: Os disparos distribuídos Chandy-Lamport servem como base para o ponto de tolerância a falhas do Apache Flink, que oferece garantias de alta espessura.
Duplicações: Os algoritmos iterativos (alfabetização de máquinas, processamento de grafos) têm o apoio do Apache Flink.

Gerenciamento de memória: Isto significa que temos controlo sobre a quantidade de memória utilizada durante acções específicas em tempo de execução, graças às operações de memória no Apache Flink.

Integração: Podemos integrar fluentemente o Apache Flink com outros ecossistemas de processamento de dados de código aberto. Pode ser integrado com o Hadoop, aqueduz dados do Kafka, pode ser executado no YARN.

Apache Flink - A plataforma unificada

O Apache Spark iniciou a nova tendência ao oferecer uma plataforma diferente para resolver problemas diferentes, mas é limitado devido à sua máquina de processamento em lote subjacente que processa aquedutos também como micro-lotes. A mesma capacidade foi avançada pelo Flink, que pode resolver qualquer tipo de problema de grandes volumes de dados. Ferramenta de computação em cluster de uso geral, o Apache Flink é capaz de processamento em lote, interativo, de fluxo, iterativo, em memória e gráfico. Consequentemente, o Apache Flink é a plataforma para a quarta geração de grandes volumes de dados ou grandes volumes de dados 4G. O tempo de execução de fluxo do kernel do Flink oferece caraterísticas que incluem tolerância a falhas, processamento distribuído, desempenho extremamente rápido e simplicidade de utilização. A principal função do Flink é processar dados a um ritmo consistentemente rápido com uma quiescência muito baixa. Por conseguinte, é uma plataforma de processamento de dados em grande escala que tem a capacidade de reutilizar dados produzidos a um ritmo muito rápido.

Ecossistema do Flink

1. Fluxo/armazenamento

O Flink é apenas uma calculadora; ele não tem relação com o sistema de armazenamento. O Flink tem a capacidade de ler, escrever e consumir dados de vários sistemas de armazenamento e sistemas de streaming. O Flink é capaz de ler e gravar dados de vários sistemas de streaming e de armazenamento, incluindo:

Sistema de comboio distribuído Hadoop, ou HDFS

O sistema de ficheiros local é conhecido como Local-FS.

S3: Serviço básico de armazenamento da Amazon

HBase: O HBase é essencialmente uma base de dados NoSQL no âmbito do ecossistema Hadoop.

A base de dados NoSQL MongoDB

Qualquer base de dados relacional é um RDBMS.

Kafka: Mensagem dispersa em linha

A fila de mensagens RabbitMQ

Calha: utilizada principalmente como ferramenta de agregação e recolha de dados

A operação de recurso/implantação é a próxima camada. O Flink pode ser implantado de várias maneiras.

Modo local: Uma JVM em execução num único nó

Cluster: Com o diretor de recursos num cluster de vários nós.

Autónomo: Este é o diretor de recursos de abandono carregado com Flink.

Um dos diretores de recursos mais conhecidos do Hadoop é o YARN, que foi incluído pela primeira vez no Hadoop 2.x.

O Mesos é um diretor de recursos gerais.

Nuvem: na nuvem do Google ou da Amazon

O tempo de execução, geralmente conhecido como o núcleo de fluxo de dados de fluxo contínuo distribuído do Apache Flink, é a camada seguinte. Esta é a camada fundamental do Flink, incluindo capacidades nativas de processamento iterativo, tolerância a falhas, confiabilidade e processamento distribuído, entre outras caraterísticas. A subclasse mais alta consiste em APIs e bibliotecas, que dão ao Flink acesso a muitos recursos.

2. API para DataSets

Gere os dados em segundo plano e permite que o utilizador efectue operações no conjunto de dados, tais como juntar, agrupar, traçar gráficos e fazer lamas. A sua principal aplicação é o processamento distribuído. Na realidade, temos um fornecimento finito de dados, o que o torna um exemplo específico de processamento de fluxo. Além disso, o tempo de execução do fluxo é utilizado para realizar a ação em lote.

3. Fluxo de dados da API

Gere um fluxo interminável de dados. Para reutilizar o fluxo de dados em direto, oferece operações coloridas, como gráficos, lamas, países de atualização, janelas, totais, etc. Tem a capacidade de escrever dados em várias fossas e de ingerir dados a partir da fonte de fluxo vibrante. É compatível com Scala e Java. Vamos agora apresentar algumas ferramentas DSL (Domain Specific Library).

4. Tabela

Com a comporta relacional e o processamento em lote, permite que os traficantes de droga efectuem análises ad-hoc utilizando uma linguagem de expressão como a SQL. As APIs DataStream e Dataset podem incorporá-la. Em vez de permitir que os traficantes de droga executem consultas SQL em cima do Flink, evita que tenham de escrever regulamentos complexos para reutilizar os dados.

5. Geleia

Os utilizadores de drogas podem criar, modificar e redirecionar gráficos através de uma série de procedimentos realizados no motor de processamento de gráficos. Além disso, o Gelly oferece uma biblioteca de algoritmos que simplificam a construção de operações em grafos. Ele faz uso do paradigma de processamento iterativo intrínseco do Flink para lidar bem com os grafos. As suas APIs Java e Scala são utilizáveis.

6. Flink ML

É a biblioteca de aprendizagem automática que fornece APIs intuitivas e um algoritmo eficaz para lidar com operações de literacia automática. Nós escrevemo-la em Scala. Como sabemos, os algoritmos de aprendizagem automática são iterativos por natureza, e o Flink fornece suporte nativo para algoritmos iterativos para lidar com os mesmos de forma relativamente eficaz e eficiente.

A arquitetura do Flink

O Flink opera em uma dinâmica mestre-escravo. Os escravos são os nós de trabalho no cluster, enquanto o mestre é o nó diretor. O mestre, como visto no diagrama, é o centro do cluster onde o cliente pode entregar tarefas, trabalhos ou operações. O mestre atribui então aos escravos do cluster a execução da tarefa, depois de a dividir em partes mais pequenas. O Flink beneficia da capacidade de computação dispersa desta forma, o que lhe permite reutilizar os dados de forma extremamente rápida.

Os nós mestre e escravo são dois tipos diferentes de bumps. O daemon mestre do Flink, conhecido como "Job Manager", é configurado para operar no nó mestre, enquanto o daemon escravo, conhecido como "Node Manager", é executado em cada bump escravo.

Modelo de execução do programa Flink: O programa operacional foi escrito pelo inventor.

Analisar e otimizar: Nesta fase, o Extrator de tipos, a Otimização e a Análise de leis estão concluídos.

Gráfico de fluxo de dados: O gráfico do fluxo de dados é criado a partir de cada uma das tarefas.

Diretor de tarefas: O diretor da tarefa mantém agora os metadados dos dados recebidos e organiza as tarefas nos diretores de tarefas. O gestor de tarefas distribui os controladores e controla os resultados intermédios das tarefas.

Diretor de tarefas: São os trabalhadores que executam as tarefas do diretor de tarefas.

6.5 Plataformas de nuvem para grandes volumes de dados (por exemplo, AWS, Azure, Google Cloud)

Esta lição do AWS, também conhecida como tutorial do Amazon Web Service, destina-se a ensinar aos novatos e especialistas os fundamentos e as ideias mais complexas do AWS. Ao final desta lição, os leitores terão uma compreensão fundamental da AWS e de como usá-la para atender às suas necessidades de computação. A plataforma de computação em nuvem AWS, ou Amazon Web

Services, fornece serviços de computação sob demanda, incluindo servidores virtuais e armazenamento que podem ser usados para criar e gerenciar sites e aplicativos. Devido à sua reputação de segurança, confiabilidade e flexibilidade, a AWS é uma opção preferida para empresas que precisam manipular e armazenar dados confidenciais.

Requisitos para a aprendizagem do AWS

É aconselhável ter algum conhecimento prévio de computação em nuvem, redes de computadores, sistemas operativos e instruções básicas de codificação em terminais Linux antes de mergulhar no Tutorial AWS.

Gestão de identidades e acessos no AWS

Como oferece controlo centralizado sobre o acesso dos utilizadores aos recursos do AWS, o AWS (Amazon Web Services) Identity and Access Management (IAM) é uma parte essencial do ecossistema. Os administradores podem emitir direitos, gerir privilégios e gerir de forma segura as identidades dos utilizadores em todo o ambiente AWS com o IAM.

Utilizar o AWS para computação

"Computação no AWS" descreve a utilização do Amazon Web Services (AWS) para uma série de cargas de trabalho e actividades computacionais. Cobrimos todos os assuntos relacionados com o AWS nesta área.

O objetivo do tutorial do Microsoft Azure é apresentar aos principiantes a plataforma e a sua gama de serviços de computação em nuvem. Ele fornece uma visão geral completa dos serviços do Azure e abrange os principais conceitos. O curso abrange uma vasta gama de assuntos e aprofunda as aplicações e as funcionalidades do Azure.

O Microsoft Azure, muitas vezes referido simplesmente como Azure, é um serviço de computação em nuvem criado pela Microsoft para criar, testar, implementar e gerir aplicações e serviços através de centros de dados geridos pela Microsoft. Lançado em fevereiro de 2010, o Azure cresceu e tornou-se uma das principais plataformas de nuvem do mundo, oferecendo uma vasta gama de serviços de nuvem, incluindo os de computação, análise, armazenamento e rede. Estes serviços podem ser utilizados para criar e escalar novas aplicações ou executar aplicações existentes na nuvem pública.

O Azure fornece um conjunto abrangente de serviços de nuvem, permitindo que as organizações adaptem seus recursos de computação para atender às suas necessidades específicas. Suporta uma variedade de linguagens de programação, ferramentas e estruturas, incluindo software e sistemas específicos da Microsoft e de terceiros. A flexibilidade e a escalabilidade do Azure tornam-no uma escolha atractiva para empresas de todas as dimensões e de vários sectores.

Serviços e ofertas principais

1. Serviços de computação: Os serviços de computação do Azure fornecem recursos de computação a pedido para executar aplicações. Isso inclui máquinas virtuais (VMs), que podem ser configuradas para atender a vários requisitos de desempenho e capacidade. O Azure também oferece soluções de computação escaláveis, como o Serviço de Kubernetes do Azure (AKS) para gerenciar aplicativos em contêineres e o Azure Functions para computação sem servidor, que permite que os desenvolvedores executem código sem gerenciar servidores.

2. Serviços de armazenamento: O Azure fornece uma variedade de opções de armazenamento concebidas para lidar com diversas necessidades de dados. O Armazenamento de Blobs do Azure é utilizado para armazenar grandes quantidades de dados não estruturados, como texto ou dados binários. O Armazenamento de Ficheiros do Azure oferece partilhas de ficheiros totalmente geridas na nuvem que são acessíveis através do protocolo SMB (Server Message Block). Além disso, o Armazenamento de Disco do Azure fornece armazenamento em bloco duradouro e de alto desempenho para VMs.

3. Ligação em rede: Os serviços de rede do Azure garantem uma conetividade segura e de elevado desempenho. Isto inclui a Rede Virtual do Azure, que permite a criação de redes isoladas na nuvem, e a Rede de Distribuição de Conteúdos do Azure (CDN), que fornece conteúdos de elevada largura de banda aos utilizadores

a nível global. O Azure também fornece o Gateway VPN e o Azure ExpressRoute para estabelecer ligações seguras e de elevado débito entre redes locais e centros de dados do Azure.

4. Serviços de base de dados: O Azure oferece uma gama de serviços de base de dados para diferentes tipos de dados e cargas de trabalho. A Base de Dados SQL do Azure é um serviço de base de dados relacional gerido com base no Microsoft SQL Server. Para bases de dados NoSQL, o Azure Cosmos DB é um serviço de base de dados totalmente gerido e distribuído globalmente que suporta vários modelos de dados. A Base de Dados do Azure para MySQL e PostgreSQL fornece instâncias geridas destas populares bases de dados de código aberto.

5. Análise e Big Data: Os serviços de análise do Azure incluem o Azure Synapse Analytics, que integra grandes volumes de dados e armazenamento de dados, e o Azure HDInsight, um serviço gerido para análises de código aberto, como o Hadoop e o Spark. O Azure Data Lake Store e o Analytics oferecem capacidades de armazenamento e análise escaláveis para projectos de grandes volumes de dados, permitindo às organizações processar grandes volumes de dados de forma rápida e eficiente.

6. Inteligência Artificial (IA) e Aprendizagem Automática (ML): O Azure fornece um conjunto de serviços de IA e ML para ajudar as organizações a criar, treinar e implementar modelos de aprendizagem automática. O Azure Machine Learning é um serviço baseado na nuvem para criar e gerir modelos de ML. Os Serviços Cognitivos oferecem APIs pré-criadas para tarefas de visão, fala, linguagem e tomada de decisões. O Serviço de Bot do Azure permite aos programadores criar bots inteligentes que interagem com os utilizadores de forma natural.

7. Internet das Coisas (IoT): Os serviços IoT do Azure facilitam a ligação, a monitorização e a gestão de dispositivos IoT. O Azure IoT Hub fornece comunicação segura entre aplicações e dispositivos IoT. O Azure IoT Central oferece uma plataforma de aplicações IoT totalmente gerida, simplificando o desenvolvimento de soluções IoT. Além disso, o Azure Sphere garante a segurança dos dispositivos IoT através de serviços integrados de hardware, software e nuvem.

8. Ferramentas de desenvolvimento: O Azure suporta uma variedade de ferramentas e ambientes de desenvolvimento. O Azure DevOps fornece um conjunto de serviços de desenvolvimento para CI/CD, garantindo que os programadores podem integrar e implementar continuamente as suas aplicações. O Visual Studio e o Visual Studio Code são ambientes de desenvolvimento populares que se integram perfeitamente no Azure, oferecendo um amplo suporte para o desenvolvimento na nuvem.

9. Segurança e conformidade: A segurança é um aspeto central das ofertas do Azure. O Centro de Segurança do Azure fornece gestão de segurança unificada e proteção avançada contra ameaças em cargas de trabalho de nuvem híbrida. O Azure Active Diretory é um serviço abrangente de gestão de identidade e acesso que fornece início de sessão único, autenticação multi-fator e acesso condicional. O Azure também adere a inúmeras normas de conformidade internacionais e específicas do sector, garantindo que os dados dos clientes são tratados de acordo com as mais elevadas práticas de segurança.

10. Soluções de nuvem híbrida: O Azure Arc permite que as organizações gerenciem e governem seus ambientes locais, de várias nuvens e de borda a partir de um único plano de controle. O Azure Stack oferece uma gama de produtos que estendem os serviços do Azure para locais locais ou de borda, permitindo uma experiência de nuvem híbrida consistente.

Vantagens do Azure

O Azure oferece várias vantagens que fazem dele a escolha preferida de muitas organizações:

1. Escalabilidade e flexibilidade: O modelo de pagamento consoante o uso do Azure permite que as empresas aumentem ou diminuam os recursos com base na procura. Esta flexibilidade garante que as empresas podem lidar com cargas de trabalho variáveis de forma eficiente e económica.

2. Alcance global: Com centros de dados em várias regiões do mundo, o Azure garante que os serviços e aplicações podem ser implementados perto dos utilizadores, reduzindo a latência e melhorando o desempenho. Esta presença global também ajuda as organizações a cumprir os requisitos de residência de dados.

3. Integração com produtos Microsoft: As organizações que já utilizam produtos Microsoft, como o Windows Server, o Active Diretory e o SQL Server, consideram o Azure altamente compatível e fácil de integrar na sua infraestrutura existente.

4. Segurança: A estrutura de segurança robusta do Azure inclui deteção avançada de ameaças, encriptação e conformidade com normas globais. A Microsoft investe fortemente na segurança da sua infraestrutura de nuvem e fornece ferramentas e serviços para ajudar os clientes a proteger os seus dados e aplicações.

5. Inovação: O Azure evolui continuamente, incorporando os mais recentes avanços em computação em nuvem, IA, aprendizado de máquina e IoT. Isto garante que os clientes têm acesso a tecnologias de ponta para impulsionar os seus esforços de transformação digital.

Casos de utilização e aplicações

A versatilidade do Azure torna-o adequado para uma vasta gama de casos de utilização em vários sectores:

1. Aplicações empresariais: As grandes empresas utilizam o Azure para executar as suas aplicações empresariais críticas, garantindo uma elevada disponibilidade e desempenho. As capacidades híbridas do Azure também permitem uma integração perfeita com sistemas no local.

2. Startups e pequenas empresas: As empresas em fase de arranque beneficiam da escalabilidade do Azure e dos modelos de preços económicos. O Azure oferece uma plataforma para desenvolver e implementar aplicações rapidamente sem a necessidade de um investimento inicial significativo em infra-estruturas.

3. Comércio eletrónico: As empresas de comércio eletrónico tiram partido do Azure pela sua infraestrutura robusta, garantindo que os seus sítios Web e aplicações conseguem lidar com elevados volumes de tráfego, especialmente durante os períodos de pico de compras. O alcance global do Azure também ajuda as empresas de comércio eletrónico a proporcionar uma experiência perfeita aos clientes em todo o mundo.

4. Cuidados de saúde: O sector dos cuidados de saúde utiliza o Azure para gerir e analisar os dados dos pacientes de forma segura. A conformidade do Azure com as normas de privacidade das informações de saúde, como a HIPAA, torna-o uma plataforma fiável para aplicações de cuidados de saúde.

5. Serviços financeiros: As instituições financeiras utilizam o Azure para executar análises complexas, gerir transacções e garantir a conformidade regulamentar. As funcionalidades de segurança e conformidade do Azure são fundamentais para proteger dados financeiros sensíveis.

6. Jogos: Os programadores de jogos utilizam o Azure para criar, testar e implementar jogos. O Azure fornece a infraestrutura necessária para suportar jogos multijogador, análises em tempo real e entrega de conteúdos, garantindo uma experiência de jogo tranquila para os jogadores.

Conclusão

O Microsoft Azure estabeleceu-se como uma plataforma de nuvem líder ao oferecer um conjunto abrangente de serviços que atendem a uma ampla gama de necessidades de negócios. A sua capacidade de integração com os sistemas existentes, combinada com a sua segurança robusta, alcance global e inovação contínua, faz do Azure uma escolha atraente para as organizações que procuram tirar partido do poder da computação em nuvem. À medida que as empresas continuam a adotar a transformação digital, o papel do Azure na viabilização desta transformação deverá tornar-se ainda mais significativo. Com a sua extensa gama de serviços e soluções, o Azure está bem posicionado para ajudar as organizações de todas as dimensões e sectores a navegar pelas complexidades do panorama digital moderno.

Capítulo 7: Visualização de dados e relatórios

As informações e os dados são representados graficamente na visualização de dados. As ferramentas de visualização de dados oferecem um meio fácil de ver e compreender tendências, valores atípicos e padrões nos dados através da utilização de componentes visuais, como tabelas, gráficos e mapas. Os conjuntos de dados complexos são transformados em representações visualmente apelativas através da visualização de dados, tornando-os mais fáceis de processar pela mente humana. Isto pode envolver uma série de recursos visuais, incluindo

Estão disponíveis gráficos de barras, linhas, tartes e outros tipos de gráficos.

Gráficos: Histogramas, gráficos de dispersão, etc.

Mapas: Mapas de calor, mapas geográficos, etc.

Dashboards: Plataformas interactivas com várias representações gráficas combinadas.

O principal objetivo da visualização de dados é aumentar a acessibilidade e a interpretabilidade dos dados, para que os utilizadores possam ver padrões, tendências e valores atípicos mais rapidamente. Isto é especialmente crucial quando se trata de grandes volumes de dados, uma vez que, sem métodos de visualização eficientes, a grande quantidade de informação pode ser debilitante.

Tipos de dados para visualização

A visualização exacta dos dados é essencial para os estudos de mercado, uma vez que permite a representação de dados numéricos e categóricos, o que aumenta os conhecimentos e reduz a possibilidade de paralisia da análise. Assim, as seguintes categorias aplicam-se à visualização de dados:

Informações quantitativas

Informações qualitativas

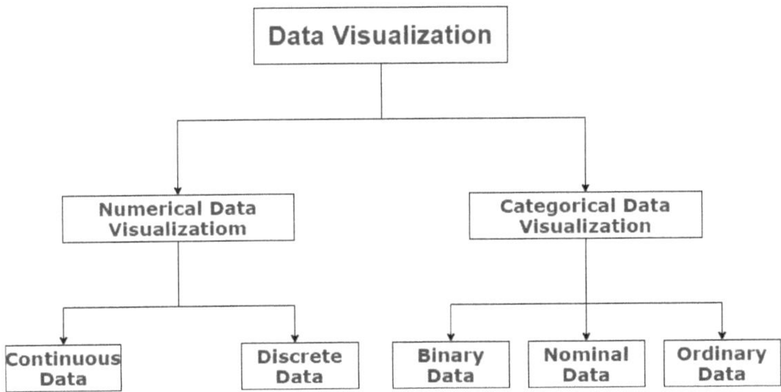

O que torna a visualização de dados crucial?

Vamos utilizar uma ilustração. Digamos que gera um gráfico de linhas utilizando a visualização de dados de lucros da empresa de 2013 a 2023. Seria extremamente simples imaginar a linha a cair em 2018 e depois a subir de forma constante. Como você pode ver rapidamente, a empresa obteve lucro consistente todos os anos, com exceção de 2018.

Obter esta informação tão rapidamente a partir de uma tabela de dados não seria assim tão simples. Este é apenas um exemplo de como a visualização de dados pode ser útil. Vamos examinar mais algumas justificações para a importância da visualização de dados.

1. A visualização de dados identifica as tendências dos dados

Encontrar tendências nos dados é o que a visualização de dados consegue fazer de forma mais eficaz. Afinal, ver todos os dados à sua frente torna muito mais simples detetar tendências do que ter os dados numa tabela. Por exemplo, a visualização do Tableau apresentada na imagem abaixo mostra o total de vendas de cada cliente organizado por ordem decrescente. Mas enquanto o cinzento representa ganhos, o vermelho indica perdas. Por conseguinte, é extremamente simples ver nesta representação que certos clientes ainda estão a perder dinheiro, mesmo que tenham grandes vendas. Seria um pouco difícil ver isto numa tabela.

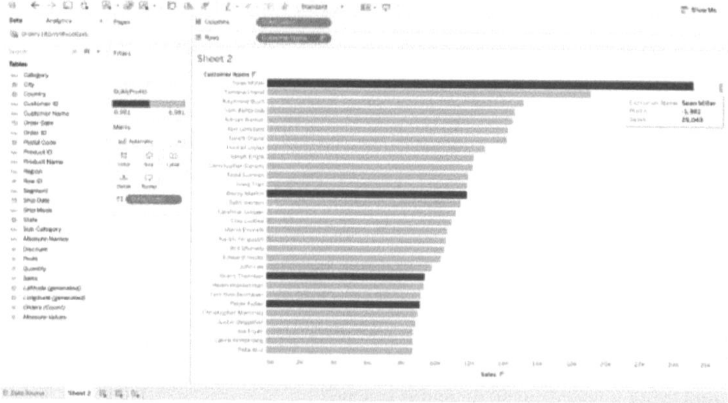

2. A visualização de informação oferece um ângulo sobre os dados A visualização de dados oferece um ponto de vista sobre os dados, iluminando o seu significado num contexto mais amplo. Ilustra a posição de determinadas referências de dados em relação ao conjunto total de dados. A ligação entre vendas e lucro na visualização de dados abaixo oferece um ponto de vista dos dados sobre estas duas métricas. Também mostra que relativamente poucas vendas excedem $12.000 e que o aumento das vendas nem sempre se traduz num aumento dos lucros.

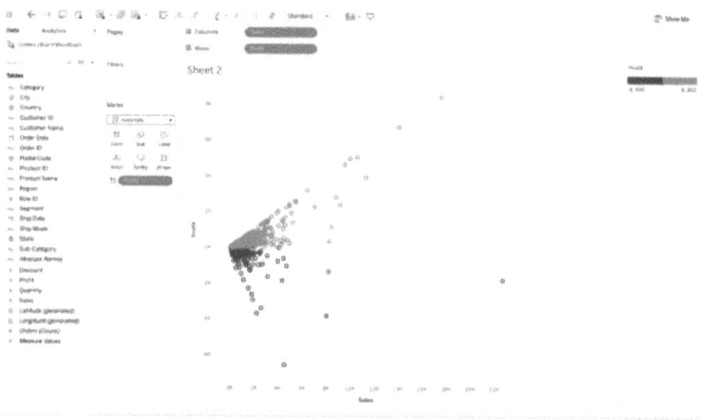

3. A visualização da informação coloca a informação no contexto adequado Compreender o contexto dos dados com a visualização de dados não é simples. A simples leitura dos números numa tabela não é suficiente para compreender totalmente os dados, uma vez que o contexto oferece todas as condições dos dados. O número de vendas em cada área dos EUA é apresentado utilizando um TreeMap

na visualização de dados do Tableau abaixo. Dado que o retângulo da Califórnia é
o maior, é extremamente simples deduzir a partir desta visualização de dados que
o estado tem o maior número de vendas em geral. No entanto, sem a visualização
de dados, essa informação é difícil de entender fora de contexto.

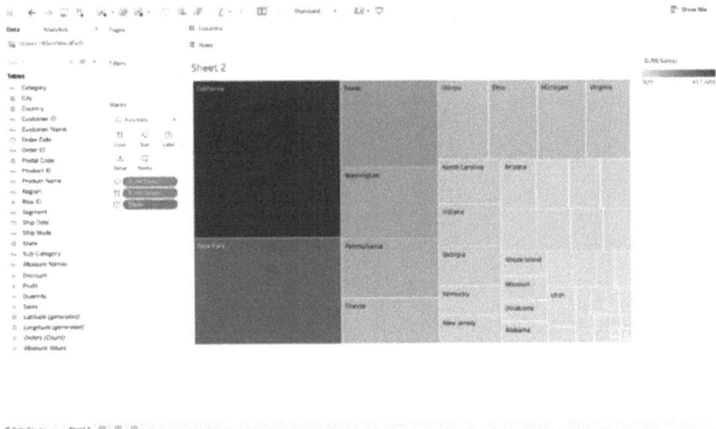

4. A visualização de dados poupa tempo

Utilizar a visualização de dados para obter informações dos dados é, sem dúvida,
mais rápido do que apenas ver um gráfico. É bastante simples identificar os estados
que registaram uma perda líquida por oposição a um lucro no instantâneo do
Tableau abaixo. Isto deve-se ao facto de um mapa de calor mostrar que todas as
células que sofreram uma perda são coloridas a vermelho, tornando claro quais os
estados que perderam. Isso contrasta com uma tabela típica, na qual o cálculo de
uma perda exigiria que você examinasse cada célula para verificar se ela tem um
valor negativo. Neste caso, a visualização dos dados pode poupar imenso tempo.

5. Uma história de dados é contada através da visualização de dados

Outra ferramenta para contar aos espectadores uma história de dados é a visualização de dados. A visualização pode ser utilizada para transmitir uma história e orientar os espectadores para uma conclusão inevitável, apresentando os factos dos dados num formato compreensível. Como qualquer outro tipo de conto, esta história de dados deve ter um início forte, um enredo direto e uma conclusão satisfatória. Por exemplo, a história de dados pode começar com os ganhos e perdas de vários itens antes de passar a sugestões para mitigar as perdas, se o analista de dados tiver sido incumbido de criar uma visualização de dados para os líderes empresariais que mostrasse a rentabilidade de vários produtos.

7.1 Princípios da visualização eficaz de dados

A visualização eficaz de dados é orientada por vários princípios fundamentais que garantem clareza, exatidão e facilidade de utilização. O principal objetivo da visualização de dados é comunicar informações de forma clara e eficiente aos utilizadores. Isto começa com a simplicidade, evitando a complexidade desnecessária que pode confundir ou induzir em erro o observador. As visualizações devem apresentar os dados de uma forma direta, realçando as informações mais importantes. Para tal, é necessário escolher o tipo adequado de gráfico que melhor representa os dados, como gráficos de linhas para tendências ao longo do tempo ou gráficos de barras para comparar quantidades.

Outro princípio fundamental é a exatidão. As representações visuais devem refletir com exatidão os dados subjacentes, sem distorção. Isto significa manter escalas consistentes e evitar elementos visuais manipuladores, como rótulos de eixos enganadores ou utilização incorrecta de proporções. A consistência dos elementos de design, como a cor, o tipo de letra e a rotulagem, também contribui para uma compreensão mais clara.

O contexto é essencial para uma visualização de dados eficaz. Fornecer o contexto adequado através de títulos, etiquetas e legendas ajuda os espectadores a compreender o que estão a ver e a sua importância. As anotações podem ser utilizadas para realçar pontos de dados críticos ou tendências, orientando a atenção do público para as informações mais relevantes.

A acessibilidade é também crucial. As visualizações devem ser concebidas para serem acessíveis a todos os utilizadores, incluindo os que têm deficiências visuais. Isto implica a utilização de cores de elevado contraste, tipos de letra legíveis e a garantia de que a informação transmitida através da cor também é discernível através de padrões ou texto.

A interatividade pode melhorar a experiência do utilizador, permitindo-lhe explorar os dados em maior profundidade, por exemplo, através de opções de filtragem ou de painéis interactivos. No entanto, a interatividade não deve sobrecarregar o utilizador, mas sim complementar a visualização estática, fornecendo camadas adicionais de informação. Em última análise, os princípios de uma visualização de dados eficaz consistem em tornar os dados complexos compreensíveis, precisos e envolventes, permitindo que os utilizadores obtenham informações significativas e tomem decisões informadas.

A visualização eficaz de dados é uma ferramenta essencial para comunicar informações complexas de uma forma acessível e intuitiva. Um dos princípios fundamentais é a simplicidade. As visualizações devem eliminar os elementos desnecessários e concentrar-se na apresentação dos dados de uma forma clara e direta. Isto implica a escolha do tipo certo de visualização para os dados em questão, como a utilização de gráficos de barras para comparações categóricas ou gráficos de linhas para tendências ao longo do tempo, assegurando que o formato escolhido transmite melhor a mensagem pretendida sem sobrecarregar o público.

A exatidão é outro princípio fundamental. As visualizações devem representar fielmente os dados subjacentes sem distorção. Isto significa manter escalas consistentes e evitar truques visuais que possam induzir os espectadores em erro, como eixos truncados ou utilização inadequada de proporções. As visualizações exactas respeitam a integridade dos dados e fornecem uma representação verdadeira da sua história, permitindo que os espectadores façam interpretações e tomem decisões informadas.

O contexto desempenha um papel vital na eficácia das visualizações. Títulos, etiquetas e legendas são componentes essenciais que fornecem o contexto e as explicações necessárias para os dados que estão a ser apresentados. As anotações podem ser particularmente úteis para destacar pontos de dados ou tendências significativas, ajudando a direcionar a atenção do visualizador para os aspectos mais relevantes da visualização. Este contexto ajuda os utilizadores a compreender não só o que os dados mostram, mas também a sua importância.

A acessibilidade é outro aspeto crucial. As visualizações de dados devem ser concebidas para serem acessíveis a todos os utilizadores, incluindo os que têm deficiências visuais. Isto implica a utilização de esquemas de cores de elevado contraste, tipos de letra legíveis e a garantia de que a informação não é transmitida apenas através da cor, mas também através de padrões ou descrições textuais. Tornar as visualizações acessíveis garante que um público mais vasto possa beneficiar das informações apresentadas.

A interatividade pode aumentar significativamente a eficácia das visualizações de dados. Os elementos interactivos, como as dicas, os filtros e as funções de zoom, permitem aos utilizadores explorar os dados mais profundamente e ao seu próprio ritmo. No entanto, a interatividade deve ser implementada cuidadosamente, garantindo que acrescenta valor em vez de complexidade. O objetivo é complementar a visualização estática, fornecendo camadas adicionais de informação sem sobrecarregar o utilizador.

Os princípios de uma visualização de dados eficaz - simplicidade, exatidão, contexto, acessibilidade e interatividade - funcionam em conjunto para transformar dados complexos em histórias visuais claras, exactas e cativantes. Estes princípios garantem que as visualizações não só transmitem informações de forma eficaz, como também facilitam a compreensão e a tomada de decisões, tornando os dados compreensíveis e acionáveis para um vasto público.

7.2 Ferramentas de visualização (por exemplo, Tableau, Power BI)

O Tableau é uma ferramenta de visualização de dados poderosa e amplamente utilizada, concebida para transformar dados brutos em dashboards e relatórios interactivos e visualmente apelativos. Fundada em 2003 e posteriormente adquirida pela Salesforce em 2019, a Tableau estabeleceu-se como uma plataforma líder para business intelligence e análise. A sua principal força reside na sua capacidade de tornar os dados acessíveis e compreensíveis para utilizadores de todos os níveis de competências. Com uma interface intuitiva de arrastar e largar, o Tableau permite que os utilizadores criem visualizações complexas sem necessitarem de grandes conhecimentos de programação, o que o torna uma escolha ideal para utilizadores técnicos e não técnicos.

A plataforma suporta uma vasta gama de fontes de dados, incluindo folhas de cálculo, bases de dados, serviços na nuvem e ambientes de Big Data, permitindo aos utilizadores ligar, combinar e visualizar dados de várias fontes sem problemas. Os dashboards interactivos do Tableau podem apresentar uma variedade de quadros, gráficos e mapas, permitindo aos utilizadores explorar os dados em profundidade e descobrir informações que, de outra forma, poderiam estar ocultas em relatórios estáticos. Funcionalidades como filtragem, realce e capacidades de pesquisa aumentam a interatividade, facilitando aos utilizadores a obtenção de informações mais profundas através da exploração dinâmica de dados.

Uma das caraterísticas de destaque do Tableau é a sua capacidade de lidar com grandes conjuntos de dados de forma eficiente, garantindo que as visualizações permaneçam responsivas mesmo com quantidades substanciais de dados. Além disso, o Tableau oferece opções robustas de colaboração e partilha, permitindo que as equipas partilhem informações e trabalhem em conjunto em projectos de dados em tempo real. Este aspeto colaborativo é ainda apoiado pelo Tableau Server e pelo Tableau Online, que permitem às organizações publicar dashboards de forma segura e aceder aos mesmos a partir de qualquer lugar, promovendo uma cultura orientada para os dados dentro da organização.

A Tableau dá grande ênfase à estética e à usabilidade, garantindo que as visualizações sejam não apenas informativas, mas também visualmente atraentes. Este foco no design ajuda a comunicar eficazmente as histórias de dados às partes interessadas, conduzindo a melhores processos de tomada de decisões. A plataforma também oferece um vasto apoio e recursos, incluindo uma comunidade de utilizadores dinâmica, formação online abrangente e uma grande quantidade de documentação, garantindo que os utilizadores podem melhorar continuamente as suas competências e aproveitar todo o potencial da ferramenta.

O Tableau é uma ferramenta de visualização de dados versátil e fácil de utilizar que permite aos utilizadores converter dados complexos em informações acionáveis através de dashboards interactivos e visualmente apelativos. A sua capacidade de se ligar a diversas fontes de dados, lidar com grandes conjuntos de dados e facilitar a colaboração torna-o um ativo inestimável para as organizações que procuram aproveitar o poder dos seus dados para tomar decisões informadas.

A Tableau é conhecida pela sua capacidade de democratizar o acesso aos dados e permitir que os utilizadores de vários níveis organizacionais se envolvam com os dados de forma significativa. A interface intuitiva de arrastar e largar da plataforma permite que os utilizadores criem visualizações detalhadas e perspicazes sem necessitarem de conhecimentos técnicos profundos, colmatando a lacuna entre a análise de dados complexa e os utilizadores empresariais comuns. Esta facilidade de utilização é complementada pela capacidade robusta do Tableau de se ligar a uma miríade de fontes de dados, incluindo folhas de cálculo do Excel, bases de dados SQL, armazéns de dados baseados na nuvem, como o Amazon Redshift e o Google BigQuery, e até plataformas de Big Data, como o Hadoop. Esta versatilidade garante que os utilizadores podem integrar e analisar facilmente dados de várias origens, promovendo conhecimentos abrangentes e coesos.

A interatividade dos painéis do Tableau é uma caraterística distintiva, permitindo aos utilizadores interagir com os seus dados de forma dinâmica. Os filtros, os drill-downs e as acções de destaque permitem uma exploração aprofundada dos dados, facilitando a deteção de tendências, valores atípicos e indicadores-chave de desempenho. Estes elementos interactivos não se destinam apenas a ser utilizados em computadores; o design reativo do Tableau garante que as visualizações são acessíveis e funcionais em vários dispositivos, incluindo tablets e smartphones, apoiando a necessidade moderna de mobilidade e acesso aos dados em movimento.

O Tableau também é excelente em termos de desempenho, lidando de forma eficiente com grandes conjuntos de dados para manter visualizações suaves e responsivas. Esta capacidade é crucial para as organizações que lidam com volumes de dados substanciais, garantindo que a análise de desempenho e a exploração de dados em tempo real permaneçam rápidas e eficazes. Além disso, as capacidades de integração robustas do Tableau estendem-se aos feeds de dados em tempo real, permitindo aos utilizadores monitorizar dados em tempo real e tomar decisões atempadas com base nas informações mais actuais.

A colaboração e a partilha são parte integrante do ecossistema da Tableau. O Tableau Server e o Tableau Online facilitam a partilha segura de dashboards e relatórios dentro e fora da organização. Os utilizadores podem publicar as suas visualizações nestas plataformas, dando acesso às partes interessadas que podem interagir com os dados através de um navegador Web. Esta abordagem colaborativa aumenta a transparência e apoia uma cultura orientada para os dados, em que as informações e as decisões são partilhadas e discutidas abertamente entre as equipas.

A ênfase do Tableau na estética e no design garante que as visualizações não são apenas funcionais, mas também envolventes e fáceis de interpretar. Ao disponibilizar uma série de opções de personalização, os utilizadores podem criar relatórios refinados e de nível profissional que comunicam histórias de dados complexas de forma eficaz. Este atrativo visual é essencial para captar a atenção do público e transmitir informações críticas de forma sucinta.

A comunidade do Tableau enriquece ainda mais a experiência do utilizador. Uma vasta rede de utilizadores, fóruns e recursos online oferece apoio contínuo, partilha de conhecimentos e inspiração. Os programas de formação abrangentes e a extensa documentação da Tableau ajudam os utilizadores de todos os níveis, desde principiantes a analistas avançados, a tirar partido de todo o potencial da plataforma.

O Tableau transforma a forma como as organizações percepcionam e utilizam os seus dados. A sua combinação de facilidade de utilização, poderosas capacidades de tratamento de dados e ricas funcionalidades interactivas fazem dele uma ferramenta indispensável para as empresas modernas que pretendem tirar partido dos dados para obter vantagens estratégicas. Quer seja para análises detalhadas, monitorização de dados em tempo real ou business intelligence colaborativo, o Tableau destaca-se como líder no panorama da visualização de dados.

O Power BI, desenvolvido pela Microsoft, é uma ferramenta líder de análise empresarial concebida para transformar dados brutos em informações visuais significativas e interactivas. Lançado em 2014, o Power BI faz parte da Microsoft Power Platform e integra-se perfeitamente com outros serviços da Microsoft, como o Azure, o SQL Server e o Excel, o que o torna uma ferramenta poderosa para as organizações que investem fortemente no ecossistema da Microsoft. Foi concebido para fornecer aos utilizadores finais as capacidades de criação de relatórios e dashboards sem necessidade de competências técnicas avançadas, democratizando assim a análise de dados a todos os níveis de uma organização.

Na sua essência, o Power BI é composto por vários componentes que funcionam em conjunto para fornecer uma solução de análise abrangente. O Power BI Desktop é a principal ferramenta de desenvolvimento onde os utilizadores podem ligar-se a várias fontes de dados, modelar dados e criar visualizações. Esta ferramenta é de fácil utilização, apresentando uma interface de arrastar e largar que permite aos utilizadores criar relatórios complexos de forma rápida e intuitiva. O Power BI Service é o equivalente online, onde os utilizadores podem publicar e partilhar os seus relatórios e dashboards com colegas. Fornece uma plataforma para análise colaborativa, permitindo que as equipas trabalhem em conjunto em tempo real e partilhem facilmente informações.

O Power BI também inclui o Power BI Mobile, que permite aos utilizadores aceder e interagir com os seus relatórios e dashboards em dispositivos móveis. Isto assegura que a tomada de decisões baseada em dados pode ocorrer em qualquer altura e em qualquer lugar, proporcionando flexibilidade e aumentando a produtividade. Além disso, o Power BI Report Server é uma solução local para empresas que necessitam de manter os seus dados na sua própria infraestrutura, fornecendo as mesmas capacidades de criação de relatórios poderosas que o serviço na nuvem, mas com um maior controlo sobre a governação e a segurança dos dados.

Uma das caraterísticas de destaque do Power BI é a sua capacidade de ligação a uma vasta gama de fontes de dados. Desde bases de dados tradicionais como o SQL Server e Oracle a serviços baseados na nuvem como a Azure SQL Database e o Google Analytics, e até mesmo a ficheiros simples como o Excel e CSV, as opções de conetividade do Power BI são extensas. Esta versatilidade permite às organizações consolidar dados de fontes díspares num único modelo coerente, facilitando uma análise mais abrangente. Além disso, o Power BI suporta a conetividade de dados em tempo real, permitindo aos utilizadores monitorizar fluxos de dados em tempo real e tomar decisões atempadas e informadas.

A modelação de dados é outro ponto forte do Power BI. Com suporte integrado para transformações e modelação de dados complexos, os utilizadores podem limpar, remodelar e fundir dados de várias fontes antes de os visualizarem. O Power Query, o motor de transformação de dados e mashup do Power BI, oferece uma forma poderosa e fácil de preparar os dados. Os utilizadores podem aplicar uma vasta gama de transformações sem escrever código, tornando-o acessível a utilizadores não técnicos, ao mesmo tempo que fornece a profundidade necessária aos profissionais de dados.

As capacidades de visualização do Power BI são robustas e diversificadas. Os utilizadores podem escolher entre um vasto conjunto de elementos visuais incorporados, tais como gráficos de barras, gráficos de linhas, gráficos de tartes, mapas e muito mais. Além disso, o mercado visual personalizado do Power BI permite que os utilizadores ampliem a funcionalidade com elementos visuais criados pela Microsoft e por terceiros, satisfazendo necessidades específicas e requisitos da indústria. Estes visuais podem ser altamente interactivos, com caraterísticas como drill-down, dicas de ferramentas hover-over e slicers que permitem aos utilizadores explorar os dados de forma dinâmica.

A interatividade é um aspeto essencial dos dashboards do Power BI. Os utilizadores podem interagir com os elementos visuais para filtrar dados, realçar tendências específicas e aprofundar os detalhes. Esta interatividade permite uma compreensão mais profunda dos dados, uma vez que os utilizadores podem explorar diferentes aspectos e relações dentro do conjunto de dados. O Power BI também suporta a consulta em linguagem natural, permitindo aos utilizadores colocar questões sobre os seus dados em inglês simples e receber respostas sob a forma de visualizações, tornando a exploração de dados ainda mais acessível.

O Power BI foi concebido a pensar na colaboração. Os relatórios e dashboards podem ser partilhados por toda a organização, garantindo que todos têm acesso aos mesmos dados e conhecimentos. A plataforma suporta controlos de acesso baseados em funções, garantindo que os dados sensíveis só estão disponíveis para utilizadores autorizados. As funcionalidades de colaboração incluem a capacidade de comentar relatórios, definir alertas de dados e subscrever relatórios para actualizações regulares, melhorando a comunicação e a tomada de decisões colectivas.

A segurança é um foco significativo para o Power BI, com medidas robustas em vigor para proteger os dados. O Power BI integra-se com o Azure Active Diretory para autenticação de utilizadores, garantindo um acesso seguro aos dados. Os dados são encriptados tanto em trânsito como em repouso, proporcionando uma camada adicional de segurança. Além disso, o Power BI está em conformidade com uma vasta gama de normas e regulamentos da indústria, incluindo GDPR, HIPAA e ISO, tornando-o adequado para utilização em indústrias altamente regulamentadas.

As capacidades de integração do Power BI vão para além da conetividade de dados. O Power BI integra-se perfeitamente com outros produtos Microsoft, como o Teams, o SharePoint e o Excel, proporcionando uma experiência unificada aos utilizadores que dependem destas ferramentas. Por exemplo, os utilizadores podem incorporar relatórios do Power BI nos canais do Teams ou nas páginas do SharePoint, permitindo-lhes aceder e interagir com os dados no seu fluxo de trabalho diário.

A extensibilidade do Power BI é outra vantagem significativa. Os utilizadores avançados podem criar imagens personalizadas utilizando as ferramentas do Power BI Developer e as API REST, adaptando a plataforma para satisfazer necessidades empresariais específicas. Além disso, o Power BI suporta a integração com R e Python, permitindo que os cientistas de dados incorporem análises avançadas e modelos de aprendizagem automática nos seus relatórios.

Em termos de implementação, o Power BI oferece flexibilidade. As organizações podem escolher entre o Serviço Power BI baseado na nuvem, que fornece escalabilidade e facilidade de acesso, e o Servidor de Relatórios Power BI no local, que oferece um maior controlo sobre os dados e a infraestrutura. Esta flexibilidade garante que o Power BI pode satisfazer as necessidades de uma vasta gama de organizações, desde pequenas empresas a grandes empresas, com requisitos rigorosos de governação de dados.

A formação e o suporte são essenciais para o sucesso do Power BI. A Microsoft oferece recursos extensivos, incluindo tutoriais online, documentação e um vibrante fórum da comunidade onde os utilizadores podem partilhar conhecimentos e procurar ajuda. Além disso, a integração do Power BI com as plataformas de aprendizagem da Microsoft fornece percursos de aprendizagem estruturados, ajudando os utilizadores a desenvolver as suas competências de forma sistemática.

O Power BI é uma ferramenta de análise empresarial abrangente e versátil que permite às organizações tomar decisões baseadas em dados. A sua interface de fácil utilização, as extensas opções de conetividade, as capacidades robustas de modelação de dados e as visualizações interactivas tornam-na uma ferramenta poderosa para utilizadores técnicos e não técnicos. O forte enfoque da plataforma na colaboração, segurança e integração com outros produtos Microsoft garante que pode satisfazer as diversas necessidades das organizações modernas. Quer seja através da implementação na nuvem ou de soluções locais, o Power BI fornece a flexibilidade e a escalabilidade necessárias para lidar com uma vasta gama de cenários de business intelligence, tornando-o um ativo inestimável para qualquer empresa orientada para os dados.

7.3 Criar painéis de controlo e relatórios

A criação de dashboards e relatórios para visualização de dados é um processo complexo que envolve vários passos, cada um deles crucial para transformar dados em bruto em narrativas visuais perspicazes. Este processo é essencial para as organizações que pretendem tirar partido dos seus dados para a tomada de decisões informadas, o planeamento estratégico e a eficiência operacional. A exploração detalhada que se segue analisa todos os aspectos da criação de dashboards e relatórios eficazes, garantindo que são funcionais e esteticamente apelativos.

Compreender o objetivo e o público

Antes de nos debruçarmos sobre os aspectos técnicos, é essencial compreender o objetivo do painel de controlo ou relatório e o público a que se destina. Os diferentes intervenientes numa organização podem necessitar de diferentes tipos de informação. Por exemplo, os executivos podem necessitar de resumos de alto nível e de indicadores-chave de desempenho (KPI), enquanto os analistas de dados podem necessitar de dados pormenorizados e granulares. Compreender estas necessidades ajuda a conceber dashboards e relatórios que sejam relevantes e úteis.

Recolha e preparação de dados

O primeiro passo técnico na criação de dashboards e relatórios é a recolha de dados. Isto envolve a recolha de dados de várias fontes, como bases de dados, folhas de cálculo, serviços na nuvem ou APIs. Ferramentas como o Power BI, o Tableau e outras fornecem conectores para integrar perfeitamente estas fontes de dados. Uma vez recolhidos os dados, estes devem ser limpos e transformados. Este processo, muitas vezes referido como ETL (Extract, Transform, Load), envolve a remoção de duplicados, o tratamento de valores em falta e a transformação dos dados num formato adequado para análise. Ferramentas como o Power Query no Power BI ou o Prep Builder no Tableau foram especificamente concebidas para ajudar nestas tarefas.

Modelação de dados

A modelação de dados é o passo seguinte crucial. Trata-se de definir a forma como os dados de diferentes fontes se relacionam entre si. A criação de um modelo de dados robusto é essencial para uma análise precisa e um desempenho eficiente. Em ferramentas como o Power BI, os utilizadores podem criar relações entre diferentes tabelas, definir colunas calculadas e configurar medidas utilizando DAX (expressões de análise de dados). Um modelo de dados bem estruturado garante que as visualizações serão exactas e eficazes.

Conceber o painel de controlo ou o relatório

Layout e estrutura

A disposição e a estrutura de um dashboard ou relatório são fundamentais para garantir que é fácil de compreender e utilizar. Os dashboards eficazes seguem normalmente um fluxo lógico, guiando o utilizador através da história dos dados. Os layouts comuns incluem a colocação de KPIs no topo para acesso rápido, seguidos de visualizações mais detalhadas que fornecem contexto e suporte. A utilização de grelhas e ferramentas de alinhamento ajuda a manter uma estrutura limpa e organizada.

Escolher os recursos visuais certos

É essencial escolher o tipo correto de imagem para os dados. Cada tipo de elemento visual - como gráficos de barras, gráficos de linhas, gráficos de pizza, gráficos de dispersão e mapas - tem os seus pontos fortes e é adequado para diferentes tipos de dados e análises. Por exemplo, os gráficos de linhas são excelentes para mostrar tendências ao longo do tempo, enquanto os gráficos de barras são óptimos para comparar quantidades entre diferentes categorias. Os gráficos de pizza podem ser utilizados para mostrar proporções, embora devam ser utilizados com moderação para evitar interpretações incorrectas. Ferramentas como o Tableau oferecem uma grande variedade de opções de visualização, e a escolha da correta ajuda a comunicar eficazmente as informações sobre os dados.

Interatividade e experiência do utilizador

A adição de interatividade aos dashboards melhora significativamente a sua usabilidade. Elementos interactivos, como filtros, separadores, drill-downs e dicas de ferramentas, permitem aos utilizadores explorar os dados mais profundamente e de diferentes perspectivas. Por exemplo, um filtro pode permitir que os utilizadores visualizem dados relativos a períodos de tempo ou regiões específicos, enquanto as capacidades de pesquisa lhes permitem explorar detalhes dentro de uma categoria mais ampla. É fundamental garantir uma experiência de utilizador fluida e reactiva, uma vez que torna o painel de controlo mais interessante e útil.

Implementação e personalização de elementos visuais

A implementação de elementos visuais envolve a utilização das caraterísticas e funcionalidades da ferramenta de visualização escolhida para criar os gráficos e diagramas pretendidos. Ferramentas como o Power BI e o Tableau oferecem interfaces de arrastar e largar que facilitam a criação de imagens. No entanto, a personalização é frequentemente necessária para afinar o aspeto e a funcionalidade. Isto inclui a definição de esquemas de cores para alinhar com a marca da empresa, o ajuste de tipos de letra e tamanhos para facilitar a leitura e a configuração de etiquetas e legendas de eixos para maior clareza. A personalização avançada pode envolver a utilização de imagens personalizadas ou a escrita de scripts em linguagens como R ou Python para criar visualizações altamente especializadas.

Integração de dados e actualizações em tempo real

Para os dashboards que necessitam de apresentar dados em tempo real, a integração de fontes de dados em tempo real é essencial. Isto pode ser conseguido através de ligações diretas a bases de dados ou APIs que fornecem feeds de dados em tempo real. Ferramentas como o Power BI suportam a integração de dados em tempo real, permitindo que os dashboards se actualizem automaticamente à medida que entram novos dados. Isto é particularmente útil para dashboards operacionais que monitorizam actividades em curso e exigem precisão ao minuto.

Colaboração e partilha

Uma vez criado o painel de controlo ou o relatório, o passo seguinte é partilhá-lo com o público-alvo. As funcionalidades de colaboração em ferramentas como o Power BI e o Tableau permitem que vários utilizadores trabalhem no mesmo dashboard, fornecendo comentários e feedback. A partilha pode ser feita através de vários métodos, como a publicação num serviço Web (Power BI Service, Tableau Server), a incorporação noutras aplicações (como o SharePoint ou o Teams) ou a exportação para formatos como PDF ou PowerPoint. É crucial garantir o nível correto de acesso e segurança, uma vez que diferentes utilizadores podem necessitar de diferentes permissões.

Testes e aperfeiçoamento

Antes de implementar totalmente um dashboard ou relatório, é importante testá-lo exaustivamente. Isto implica verificar a exatidão, o desempenho e a facilidade de utilização. O feedback do utilizador é valioso durante esta fase, uma vez que pode destacar áreas de melhoria em que o criador poderá não ter reparado. O refinamento pode envolver ajustes visuais, otimização de modelos de dados para desempenho ou melhoria da interatividade e do layout com base nas sugestões dos utilizadores.

Manutenção e actualizações

A criação de um painel de controlo ou de um relatório não é uma tarefa única. Requer uma manutenção contínua para garantir que continua a satisfazer as necessidades dos utilizadores e a refletir os dados mais actuais. Isto pode envolver a atualização das fontes de dados, a adição de novas visualizações ou o ajuste das existentes para refletir as alterações nas prioridades empresariais. Rever e atualizar regularmente os dashboards garante que estes se mantêm relevantes e úteis.

Funcionalidades avançadas e extensões

Para os utilizadores que pretendem alargar a funcionalidade dos seus dashboards e relatórios, a maioria das ferramentas de visualização oferece funcionalidades e extensões avançadas. No Power BI, por exemplo, os utilizadores podem integrar-se com o Azure Machine Learning para incluir análises preditivas nos seus relatórios. Os utilizadores do Tableau podem utilizar a API de extensões do Tableau para integrar funcionalidades de terceiros diretamente nos seus dashboards. O aproveitamento destas funcionalidades avançadas pode melhorar significativamente as capacidades analíticas dos dashboards e relatórios.

Aplicações do mundo real e estudos de caso

Para ilustrar o poder dos dashboards e relatórios eficazes, considere algumas aplicações do mundo real. Nos cuidados de saúde, os dashboards podem monitorizar os indicadores dos doentes, acompanhar a propagação de doenças e gerir os recursos hospitalares. No sector financeiro, podem visualizar as tendências do mercado de acções, analisar carteiras de investimento e monitorizar indicadores económicos. As empresas de retalho utilizam painéis de controlo para acompanhar o desempenho das vendas, gerir o inventário e analisar o comportamento dos clientes. Cada uma destas aplicações requer uma análise cuidadosa das necessidades específicas e dos requisitos de dados, mas os princípios da conceção eficaz de painéis de controlo permanecem consistentes.

A criação de dashboards e relatórios eficazes é um processo multifacetado que combina competências técnicas com uma compreensão das necessidades do público. Envolve a recolha de dados, a preparação e a modelação, seguidas de uma conceção e implementação cuidadosas dos elementos visuais. A interatividade, a colaboração e a manutenção contínua são cruciais para garantir que os dashboards e os relatórios permanecem úteis e relevantes. Ao aderir às melhores práticas e ao tirar partido das capacidades das ferramentas de visualização modernas, as organizações podem transformar os seus dados em activos poderosos para a tomada de decisões e o planeamento estratégico.

7.4 Visualizações interactivas

As visualizações interactivas são ferramentas dinâmicas que permitem aos utilizadores interagir com os dados de uma forma mais significativa e intuitiva, melhorando a experiência geral do utilizador e o processo de extração de informações. Ao contrário dos quadros e gráficos estáticos, as visualizações interactivas permitem aos utilizadores manipular os dados diretamente através de funcionalidades como a filtragem, o zoom e a pesquisa em pontos de dados específicos. Esta interatividade ajuda os utilizadores a explorar diferentes dimensões dos dados, a descobrir padrões e a obter informações mais aprofundadas. Por exemplo, um utilizador pode filtrar um painel de vendas para mostrar dados relativos a uma região ou a um período de tempo específicos, fazer uma pesquisa em categorias de produtos específicas para analisar o desempenho ou passar o cursor sobre os pontos de dados para ver informações pormenorizadas através de dicas de ferramentas. Estes elementos interactivos transformam a visualização passiva de dados num processo analítico ativo, tornando conjuntos de dados complexos mais acessíveis e compreensíveis. Além disso, as visualizações interactivas podem adaptar-se a actualizações de dados em tempo real, garantindo que os utilizadores têm sempre a informação mais atual na ponta dos dedos. Este envolvimento dinâmico é particularmente valioso no business intelligence, uma vez que apoia a tomada de decisões informadas, proporcionando uma compreensão clara e acionável dos dados.

As visualizações interactivas revolucionam a forma como os utilizadores interagem com os dados, transformando as representações estáticas em ferramentas dinâmicas e exploratórias que proporcionam uma experiência de análise mais abrangente. Estas visualizações permitem que os utilizadores interajam com os dados através de várias funcionalidades, tais como filtragem, pesquisa, zoom e realce de pontos de dados específicos. Por exemplo, num painel de desempenho de vendas, os utilizadores podem aplicar filtros para visualizar os dados de vendas de determinadas regiões, períodos de tempo ou categorias de produtos, o que lhes permite identificar tendências e anomalias que podem não ser visíveis num relatório estático. As capacidades de pesquisa melhoram ainda mais esta exploração, permitindo que os utilizadores cliquem num ponto de dados para revelar informações mais detalhadas, como a decomposição das vendas anuais em valores trimestrais ou mensais.

A possibilidade de ampliar intervalos de dados específicos ou de os ampliar para ver o contexto mais amplo ajuda os utilizadores a compreender as tendências macro e micro dos seus conjuntos de dados. O realce e as dicas de ferramentas fornecem camadas adicionais de informação sem sobrecarregar a visualização, oferecendo detalhes quando os utilizadores passam o cursor sobre elementos específicos. Esta interatividade transforma a análise de dados num processo mais envolvente e intuitivo, facilitando aos utilizadores a descoberta de informações e a colocação de novas questões com base nas suas observações.

Além disso, as visualizações interactivas podem ser ligadas a fontes de dados em tempo real, garantindo que a informação apresentada está sempre actualizada. Isto é particularmente crucial em ambientes onde a tomada de decisões atempada é essencial, como nos mercados financeiros, na gestão da cadeia de fornecimento ou nas operações de serviço ao cliente. A interatividade em tempo real significa que os utilizadores podem reagir aos dados mais recentes, tomando decisões informadas de forma rápida e eficaz.

Nas empresas, as visualizações interactivas também melhoram o trabalho em equipa. Os utilizadores podem examinar e debater os dados ao mesmo tempo, trazendo os seus pontos de vista e filtros individuais para a mesa antes de partilharem os seus resultados com o grupo. A prática da exploração em grupo cultiva uma cultura orientada para os dados, na qual várias partes interessadas desenvolvem e validam ideias de forma consistente, resultando em processos de tomada de decisão mais sólidos.

Com a ajuda de visualizações interactivas, os utilizadores podem interagir ativamente com os seus dados para obterem uma compreensão mais profunda e tomarem melhores decisões. Os relatórios estáticos não conseguem igualar a experiência analítica mais rica e flexível que oferecem, permitindo a exploração dinâmica de dados e alterações em tempo real. Para utilizar plenamente os dados, a interação é essencial. Esta permite que os utilizadores de várias profissões e sectores obtenham e utilizem informações complexas.

O objetivo da visualização interactiva é melhorar a nossa interação com a informação através da utilização de representações gráficas de dados. Os ecrãs gráficos que os sistemas analíticos e de business intelligence utilizam são também designados por visuais interactivos. A aplicação mais comum para estas visualizações são os painéis de controlo interactivos, que oferecem um meio simples de compreender os conhecimentos que podem ser obtidos a partir de dados que mudam rapidamente.

Para que uma visualização seja classificada como interactiva, é necessária uma caraterística de entrada humana, como clicar num botão ou arrastar um cursor, bem como um tempo de reação suficientemente rápido para demonstrar uma verdadeira relação entre a entrada de dados e o resultado visual.

Devido ao seu valor adicional e simplicidade de utilização, as visualizações interactivas estão a tornar-se uma caraterística padrão da maioria dos pacotes analíticos e são cada vez mais frequentes no business intelligence. Através da utilização de gráficos dinâmicos e de alterações de cor e de forma em resposta a consultas e interações, as visualizações permitem aos utilizadores explorar, alterar e interagir com os dados. Fundamentalmente, os dashboards de empresas de todas as dimensões e de vários sectores podem beneficiar de visualizações interactivas, uma vez que permitem um melhor acesso aos dados em tempo real. Fazer os melhores e mais exactos julgamentos requer a capacidade de examinar os dados à medida que estes se tornam disponíveis e se alteram.

Como posso utilizar visualizações interactivas?

Uma vez que as visualizações de dados interactivas podem otimizar a forma como as informações são apresentadas, são uma ferramenta muito útil a ter no seu arsenal para uma vasta gama de casos de utilização. A integração direta de visualizações de dados interactivas em dashboards é uma das suas utilizações mais populares, uma vez que a utilização de longas tabelas de números e dados seria trabalhosa e inviável.

Por outro lado, as imagens interactivas são o melhor recurso para obter uma visão geral de uma empresa, divisão ou empreendimento. Ao integrá-las num dashboard, as empresas podem estabelecer hierarquias e separar dados, deslocando determinadas informações para um separador à parte ou dentro da própria visualização. As visualizações interactivas fazem maravilhas quando adicionadas aos relatórios de business intelligence, uma vez que podem tornar os relatórios mais simples de ler, mais fascinantes e mais cativantes. Com a ajuda destas ferramentas de visualização de dados, as empresas podem expandir a variedade de apresentações de dados que oferecem. Isto permite uma compreensão mais completa e uma análise mais adaptável, o que pode proporcionar vários conhecimentos e resultados surpreendentes. As visualizações interactivas proporcionam um relatório visualmente mais apelativo, mesmo durante a apresentação de informações aos clientes.

As visualizações interactivas estão na vanguarda da análise de dados moderna, transformando a forma como os utilizadores interagem com os dados e os interpretam. Ao contrário das visualizações estáticas, que oferecem uma visão unidimensional dos dados, as visualizações interactivas permitem aos utilizadores manipular e explorar os dados de forma dinâmica. Esta capacidade é crucial no atual mundo orientado para os dados, em que as empresas e os indivíduos precisam de extrair, de forma rápida e eficiente, informações significativas de conjuntos de dados grandes e complexos.

No centro das visualizações interactivas está o conceito de envolvimento do utilizador. Os quadros e gráficos estáticos tradicionais apresentam os dados num formato fixo, exigindo que os utilizadores processem e interpretem mentalmente a informação. Em contrapartida, as visualizações interactivas convidam os utilizadores a interagir diretamente com os dados. Clicando, passando o cursor e arrastando, os utilizadores podem filtrar a informação, ampliar pontos de dados específicos e aprofundar os detalhes. Este nível de interação transforma o processo de análise de dados de uma atividade passiva numa exploração ativa, facilitando aos utilizadores a identificação de tendências, padrões e valores atípicos.

Uma das principais vantagens das visualizações interactivas é a capacidade de filtrar dados em tempo real. Os utilizadores podem aplicar filtros para se concentrarem em subconjuntos específicos de dados, como um determinado período de tempo, região geográfica ou categoria de produto. Por exemplo, um gestor de vendas pode utilizar um dashboard interativo para filtrar os dados de vendas por região, o que lhe permite comparar o desempenho em diferentes territórios. Esta capacidade de filtragem imediata ajuda os utilizadores a concentrarem-se rapidamente nos dados relevantes, reduzindo o tempo gasto a filtrar informação irrelevante.

A funcionalidade de pesquisa é outra caraterística poderosa das visualizações interactivas. Esta capacidade permite aos utilizadores clicar num ponto de dados para revelar camadas adicionais de detalhe. Por exemplo, num painel de controlo financeiro, um utilizador pode clicar num valor de receitas anuais para analisar o desempenho trimestral ou mensal. Esta exploração hierárquica ajuda os utilizadores a compreender os factores subjacentes que contribuem para as métricas de alto nível, facilitando a tomada de decisões mais informadas. As funcionalidades de pesquisa são particularmente úteis em conjuntos de dados complexos, em que a compreensão das nuances dos dados é fundamental para uma análise precisa.

As funcionalidades de zoom e panorâmica melhoram ainda mais a experiência do utilizador, permitindo-lhe ajustar a escala das suas visualizações. A aplicação de zoom a um intervalo de dados específico pode revelar informações pormenorizadas que podem passar despercebidas numa visualização mais ampla. Por outro lado, a redução do zoom proporciona uma perspetiva macro, ajudando os utilizadores a ver o panorama geral. A panorâmica permite que os utilizadores naveguem pelos dados horizontal ou verticalmente, assegurando que podem explorar todo o conjunto de dados sem perder o contexto. Estas capacidades são especialmente valiosas em dados de séries temporais, dados geográficos e grandes conjuntos de dados em que os utilizadores precisam de examinar tanto as vistas detalhadas como as resumidas.

O realce e as dicas de ferramentas são elementos essenciais das visualizações interactivas que melhoram a compreensão dos dados. Quando os utilizadores passam o cursor sobre um ponto de dados, as dicas de ferramentas podem apresentar informações adicionais, tais como valores exactos, alterações percentuais ou notas contextuais. O destaque pode enfatizar pontos de dados ou tendências específicas, chamando a atenção dos utilizadores para informações críticas. Por exemplo, num painel de desempenho de vendas, destacar os produtos ou regiões com melhor desempenho pode ajudar os utilizadores a identificar rapidamente áreas de sucesso. Estes elementos interactivos tornam os dados mais acessíveis e compreensíveis, reduzindo a carga cognitiva e melhorando a experiência geral do utilizador.

A integração de dados em tempo real é um fator de mudança no domínio das visualizações interactivas. Ao ligar-se a fontes de dados em tempo real, como bases de dados, APIs ou dispositivos IoT, os painéis interactivos podem apresentar as informações mais actuais disponíveis. Esta capacidade em tempo real é crucial para os sectores em que a tomada de decisões atempada é essencial, como as finanças, os cuidados de saúde e a logística. Por exemplo, um gestor de logística pode monitorizar os dados de expedição em tempo real para otimizar as rotas e reduzir os tempos de entrega. As visualizações interactivas em tempo real garantem que os utilizadores têm sempre acesso aos dados mais recentes, permitindo-lhes tomar decisões proactivas e informadas.

A colaboração é outra vantagem significativa das visualizações interactivas. Os ambientes empresariais modernos dependem do trabalho em equipa e da partilha de informações para impulsionar o sucesso. Os dashboards interactivos facilitam a colaboração, permitindo que vários utilizadores explorem os dados em simultâneo.

Os utilizadores podem partilhar as suas visualizações, aplicar filtros diferentes e discutir as informações em tempo real. As funcionalidades de colaboração incluem frequentemente a capacidade de anotar visualizações, partilhar vistas personalizadas e integrar-se em ferramentas de comunicação como o Slack ou o Microsoft Teams. Esta abordagem colaborativa fomenta uma cultura orientada para os dados nas organizações, em que as informações são continuamente geradas, validadas e aplicadas pelas diferentes partes interessadas.

A personalização é um aspeto fundamental das visualizações interactivas que satisfazem as diversas necessidades dos utilizadores. Diferentes utilizadores têm diferentes requisitos e preferências no que diz respeito à análise de dados. As ferramentas de visualização interactiva oferecem uma gama de opções de personalização, permitindo aos utilizadores adaptar o aspeto e a sensação dos seus painéis. As opções de personalização podem incluir a alteração de esquemas de cores, o ajuste do tamanho dos tipos de letra, a configuração de escalas de eixos e a criação de campos calculados personalizados. Os utilizadores avançados podem até utilizar linguagens de scripting como Python ou R para criar visualizações personalizadas e efetuar análises complexas. Esta flexibilidade garante que as visualizações interactivas satisfazem as necessidades específicas dos seus utilizadores, aumentando a sua eficácia e usabilidade.

A integração da análise avançada e da aprendizagem automática aumenta ainda mais as capacidades das visualizações interactivas. Ao incorporar a análise preditiva, o agrupamento e outras técnicas avançadas, os dashboards interactivos podem fornecer informações e previsões mais profundas. Por exemplo, uma empresa de retalho pode utilizar modelos de aprendizagem automática para prever tendências de vendas futuras com base em dados históricos, permitindo aos gestores tomar decisões baseadas em dados sobre estratégias de inventário e de marketing. As visualizações interactivas podem apresentar estas análises avançadas num formato intuitivo, tornando as análises sofisticadas acessíveis a utilizadores não especializados.

As visualizações interactivas também desempenham um papel fundamental na narração de histórias com dados. A narração de histórias com dados é a prática de utilizar visualizações de dados para transmitir uma narrativa que destaca as principais informações e apoia a tomada de decisões. Os elementos interactivos permitem aos utilizadores seguir uma história de dados de forma dinâmica, explorando diferentes aspectos e interagindo com a narrativa. Por exemplo, um analista empresarial pode criar um painel que guia os utilizadores através de uma sequência de visualizações, em que cada passo revela uma parte da história. Esta abordagem ajuda os utilizadores a compreender o contexto e o significado dos dados, conduzindo a informações mais convincentes e persuasivas.

A acessibilidade é uma consideração importante na conceção de visualizações interactivas. Garantir que as visualizações são acessíveis a todos os utilizadores, incluindo os portadores de deficiência, é crucial para a inclusão. Caraterísticas como a navegação por teclado, a compatibilidade com leitores de ecrã e esquemas de cores de elevado contraste ajudam a tornar as visualizações interactivas utilizáveis por um público mais vasto. As normas e diretrizes de acessibilidade, como as WCAG (Web Content Accessibility Guidelines), fornecem as melhores práticas para a conceção de visualizações interactivas acessíveis. Ao aderir a estas normas, as organizações podem garantir que as suas informações sobre dados estão disponíveis para todos, independentemente das suas capacidades.

As aplicações educativas e de formação das visualizações interactivas também são dignas de nota. Em contextos académicos, as visualizações interactivas podem ajudar os alunos a explorar conjuntos de dados complexos e a compreender conceitos abstractos. Por exemplo, os mapas interactivos nas aulas de geografia podem ajudar os alunos a visualizar as tendências demográficas e as alterações ambientais. Na formação empresarial, os dashboards interactivos podem ser utilizados para simular cenários empresariais e ensinar os funcionários a analisar e interpretar dados. Estas aplicações educativas demonstram a versatilidade das visualizações interactivas para melhorar a aprendizagem e a compreensão.

O futuro das visualizações interactivas encerra possibilidades interessantes impulsionadas pelos avanços da tecnologia e da ciência dos dados. Inovações como a realidade aumentada (RA) e a realidade virtual (RV) estão a começar a transformar a forma como os utilizadores interagem com os dados. A RA e a RV podem proporcionar experiências de dados imersivas, permitindo aos utilizadores explorar dados num espaço tridimensional e interagir com eles de formas totalmente novas. Por exemplo, uma visualização de dados em RV pode permitir que os utilizadores percorram uma paisagem virtual de pontos de dados, obtendo uma compreensão espacial mais profunda dos dados. Estas tecnologias têm o potencial de revolucionar a visualização de dados, tornando-a mais cativante e perspicaz.

A inteligência artificial (IA) e o processamento de linguagem natural (PNL) estão também a moldar o futuro das visualizações interactivas. A IA pode automatizar a preparação de dados, gerar informações preditivas e personalizar visualizações com base no comportamento do utilizador. O PNL permite que os utilizadores interajam com as visualizações utilizando consultas em linguagem natural, tornando a exploração de dados mais intuitiva. Por exemplo, um utilizador pode pedir a um dashboard "Mostre-me as tendências de vendas do ano passado" e o sistema alimentado por IA gerará a visualização adequada. Estes avanços estão a tornar as visualizações interactivas mais inteligentes e fáceis de utilizar.

As visualizações interactivas são uma ferramenta transformadora no domínio da análise de dados, oferecendo uma forma dinâmica e cativante de explorar e interpretar dados. Ao permitir que os utilizadores interajam com os dados através de filtragem, pesquisa, zoom e realce, estas visualizações facilitam a obtenção de conhecimentos mais profundos e a tomada de decisões mais informadas. A integração de dados em tempo real, as funcionalidades de colaboração, as opções de personalização e a análise avançada aumentam ainda mais as suas capacidades. À medida que a tecnologia continua a evoluir, o futuro das visualizações interactivas promete experiências ainda mais inovadoras e envolventes. Quer sejam utilizadas para fins comerciais, educativos ou de investigação, as visualizações interactivas são uma ferramenta essencial para libertar todo o potencial dos dados, tornando informações complexas acessíveis, compreensíveis e acionáveis para utilizadores de vários domínios.

7.5 Comunicar os conhecimentos de forma eficaz

A comunicação eficaz de informações é um aspeto essencial da análise de dados e da tomada de decisões no mundo atual, orientado por dados. Envolve a transformação de dados em bruto em narrativas com significado, recomendações acionáveis e visualizações convincentes que se repercutem nas partes interessadas. A comunicação eficaz de informações garante que os dados não só sejam compreendidos, mas também conduzam a decisões informadas e acções estratégicas nas organizações. Esta exploração exaustiva irá aprofundar várias estratégias, técnicas e melhores práticas para comunicar as ideias de forma eficaz, abrangendo tanto os aspectos técnicos como a abordagem centrada no ser humano necessária para uma narrativa de dados com impacto.

Compreender o público e o objetivo

A compreensão do público e do objetivo da comunicação é fundamental para uma comunicação eficaz dos conhecimentos. Os diferentes intervenientes de uma organização podem ter diferentes níveis de familiaridade com os dados e a análise. Os executivos, por exemplo, exigem frequentemente resumos de alto nível e conclusões importantes que se alinham com os objectivos estratégicos, enquanto as equipas operacionais podem necessitar de análises detalhadas para otimizar os processos. Adaptar a comunicação ao público garante que as informações sejam relevantes, acessíveis e acionáveis.

Criar uma narrativa convincente

Uma narrativa convincente transforma os dados numa história que tem impacto na audiência. Fornece contexto, destaca as principais conclusões e orienta as partes interessadas através dos conhecimentos. Uma narrativa bem estruturada inclui normalmente

1. Introdução: Preparar o terreno introduzindo o problema ou a questão que a análise de dados pretende abordar.

2. Exploração de dados: Apresentar os dados e os métodos analíticos utilizados, assegurando a transparência na forma como os conhecimentos foram obtidos.

3. Principais conclusões: Destacar os conhecimentos e conclusões mais significativos retirados da análise. Isto pode incluir tendências, correlações, valores atípicos e recomendações acionáveis.

4. Implicações e recomendações: Discutir as implicações das conclusões e apresentar recomendações para acções estratégicas ou investigação adicional.

5. Conclusão: Resumir os pontos principais e realçar a importância dos conhecimentos para a tomada de decisões.

Ao estruturar as informações numa narrativa coerente, os comunicadores podem envolver as partes interessadas de forma mais eficaz e facilitar uma compreensão mais profunda das informações baseadas em dados.

Escolher as visualizações corretas

As visualizações são ferramentas poderosas para comunicar informações sobre dados complexos de forma sucinta e intuitiva. A escolha do tipo certo de visualização depende da natureza dos dados e da história que está a ser contada. Os tipos comuns de visualizações incluem:

- Gráficos de barras e gráficos de colunas: Úteis para comparar quantidades entre categorias.
- Gráficos de linhas: Ideal para mostrar tendências ao longo do tempo.
- Gráficos de pizza: Eficazes para apresentar partes de um todo, embora devam ser utilizados com moderação.
- Gráficos de dispersão: Úteis para identificar relações e correlações entre variáveis.
- Mapas: Adequados para dados geográficos e análises espaciais.
- Dashboards: Fornecer uma visão geral de várias visualizações e KPIs numa única interface.

As visualizações interactivas, como as oferecidas por ferramentas como o Power BI e o Tableau, permitem às partes interessadas explorar os dados de forma dinâmica. Esta interatividade aumenta o envolvimento e a compreensão, permitindo aos utilizadores filtrar, aprofundar os detalhes e interagir diretamente com os dados. Além disso, as visualizações devem ser concebidas com clareza, utilizando esquemas de cores, etiquetas e anotações adequadas para transmitir a informação de forma eficaz.

Técnicas de narração de histórias baseadas em dados

Uma narração de dados eficaz vai para além da apresentação de números; envolve a criação de uma narrativa que estabeleça uma ligação com o público a um nível emocional e intelectual. Algumas técnicas-chave para contar histórias baseadas em dados incluem:

- Comece pelo Porquê: Comece por explicar o significado da análise e a razão pela qual é importante para o público.
- Utilizar analogias e metáforas: Simplificar conceitos complexos relacionando-os com situações ou objectos familiares.
- Incluir exemplos do mundo real: Ilustre as ideias com estudos de caso ou exemplos que tenham impacto nas partes interessadas.
- Humanizar os dados: Dê um rosto humano aos dados, partilhando histórias sobre o impacto das informações nos indivíduos ou nas comunidades.
- Mantenha-o conciso e claro: Evite o jargão e a complexidade desnecessária, concentrando-se em transmitir as mensagens mais importantes de forma sucinta.

Ao aplicar estas técnicas de narração de histórias, os comunicadores podem tornar os dados mais relacionáveis e convincentes, promovendo um maior envolvimento e compreensão entre as partes interessadas.

Utilização de ferramentas de visualização de dados

As ferramentas modernas de visualização de dados desempenham um papel crucial na comunicação eficaz de informações. Ferramentas como o Tableau, o Power BI e o Google Data Studio oferecem capacidades robustas para criar dashboards e relatórios interactivos. Estas ferramentas permitem aos utilizadores:

- Ligação a várias fontes de dados: Integrar dados de várias fontes, incluindo bases de dados, folhas de cálculo e serviços na nuvem.

- Criar Dashboards Interactivos: Crie dashboards que permitam aos intervenientes explorar os dados de forma dinâmica através de filtros, slicers e capacidades de drill-down.

- Personalizar visualizações: Adapte as visualizações para satisfazer necessidades específicas, ajustando cores, etiquetas e formatação para melhorar a clareza e a estética.

- Partilhar informações: Publique dashboards online, incorpore-os em apresentações ou exporte-os para PDF ou outros formatos para distribuição.

- Colaboração em tempo real: Facilite a colaboração, permitindo que vários utilizadores visualizem e interajam com os dashboards em simultâneo, partilhando informações e comentários.

Ao tirar partido destas ferramentas de forma eficaz, as organizações podem simplificar a comunicação de informações, promover a tomada de decisões com base em dados e fomentar uma cultura de análise na organização.

Garantir a exatidão e a transparência dos dados

A exatidão e a transparência dos dados são fundamentais para uma comunicação eficaz dos conhecimentos. As partes interessadas devem confiar nos dados e compreender como foram obtidos os conhecimentos. As principais considerações incluem:

- Garantia da qualidade dos dados: Validar fontes de dados limpas e pré-processar dados para remover erros e inconsistências.

- Documentação: Documentar os passos do processamento de dados, os pressupostos e as metodologias utilizadas na análise.

- Transparência: Fornecer às partes interessadas acesso aos dados e cálculos subjacentes, permitindo-lhes verificar os resultados de forma independente.

- Consistência: Assegurar a consistência das definições de dados, métricas e normas de comunicação em toda a organização.

Ao manter a integridade e a transparência dos dados, as organizações podem aumentar a credibilidade e facilitar a tomada de decisões informadas com base em conhecimentos fiáveis.

Adaptar os canais de comunicação

A comunicação eficaz dos conhecimentos implica a seleção dos canais e formatos adequados para chegar às partes interessadas. Alguns canais de comunicação comuns incluem:

- Apresentações: Fornecer informações através de apresentações ao vivo, utilizando recursos visuais e técnicas de narração de histórias para envolver o público.
- Relatórios: Compilar as conclusões em relatórios abrangentes que fornecem uma análise detalhada apoiada por visualizações e recomendações.
- Painéis de controlo: Criar painéis de controlo interactivos a que as partes interessadas possam aceder em linha ou através de dispositivos móveis, permitindo a exploração de dados em tempo real.
- Actualizações por e-mail: Envie actualizações regulares ou resumos de informações por e-mail, destacando as principais conclusões e acções.

A escolha do canal de comunicação depende de factores como as preferências do público, a urgência da informação e a profundidade da análise necessária.

Envolver as partes interessadas e obter feedback

O envolvimento das partes interessadas ao longo do processo de comunicação é crucial para garantir a relevância e a eficácia. Algumas estratégias para envolver as partes interessadas incluem:

- Envolvimento precoce: Envolver as partes interessadas desde o início para compreender as suas necessidades e expectativas de informação.

- Circuitos de feedback: Solicitar feedback sobre projectos de apresentações, relatórios ou painéis de controlo para incorporar os contributos das partes interessadas.
- Workshops interactivos: Realizar workshops ou reuniões para apresentar ideias, discutir implicações e debater estratégias acionáveis.
- Inquéritos e entrevistas: Recolher o feedback das partes interessadas através de inquéritos, entrevistas ou grupos de discussão para avaliar o impacto dos conhecimentos na tomada de decisões.

Ao envolver ativamente as partes interessadas e incorporar o seu feedback, as organizações podem adaptar os conhecimentos para satisfazer necessidades específicas e aumentar a adesão das partes interessadas.

Medir o impacto e fazer iterações

Medir o impacto dos conhecimentos comunicados é essencial para avaliar a eficácia e aperfeiçoar as estratégias de comunicação. Os indicadores-chave de desempenho (KPIs) para medir o impacto podem incluir:

- Velocidade de tomada de decisão: Avaliar se os insights aceleraram os processos de tomada de decisão dentro da organização.
- Decisões acionáveis: Acompanhe o número de decisões acionáveis ou iniciativas estratégicas influenciadas por informações comunicadas.
- Métricas de utilização: Monitorize as métricas de utilização de dashboards ou relatórios, tais como visualizações, interações e feedback do utilizador.
- Feedback e satisfação: Recolher feedback das partes interessadas sobre a utilidade, clareza e relevância dos conhecimentos comunicados.

Com base nestas métricas, as organizações podem repetir as suas estratégias de comunicação, aperfeiçoando o conteúdo, os formatos e os métodos de entrega para aumentar o impacto e a eficácia ao longo do tempo.

Considerações éticas sobre a comunicação de conhecimentos

As considerações éticas são fundamentais quando se comunicam informações baseadas em dados, especialmente no que respeita à privacidade, confidencialidade e justiça. As organizações devem:

- Proteger a privacidade: Salvaguardar informações sensíveis e garantir a conformidade com os regulamentos de proteção de dados, como o RGPD ou a CCPA.
- Garantir a equidade: Evitar preconceitos na análise e interpretação dos dados, tendo em conta factores como a representação e a diversidade das amostras de dados.
- Promover a transparência: Revelar as limitações dos dados e da análise, fornecendo um contexto para que as partes interessadas possam fazer juízos informados.
- Respeitar o consentimento: Obter o consentimento para a utilização dos dados e garantir que as partes interessadas compreendem a forma como os seus dados serão utilizados e comunicados.

Ao respeitarem as normas éticas, as organizações criam confiança junto das partes interessadas e defendem a sua responsabilidade social na tomada de decisões baseadas em dados.

Estudos de caso e exemplos

Para ilustrar a comunicação eficaz de conhecimentos na prática, considere os seguintes estudos de caso:

1. Análise de retalho: Uma empresa de retalho utiliza painéis de controlo interactivos para analisar o desempenho das vendas nas lojas, identificar tendências no comportamento dos clientes e otimizar a gestão de inventário. Ao visualizar dados sobre vendas de produtos, dados demográficos dos clientes e tendências sazonais, a empresa toma decisões baseadas em dados para melhorar as estratégias de marketing e aumentar a satisfação dos clientes.

2. Análise dos cuidados de saúde: Um prestador de cuidados de saúde utiliza ferramentas de visualização de dados para analisar os resultados dos doentes, monitorizar as métricas de desempenho do hospital e identificar áreas para melhoria da qualidade. Os painéis interactivos permitem que os médicos e os administradores acompanhem os principais indicadores, como os tempos de espera dos doentes, as taxas de infeção e os resultados dos tratamentos, o que conduz a uma atribuição mais eficiente dos recursos e a melhores cuidados para os doentes.

3. Serviços financeiros: Uma instituição financeira utiliza modelos de análise preditiva e de aprendizagem automática para analisar as tendências do mercado, prever oportunidades de investimento e gerir os riscos da carteira. As visualizações interactivas permitem aos gestores de carteiras explorar dados históricos, simular cenários e tomar decisões informadas sobre a atribuição de activos e estratégias de negociação.

Estes estudos de caso demonstram como a comunicação eficaz de conhecimentos através da visualização de dados e da narração de histórias pode impulsionar os resultados empresariais, melhorar a eficiência operacional e apoiar a tomada de decisões estratégicas em todos os sectores.

Conclusão

Em conclusão, a comunicação eficaz dos conhecimentos é essencial para transformar os dados em conhecimento acionável que conduza a uma tomada de decisões informada e a acções estratégicas nas organizações. Ao compreender o público, elaborar narrativas convincentes, utilizar visualizações adequadas, garantir a exatidão e a transparência dos dados e envolver as partes interessadas em todo o processo, as organizações podem maximizar o impacto.

Capítulo 8: Segurança e privacidade de grandes volumes de dados

A segurança e a privacidade dos grandes volumes de dados são preocupações fundamentais no atual panorama digital, em que grandes volumes de dados são gerados, recolhidos, processados e armazenados por organizações de vários sectores. À medida que o volume, a velocidade e a variedade de dados continuam a expandir-se exponencialmente, garantir medidas de segurança robustas e salvaguardar a privacidade tornaram-se imperativos críticos para empresas, governos e indivíduos.

Introdução à segurança e privacidade dos megadados

Os grandes volumes de dados referem-se a conjuntos de dados demasiado grandes e complexos para serem processados através de aplicações tradicionais de processamento de dados. Isto inclui dados estruturados, semi-estruturados e não estruturados de fontes como as redes sociais, dispositivos IoT, sensores, registos de transacções, entre outros. Embora os grandes volumes de dados ofereçam oportunidades sem precedentes para a obtenção de conhecimentos e inovação, também apresentam desafios significativos, nomeadamente no que respeita à segurança e à privacidade.

Principais desafios da segurança dos megadados

1. Volume e velocidade: O enorme volume e a velocidade a que os grandes volumes de dados são gerados e processados criam desafios aos mecanismos de segurança tradicionais. O processamento de dados em tempo real exige soluções de segurança escaláveis e eficientes para proteger os dados em repouso e em trânsito.

2. Variedade de fontes de dados: Os grandes volumes de dados englobam diversos tipos e fontes de dados, incluindo texto, imagens, vídeos e dados geoespaciais. A segurança destes conjuntos de dados heterogéneos exige medidas de segurança adaptáveis que possam abordar as caraterísticas únicas de cada tipo de dados.

3. Complexidade da infraestrutura: Os ambientes de grandes volumes de dados envolvem frequentemente sistemas de armazenamento distribuídos, plataformas de computação em nuvem e condutas de dados complexas. A segurança dessas infra-estruturas exige arquitecturas de segurança integradas que possam gerir vários níveis de processamento e armazenamento de dados.

4. Preocupações com a privacidade: A agregação e a análise de conjuntos de dados em grande escala suscitam preocupações significativas em matéria de privacidade, nomeadamente no que respeita às informações de identificação pessoal (IPI). Proteger os direitos de privacidade dos indivíduos e, ao mesmo tempo, extrair informações acionáveis é um equilíbrio delicado que as organizações têm de encontrar.

5. Conformidade regulamentar: Os regulamentos de proteção de dados, como o GDPR na Europa e a CCPA na Califórnia, impõem requisitos rigorosos sobre a forma como as organizações recolhem, armazenam, processam e partilham dados pessoais. A conformidade com esses regulamentos é crucial para evitar responsabilidades legais e manter a confiança das partes interessadas.

Medidas de segurança para grandes volumes de dados

1. Encriptação: A encriptação dos dados em repouso e em trânsito é essencial para os proteger contra o acesso não autorizado. As normas de cifragem avançada (AES) e os protocolos de comunicação segura (SSL/TLS) são normalmente utilizados para salvaguardar a integridade e a confidencialidade dos dados.

2. Controlo de acesso: A implementação de mecanismos robustos de controlo de acesso garante que apenas os utilizadores e aplicações autorizados podem aceder a dados sensíveis. O controlo de acesso baseado em funções (RBAC), a autenticação multifactor (MFA) e os princípios de privilégio mínimo ajudam a mitigar as ameaças internas e o acesso não autorizado.

3. Mascaramento e anonimização de dados: O mascaramento ou a anonimização de dados sensíveis antes do armazenamento ou da análise ajuda a proteger a privacidade, ao mesmo tempo que permite aos cientistas e analistas de dados obterem informações a partir de conjuntos de dados anonimizados. Técnicas como a tokenização e a pseudonimização são utilizadas para substituir informações sensíveis por equivalentes não sensíveis.

4. Firewalls e sistemas de deteção de intrusão (IDS): A implementação de firewalls e soluções IDS/IPS ajuda a monitorizar o tráfego da rede, detetar anomalias e impedir o acesso não autorizado ou ataques. A monitorização contínua e os alertas em tempo real permitem uma deteção e resposta proactivas às ameaças.

5. Prevenção de perda de dados (DLP): A implementação de soluções DLP ajuda a evitar fugas de dados acidentais ou maliciosas, monitorizando e controlando o movimento de dados em redes, pontos finais e ambientes de nuvem. A encriptação, a gestão de direitos digitais (DRM) e os controlos baseados em políticas são parte integrante das estratégias de DLP.

6. Análise de segurança e aprendizagem automática: O recurso à análise de segurança e aos algoritmos de aprendizagem automática ajuda a identificar padrões de comportamento suspeito e potenciais ameaças à segurança em ambientes de megadados. A análise preditiva pode melhorar a deteção proactiva de ameaças e permitir uma resposta rápida a incidentes.

Técnicas de preservação da privacidade

1. Privacidade desde a conceção: A incorporação de considerações de privacidade na conceção e desenvolvimento de sistemas de megadados garante que as tecnologias de proteção da privacidade (PET) sejam integradas desde o início. Isto inclui a minimização dos dados, a limitação da finalidade e a transparência nas práticas de tratamento de dados.

2. Consentimento e controlo do utilizador: Obter o consentimento informado dos indivíduos antes de recolher ou processar os seus dados pessoais é fundamental para

a proteção da privacidade. Proporcionar aos utilizadores o controlo sobre os seus dados, incluindo a possibilidade de aceder, retificar ou apagar as suas informações, aumenta a confiança e a conformidade com os requisitos regulamentares.

3. Extração de dados com preservação da privacidade: A utilização de técnicas como a privacidade diferencial, a encriptação homomórfica e a aprendizagem federada permite às organizações efetuar a extração e a análise de dados, preservando simultaneamente a privacidade das informações sensíveis dos indivíduos. Estes métodos permitem uma análise agregada sem revelar dados a nível individual.

4. Anonimização e desidentificação: A remoção ou ofuscação de informações pessoalmente identificáveis (PII) dos conjuntos de dados através de técnicas de anonimização ou desidentificação ajuda a proteger a privacidade, permitindo simultaneamente a análise dos dados. No entanto, para garantir a eficácia da anonimização, é necessário considerar cuidadosamente os riscos de reidentificação e a utilidade dos dados.

5. Auditoria e responsabilização: O estabelecimento de pistas de auditoria e de estruturas de responsabilização garante a transparência das práticas de tratamento de dados. A auditoria dos registos de acesso, dos padrões de utilização dos dados e da conformidade com as políticas de privacidade ajuda as organizações a demonstrarem a sua responsabilidade perante as partes interessadas e as autoridades reguladoras.

Tendências e tecnologias emergentes

1. Blockchain para segurança de dados: A tecnologia Blockchain oferece armazenamento de dados descentralizado e imutável, aumentando a segurança e a transparência nas transacções de grandes volumes de dados. As aplicações incluem a partilha segura de dados, a gestão descentralizada da identidade e a auditabilidade da proveniência dos dados.

2. Análise de segurança com base em IA: Os algoritmos de IA e de aprendizagem automática são cada vez mais utilizados para detetar e responder a ameaças à segurança em tempo real. A análise comportamental, a deteção de anomalias e a automatização da inteligência contra ameaças ajudam as organizações a mitigar os riscos e a reforçar as medidas de segurança proactivas.

3. Segurança da computação periférica: Com a proliferação de dispositivos IoT e ambientes de computação de ponta, a segurança dos dados na ponta torna-se crítica. A implementação de protocolos de comunicação seguros, a autenticação de dispositivos e as medidas de segurança dos pontos finais protegem os dados processados e armazenados na periferia.

4. IA com preservação da privacidade: A investigação e o desenvolvimento de técnicas de IA com preservação da privacidade, como a aprendizagem federada e a computação multipartidária segura (SMPC), permitem a análise de dados em colaboração, protegendo simultaneamente a privacidade individual. Estes avanços apoiam implantações éticas de IA em ambientes de grandes volumes de dados.

5. Evolução regulamentar: As actualizações e alterações contínuas às leis de proteção de dados, como o RGPD, a CCPA e a evolução das normas de privacidade globais, têm impacto na forma como as organizações gerem e protegem os megadados. A conformidade com os requisitos regulamentares continua a ser uma prioridade para evitar sanções e danos à reputação.

Melhores práticas para segurança e privacidade de grandes volumes de dados

1. Avaliação exaustiva dos riscos: A realização de avaliações de risco regulares para identificar vulnerabilidades, avaliar ameaças e dar prioridade às medidas de segurança alinha as estratégias de segurança com os objectivos comerciais.

2. Monitorização contínua e resposta a incidentes: A implementação de ferramentas de monitorização em tempo real e de procedimentos de resposta a incidentes garante a rápida deteção, contenção e atenuação de incidentes de segurança ou violações de dados.

3. Formação e consciencialização dos funcionários: A formação dos funcionários sobre as melhores práticas de segurança de dados, políticas de privacidade e conformidade regulamentar promove uma cultura de sensibilização para a segurança e responsabilidade em toda a organização.

4. Gestão de riscos de terceiros: Avaliar e monitorizar as práticas de segurança de fornecedores terceiros, fornecedores de serviços em nuvem e processadores de dados garante que os parceiros externos aderem a normas rigorosas de segurança e privacidade.

5. Auditorias regulares e verificações de conformidade: A realização de auditorias regulares, avaliações de conformidade e testes de penetração verifica a eficácia dos controlos de segurança e assegura o cumprimento dos requisitos regulamentares.

A segurança e a privacidade dos grandes volumes de dados são considerações fundamentais na era da transformação digital e da tomada de decisões baseada em dados. As organizações têm de adotar uma abordagem proactiva para mitigar os riscos de segurança, proteger as informações sensíveis e defender os direitos de privacidade no meio das complexidades dos ambientes de megadados. Através da implementação de medidas de segurança robustas, da utilização de técnicas de preservação da privacidade e da adoção responsável de tecnologias emergentes, as organizações podem salvaguardar a integridade dos dados, manter a conformidade regulamentar e ganhar a confiança das partes interessadas. À medida que os grandes volumes de dados continuam a evoluir, a resolução dos desafios de segurança e privacidade continuará a ser essencial para libertar todo o seu potencial de inovação e benefício social, assegurando simultaneamente práticas de dados éticas e responsáveis

8.1 Compreender os desafios da segurança dos dados

A segurança dos dados é uma disciplina crítica centrada na proteção dos dados contra o acesso, utilização ou destruição não autorizados. Engloba uma série de estratégias e tecnologias concebidas para garantir a confidencialidade, integridade e disponibilidade dos activos de informação. A confidencialidade assegura que os dados são acessíveis apenas a utilizadores autorizados através de encriptação e controlos de acesso, protegendo a informação sensível de divulgação não autorizada. As medidas de integridade dos dados verificam se os dados permanecem exactos e consistentes ao longo do seu ciclo de vida, evitando modificações ou corrupção não autorizadas. A disponibilidade garante que os dados estão acessíveis de forma fiável aos utilizadores autorizados quando necessário, utilizando planos de redundância e de recuperação de desastres para reduzir as interrupções. Os mecanismos de autenticação e autorização verificam as identidades dos utilizadores e controlam os privilégios de acesso utilizando métodos como palavras-passe, biometria e autenticação multifactor para impedir o acesso não autorizado. A encriptação de dados desempenha um papel crucial na codificação de dados para os tornar ilegíveis para partes não autorizadas, tanto no armazenamento como durante a transmissão através de redes. As medidas de segurança da rede, como firewalls e sistemas de deteção de intrusão, protegem os dados durante a transmissão, enquanto a formação de sensibilização para a segurança educa os utilizadores sobre as melhores práticas para minimizar as vulnerabilidades. A conformidade com os regulamentos e as políticas organizacionais garante que as práticas de segurança dos dados estão em conformidade com os requisitos legais e as normas do sector, reduzindo os riscos associados às violações de dados. De um modo geral, uma segurança de dados eficaz requer uma abordagem em camadas que integre controlos técnicos, políticas e sensibilização dos utilizadores para proteger os valiosos activos de dados das organizações contra as ciberameaças em evolução.

8.2 Encriptação e proteção de dados

A encriptação e a proteção de dados são pilares fundamentais das estratégias modernas de cibersegurança, essenciais para proteger informações sensíveis contra o acesso, a utilização ou a divulgação não autorizados. A encriptação transforma dados de texto simples em texto cifrado utilizando algoritmos matemáticos, garantindo a confidencialidade, integridade e autenticidade, quer os dados estejam em repouso (armazenados) ou em trânsito (a serem transmitidos através de redes). Este processo baseia-se em algoritmos de encriptação como o Advanced Encryption

Standard (AES), Rivest-Shamir-Adleman (RSA) e Triple Data Encryption Standard (3DES), cada um deles utilizando chaves para codificar e descodificar dados de forma segura. As chaves de encriptação desempenham um papel fundamental na determinação da força da encriptação e da complexidade da desencriptação, quer se utilize a encriptação simétrica (utilizando a mesma chave para a encriptação e desencriptação) ou a encriptação assimétrica (utilizando pares de chaves público-privadas). O hashing complementa a cifragem, gerando resultados de tamanho fixo (valores de hash) a partir de dados de entrada, utilizados principalmente para verificação da integridade dos dados e assinaturas digitais.

A encriptação de dados tem aplicação prática em vários contextos. A encriptação de dados em repouso protege os dados armazenados em dispositivos e bases de dados, garantindo a sua confidencialidade mesmo que os suportes físicos de armazenamento sejam comprometidos. A encriptação de dados em trânsito protege os dados transmitidos através de redes, utilizando protocolos como o Transport Layer Security (TLS) para evitar escutas e intercepções. A encriptação de ponta a ponta (E2EE) garante que os dados permanecem encriptados do remetente ao destinatário, protegendo as comunicações contra o acesso não autorizado durante a transmissão. Estes métodos de encriptação abordam coletivamente diferentes aspectos da segurança dos dados, desde a proteção de informações pessoais sensíveis até à segurança de comunicações comerciais críticas.

No entanto, uma encriptação de dados eficaz implica a resolução de vários desafios. A gestão de chaves é crucial para gerar, armazenar e distribuir de forma segura chaves de encriptação a partes autorizadas, garantindo que as chaves são rodadas regularmente para mitigar os riscos associados ao comprometimento das chaves. O impacto no desempenho é outra consideração, uma vez que os processos de encriptação e desencriptação podem introduzir sobrecarga computacional, necessitando de um equilíbrio entre os requisitos de segurança e o desempenho do sistema. A conformidade com requisitos regulamentares como o GDPR, HIPAA e PCI DSS obriga as organizações a implementar medidas de encriptação para proteger tipos de dados sensíveis, reforçando a proteção e a privacidade dos dados.

As melhores práticas para a encriptação de dados salientam a implementação de algoritmos de encriptação fortes com comprimentos de chave suficientes (por exemplo, AES-256), juntamente com práticas de gestão de chaves seguras para proteger as chaves contra o acesso não autorizado. A adoção de uma abordagem de segurança em camadas integra a encriptação com controlos de acesso, mecanismos de autenticação e sistemas de deteção de intrusão (IDS), melhorando a resiliência geral da segurança. Auditorias de segurança regulares, avaliações de vulnerabilidade e programas de formação de utilizadores são essenciais para identificar vulnerabilidades de encriptação, promover práticas seguras e mitigar potenciais ameaças que visem dados encriptados.

Olhando para o futuro, as tendências emergentes na encriptação de dados incluem avanços na encriptação homomórfica, permitindo a computação em dados encriptados sem desencriptação, reforçando assim a privacidade na computação em nuvem e nas aplicações de IA. Estão a ser desenvolvidas normas de encriptação quântica segura para resistir a futuras ameaças da computação quântica, garantindo a segurança dos dados a longo prazo. As plataformas de segurança integradas e as soluções de encriptação como serviço (EaaS) simplificam a implementação e a gestão da encriptação em ambientes híbridos e multi-nuvem, oferecendo uma gestão centralizada da encriptação e visibilidade dos fluxos de dados encriptados.

A encriptação de dados desempenha um papel fundamental na proteção de informações sensíveis, garantindo a confidencialidade, integridade e autenticidade em diversas aplicações e ambientes. Ao implementar algoritmos de encriptação robustos, práticas de gestão de chaves seguras e ao integrar a encriptação com controlos de segurança abrangentes, as organizações podem reduzir os riscos, cumprir os requisitos regulamentares e manter a confiança das partes interessadas num mundo cada vez mais digital e interligado. À medida que as tecnologias de encriptação evoluem, manter-se informado sobre as tendências emergentes e as melhores práticas continua a ser essencial para melhorar a proteção dos dados e a resiliência contra a evolução das ciberameaças.

A encriptação de dados é um aspeto fundamental da cibersegurança que garante que as informações sensíveis permanecem seguras, transformando-as num formato ilegível (texto cifrado) utilizando algoritmos de encriptação. Este processo impede o acesso não autorizado, a interceção ou a adulteração de dados, quer estejam armazenados (dados em repouso) ou transmitidos através de redes (dados em trânsito). A encriptação baseia-se em algoritmos matemáticos complexos, como AES, RSA e 3DES, que utilizam chaves de encriptação para codificar dados e chaves de desencriptação para os descodificar. A encriptação simétrica utiliza a mesma chave para a encriptação e a desencriptação, enquanto a encriptação assimétrica utiliza um par de chaves (pública e privada) para aumentar a segurança das comunicações e transacções digitais.

As aplicações práticas da encriptação de dados são diversas e essenciais para proteger dados sensíveis em vários contextos. A encriptação de dados em repouso garante que as informações armazenadas em dispositivos, bases de dados ou armazenamento em nuvem permanecem inacessíveis a utilizadores não autorizados, mesmo que os dispositivos físicos sejam comprometidos. A encriptação de dados em trânsito, conseguida através de protocolos como o TLS/SSL, protege as transmissões de dados através da Internet, impedindo a interceção e garantindo a privacidade durante a comunicação. A encriptação de ponta a ponta (E2EE) é particularmente crucial para manter a confidencialidade entre as partes comunicantes, onde os dados permanecem encriptados durante todo o seu percurso do remetente ao destinatário, protegendo contra a interceção e o acesso não autorizado em qualquer ponto ao longo do percurso de transmissão.

No entanto, a implementação de uma encriptação de dados eficaz implica a resolução de vários desafios e considerações. A gestão de chaves é essencial para gerar, armazenar, distribuir e revogar chaves de encriptação de forma segura, garantindo que estão protegidas contra acesso não autorizado ou roubo. As organizações também têm de equilibrar os benefícios de segurança da encriptação com o seu potencial impacto no desempenho do sistema, uma vez que os processos de encriptação podem introduzir sobrecarga computacional, especialmente com algoritmos de encriptação fortes e grandes conjuntos de dados. A conformidade com os regulamentos de proteção de dados, como o GDPR na Europa ou o HIPAA no sector da saúde, exige a encriptação como uma salvaguarda fundamental para proteger informações pessoais sensíveis e garantir a conformidade regulamentar.

Para aderir às melhores práticas de encriptação de dados, as organizações devem implementar algoritmos de encriptação robustos com comprimentos de chave adequados e integrar a encriptação com controlos de segurança abrangentes. Isto inclui controlos de acesso, mecanismos de autenticação, sistemas de deteção de intrusão (IDS) e auditorias de segurança regulares para detetar e atenuar vulnerabilidades nas implementações de encriptação. Os programas de educação e sensibilização dos utilizadores são também cruciais para promover práticas de encriptação seguras entre os funcionários e as partes interessadas, minimizando os riscos associados a erros humanos ou ataques de engenharia social que visem dados encriptados.

Olhando para o futuro, os avanços nas tecnologias de encriptação continuam a evoluir para dar resposta às ameaças emergentes e aos desenvolvimentos tecnológicos. A encriptação homomórfica, por exemplo, permite o cálculo de dados encriptados sem os desencriptar, preservando a privacidade dos dados na computação em nuvem e facilitando a análise segura dos dados. Estão a ser desenvolvidas normas de cifragem de segurança quântica para proteger contra futuras ameaças colocadas pela computação quântica, garantindo a segurança e a resiliência dos dados a longo prazo. Estão também a surgir plataformas de segurança integradas e soluções de encriptação como serviço (EaaS) para simplificar a implementação e gestão da encriptação em ambientes de TI híbridos e complexos, proporcionando uma gestão centralizada e visibilidade dos fluxos de dados encriptados.

A encriptação de dados desempenha um papel fundamental na proteção de informações sensíveis, mantendo a confidencialidade, a integridade e a autenticidade nas plataformas e interações digitais. Ao adotar e melhorar continuamente as estratégias de encriptação alinhadas com as melhores práticas da indústria e os requisitos regulamentares, as organizações podem proteger eficazmente os seus activos de dados, atenuar os riscos cibernéticos e criar confiança junto das partes interessadas num mundo cada vez mais interligado e orientado para os dados.

A encriptação de dados é uma pedra angular da cibersegurança, garantindo que as informações sensíveis permanecem protegidas contra o acesso não autorizado e a interceção. O processo envolve a conversão de dados de texto simples em texto cifrado utilizando algoritmos de encriptação, tornando-os ilegíveis sem a chave de desencriptação adequada. A encriptação desempenha funções críticas nos cenários de dados em repouso e dados em trânsito. Para os dados em repouso, a encriptação protege as informações armazenadas em dispositivos, bases de dados ou plataformas de nuvem, protegendo-as contra violações ou roubo. Isto garante que, mesmo que os dispositivos físicos sejam comprometidos, os dados permanecem inacessíveis e protegidos. Em cenários de dados em trânsito, os protocolos de encriptação como o TLS/SSL encriptam os dados à medida que estes viajam através das redes, impedindo a escuta e mantendo a privacidade durante a transmissão.

A escolha do algoritmo de encriptação e a gestão das chaves são aspectos cruciais para uma proteção eficaz dos dados. As normas de encriptação avançadas, como o AES-256, proporcionam uma segurança robusta através da utilização de funções matemáticas complexas que resistem à desencriptação sem a chave correta. A gestão de chaves envolve a geração, armazenamento, distribuição e rotação segura de chaves de encriptação para partes autorizadas, garantindo que as chaves estão protegidas contra acesso não autorizado ou comprometimento. Este processo é essencial para manter a integridade e a confidencialidade dos dados encriptados ao longo do tempo.

Para além das medidas técnicas, a conformidade regulamentar e as normas do sector desempenham um papel importante na definição das práticas de encriptação. Regulamentos como o GDPR na Europa e o HIPAA no sector dos cuidados de saúde exigem a encriptação como uma salvaguarda fundamental para proteger os dados pessoais e manter a conformidade regulamentar. As organizações devem implementar a encriptação como parte de uma estratégia de cibersegurança mais ampla que inclua controlos de acesso, mecanismos de autenticação e auditorias de segurança regulares para identificar e mitigar vulnerabilidades.

Olhando para o futuro, a evolução das tecnologias de encriptação continua a dar resposta a ameaças e desafios emergentes. As inovações na encriptação homomórfica permitem efetuar cálculos em dados encriptados sem os desencriptar, possibilitando o processamento e a análise seguros de dados em ambientes sensíveis à privacidade, como a computação em nuvem e a IA. Estão também a ser desenvolvidas normas de cifragem quântica segura para proteger contra potenciais ameaças colocadas pela computação quântica, garantindo a segurança dos dados a longo prazo.

A encriptação de dados continua a ser essencial para proteger informações sensíveis num mundo cada vez mais digital e interligado. Ao adotar práticas de encriptação robustas, as organizações podem proteger os seus activos de dados, atenuar os riscos cibernéticos e criar confiança junto das partes interessadas, promovendo assim um ecossistema digital seguro e resiliente.

8.3 Leis e regulamentos de privacidade (por exemplo, GDPR, CCPA)

No mundo digital de hoje, as leis e regulamentos de privacidade são essenciais para salvaguardar as informações pessoais das pessoas, uma vez que as empresas recolhem, tratam e partilham mais dados do que nunca. O Regulamento Geral de Proteção de Dados (RGPD) e a Lei de Privacidade do Consumidor da Califórnia (CCPA), duas regras de privacidade bem conhecidas, são exemplos de quadros abrangentes que tiveram um impacto substancial nas práticas de privacidade de dados em todo o mundo.

O RGPD, que entrou em vigor em 25 de maio de 2018, é um regulamento da legislação da União Europeia (UE) sobre proteção de dados e privacidade para todos os indivíduos na UE e no Espaço Económico Europeu (EEE). Abrange igualmente a transmissão de informações pessoais fora do EEE e da UE. Dar às pessoas o controlo sobre os seus dados pessoais e simplificar o ambiente jurídico para as empresas globais, reunindo todos os regulamentos da UE sob o mesmo teto, são os principais objectivos do RGPD. A lei estabelece diretrizes rigorosas para obter o consentimento das pessoas de forma legítima antes de utilizar os seus dados. Esta autorização tem de ser explícita, inequívoca, fornecida voluntariamente e informada. Além disso, para garantir a proteção de dados desde a conceção e por defeito, o RGPD exige que os responsáveis pelo tratamento de dados e os subcontratantes implementem as salvaguardas organizacionais e tecnológicas necessárias. Isto implica a realização de Avaliações de Impacto sobre a Proteção de Dados (AIPD) em situações em que se preveja que as operações de tratamento representem um perigo grave para as liberdades e os direitos das pessoas.

Um dos aspectos mais notáveis do RGPD é o estabelecimento de direitos sólidos para os titulares dos dados, incluindo o direito de aceder aos seus dados, o direito de retificar imprecisões, o direito de apagar (muitas vezes referido como o "direito a ser esquecido"), o direito de restringir o processamento, o direito à portabilidade dos dados e o direito de se opor a determinadas actividades de processamento de dados. O regulamento introduz também requisitos rigorosos de notificação de violações, obrigando os responsáveis pelo tratamento de dados a notificar a autoridade de controlo competente de qualquer violação de dados no prazo de 72 horas após terem tomado conhecimento da mesma, a menos que seja improvável que a violação resulte num risco para os direitos e liberdades das pessoas. Nos casos em que a violação seja suscetível de resultar num risco elevado, os titulares dos dados devem também ser informados sem demora injustificada.

São aplicadas coimas significativas que podem ir até 20 milhões de euros ou 4% da receita global anual do exercício anterior, consoante o valor mais elevado, em caso de incumprimento do RGPD. Estas multas pesadas realçam a importância crucial de seguir as diretrizes do regulamento e obrigaram as empresas de todo o mundo a reavaliar os seus procedimentos de proteção de dados. Além disso, o regulamento exige que, em determinadas situações, especialmente para as autoridades e organismos públicos, bem como para as organizações cujas funções principais incluem o tratamento em grande escala de categorias especiais de dados ou o controlo regular e sistemático das pessoas em causa, seja nomeado um responsável pela proteção de dados (RPD).

Por outro lado, a Lei da Privacidade Civil da Califórnia (CCPA), que entrou em vigor a 1 de janeiro de 2020, depois de ter sido aprovada a 28 de junho de 2018, constitui um grande avanço na legislação sobre privacidade de dados nos EUA.

Proporciona aos californianos um maior controlo sobre as suas informações pessoais e uma melhor proteção da privacidade. As empresas com fins lucrativos que recolhem e tratam os dados pessoais dos californianos realizam actividades comerciais na Califórnia e cumprem determinados requisitos - tais como exceder 25 milhões de dólares em receitas brutas anuais, comprar, receber ou vender os dados pessoais de, pelo menos, 50 000 clientes, agregados familiares ou dispositivos, ou obter, pelo menos, 50% do seu rendimento anual com a venda de informações pessoais de clientes - estão sujeitas à Lei de Privacidade do Consumidor da Califórnia (CCPA).

Ao abrigo da CCPA, os consumidores têm o direito de saber que informações pessoais estão a ser recolhidas sobre eles, os fins para os quais estão a ser utilizadas e com quem estão a ser partilhadas. Têm também o direito de aceder às suas informações pessoais, solicitar a sua eliminação e recusar a venda das suas informações pessoais. A lei também proíbe as empresas de discriminar os consumidores que exercem os seus direitos ao abrigo da CCPA, por exemplo, recusando serviços ou cobrando preços diferentes.

A CCPA exige que as empresas forneçam avisos claros e visíveis sobre as suas práticas de recolha de dados, incluindo uma ligação "Não vender as minhas informações pessoais" nos seus sítios Web para facilitar os pedidos de exclusão. Além disso, a lei exige que as empresas implementem medidas de segurança razoáveis para proteger as informações pessoais contra acesso, divulgação ou destruição não autorizados. O não cumprimento da CCPA pode resultar em acções de execução por parte do Procurador-Geral da Califórnia, incluindo multas até $7.500 por violação intencional e $2.500 por violação não intencional. A lei também prevê um direito de ação privado para os consumidores no caso de uma violação de dados resultante da incapacidade de uma empresa para implementar medidas de segurança razoáveis, permitindo-lhes solicitar indemnizações legais entre $100 e $750 por incidente ou danos reais, consoante o que for maior.

Embora o GDPR e a CCPA partilhem objectivos comuns de melhorar a privacidade dos dados e dar aos indivíduos um maior controlo sobre as suas informações pessoais, diferem no seu âmbito, mecanismos de aplicação e requisitos específicos.

O âmbito territorial alargado do RGPD significa que se aplica a qualquer organização que processe os dados pessoais de indivíduos na UE, independentemente do local onde a organização está sediada. Em contraste, a CCPA está limitada a empresas que cumprem critérios específicos e recolhem dados sobre residentes na Califórnia. Além disso, o quadro abrangente do GDPR cobre uma vasta gama de actividades de processamento de dados e inclui requisitos detalhados para a obtenção de consentimento, realização de avaliações de impacto e nomeação de DPOs, enquanto a CCPA se centra mais nos direitos do consumidor e na transparência.

Tanto o RGPD como a CCPA estabeleceram padrões elevados para a privacidade dos dados e influenciaram o desenvolvimento de regulamentos semelhantes noutras jurisdições. Por exemplo, a Lei Geral de Proteção de Dados (LGPD) do Brasil, que entrou em vigor em setembro de 2020, reflecte de perto o RGPD nas suas disposições e visa proteger os dados pessoais dos residentes brasileiros. Da mesma forma, outros estados dos EUA, como Nevada e Virgínia, promulgaram suas próprias leis de privacidade, e a legislação federal sobre privacidade tem sido objeto de debate contínuo.

O ambiente de proteção de dados mudou em resultado de leis de privacidade históricas como a CCPA e o RGPD. Estas leis realçam a crescente compreensão do valor da proteção das informações pessoais na era digital e a necessidade de quadros jurídicos sólidos para defender o direito das pessoas à privacidade. Espera-se que, à medida que a economia digital se desenvolve, as leis de privacidade continuem a crescer, tanto à escala nacional como mundial, à medida que os legisladores trabalham para abordar novas questões e garantir que a proteção de dados acompanha os avanços técnicos. Para cumprir os requisitos em mudança deste e de outros regulamentos de privacidade, as organizações devem continuar a ser diligentes nos seus esforços de conformidade, avaliando e actualizando regularmente as suas políticas de proteção de dados.

As leis e regulamentos de privacidade, como o GDPR (Regulamento Geral sobre a Proteção de Dados) e a CCPA (Lei da Privacidade do Consumidor da Califórnia), tornaram-se elementos fundamentais na governação dos dados pessoais na era digital. Estes regulamentos foram concebidos para proteger a privacidade dos indivíduos, estabelecendo diretrizes rigorosas sobre a forma como os dados pessoais podem ser recolhidos, processados, armazenados e partilhados pelas organizações.

O RGPD, que entrou em vigor a 25 de maio de 2018, é um regulamento da legislação da União Europeia que visa harmonizar as leis de privacidade de dados em toda a Europa, proteger e capacitar a privacidade de dados de todos os cidadãos da UE e remodelar a forma como as organizações da região abordam a privacidade de dados. Aplica-se a todas as empresas que processam os dados pessoais de indivíduos residentes na UE, independentemente da localização da empresa. Um dos seus princípios fundamentais é que os dados pessoais devem ser processados de forma legal, justa e transparente, e dá aos indivíduos um controlo significativo sobre os seus próprios dados. Isto inclui direitos como o direito de aceder aos seus dados, o direito de retificar dados incorrectos, o direito de apagar (também conhecido como o "direito a ser esquecido") e o direito à portabilidade dos dados. O RGPD também exige que as organizações obtenham o consentimento explícito dos indivíduos antes de processarem os seus dados e obriga a que as violações de dados sejam comunicadas no prazo de 72 horas após a sua descoberta.

O RGPD também coloca uma forte ênfase na responsabilidade e na governação. As organizações devem implementar medidas técnicas e organizacionais adequadas para garantir a proteção de dados e são obrigadas a manter registos detalhados das suas actividades de processamento de dados. Em certos casos, devem nomear um Responsável pela Proteção de Dados (RPD) para supervisionar a conformidade. Além disso, o regulamento introduz o conceito de "privacidade desde a conceção e por defeito", o que significa que as medidas de proteção de dados devem ser integradas no desenvolvimento de processos e sistemas empresariais desde o início. As sanções por incumprimento do RGPD são severas, com coimas que podem ir até 20 milhões de euros ou 4% do volume de negócios global anual da empresa, consoante o valor mais elevado, o que sublinha a importância da conformidade.

A CCPA, por outro lado, é um estatuto estatal destinado a melhorar os direitos de privacidade e a proteção dos consumidores para os residentes da Califórnia, EUA.

Com efeito a partir de 1 de janeiro de 2020, a CCPA concede aos residentes da Califórnia novos direitos relativamente às suas informações pessoais. Estes direitos incluem o direito de saber que informações pessoais estão a ser recolhidas sobre eles, os fins para os quais são utilizadas e os terceiros com quem são partilhadas. Os consumidores também têm o direito de solicitar a eliminação das suas informações pessoais, de recusar a venda das suas informações pessoais e de receber um serviço e um preço iguais, mesmo que exerçam os seus direitos de privacidade. A CCPA aplica-se a empresas que recolhem dados pessoais de residentes na Califórnia, fazem negócios na Califórnia e cumprem determinados critérios, tais como ter receitas brutas anuais superiores a 25 milhões de dólares, tratar os dados pessoais de 50.000 ou mais consumidores, agregados familiares ou dispositivos, ou obter 50% ou mais das suas receitas anuais da venda de dados pessoais dos consumidores.

A CCPA também exige que as empresas forneçam avisos claros aos consumidores no momento ou antes da recolha de dados, especificando as categorias de informações pessoais recolhidas e os fins para os quais serão utilizadas. As empresas devem também incluir uma ligação "Não vender as minhas informações pessoais" nos seus sítios Web, para que os consumidores possam recusar a venda dos seus dados. A lei exige que as empresas implementem medidas de segurança razoáveis para proteger os dados pessoais e impõe coimas em caso de incumprimento, que podem ser aplicadas pelo Procurador-Geral da Califórnia. Além disso, a CCPA prevê um direito de ação privado para os consumidores no caso de violações de dados resultantes da não implementação de medidas de segurança razoáveis por parte de uma empresa.

Embora o GDPR e a CCPA partilhem objectivos semelhantes de melhorar a privacidade dos dados e dar aos indivíduos mais controlo sobre as suas informações pessoais, existem diferenças notáveis no seu âmbito, aplicação e requisitos específicos. O GDPR tem uma aplicação mais ampla, afectando qualquer organização que processe os dados pessoais dos residentes da UE, independentemente do local onde a organização está sediada. É também mais abrangente nos seus requisitos, cobrindo uma vasta gama de actividades de processamento de dados e incorporando obrigações detalhadas de consentimento e de avaliação do impacto da proteção de dados. A CCPA, pelo contrário, é específica para os residentes da Califórnia e centra-se mais nos direitos dos consumidores e na transparência das empresas.

Ambos os regulamentos tiveram um impacto profundo na abordagem global da privacidade de dados, influenciando a legislação noutras jurisdições. Por exemplo, a Lei Geral de Proteção de Dados (LGPD) do Brasil, em vigor a partir de setembro de 2020, reflecte muitos aspectos do RGPD, incluindo os seus princípios e direitos individuais. Da mesma forma, outros estados dos EUA, como Nevada e Virgínia, promulgaram leis de privacidade inspiradas na CCPA, e há discussões em andamento sobre a possibilidade de legislação federal sobre privacidade nos Estados Unidos.

A introdução do GDPR e da CCPA levou as organizações de todo o mundo a reavaliar as suas práticas de proteção de dados e a implementar medidas para garantir a conformidade. Isto inclui a atualização das políticas de privacidade, a revisão dos mecanismos de consentimento, o reforço das medidas de segurança e o estabelecimento de procedimentos para responder a pedidos dos titulares dos dados e a violações de dados. As organizações devem também manter-se a par dos desenvolvimentos na legislação sobre privacidade e estar preparadas para se adaptarem aos novos requisitos à medida que estes forem surgindo.

As leis e regulamentos relativos à privacidade, como o RGPD e a CCPA, representam avanços significativos na proteção dos dados pessoais na era digital. Reflectem um reconhecimento crescente da importância da privacidade dos dados e da necessidade de quadros jurídicos sólidos para salvaguardar os direitos dos indivíduos. À medida que a tecnologia continua a evoluir e a quantidade de dados pessoais recolhidos e processados aumenta, é provável que os regulamentos de privacidade continuem a desenvolver-se e a expandir-se, colocando desafios e oportunidades às organizações. A conformidade com estes regulamentos não é apenas uma obrigação legal, mas também um elemento crucial para criar confiança junto dos consumidores e manter uma reputação positiva no mercado.

8.4 Considerações éticas sobre Big Data

As considerações éticas sobre os megadados abrangem uma vasta gama de questões decorrentes da recolha, análise e utilização de grandes quantidades de informação. À medida que as tecnologias e metodologias de megadados avançam, trazem imensas oportunidades de inovação e benefícios para a sociedade, mas também colocam desafios éticos significativos que devem ser abordados para garantir a utilização responsável dos dados. Estes desafios incluem preocupações com a privacidade, o consentimento, a justiça, a transparência, a responsabilidade e o potencial de utilização indevida ou prejudicial.

Uma das principais considerações éticas no domínio dos grandes volumes de dados é a privacidade. O grande volume e a granularidade dos dados recolhidos a partir de várias fontes, como as redes sociais, os smartphones e os sensores, podem conduzir a conhecimentos sem precedentes sobre os comportamentos, as preferências e a vida pessoal dos indivíduos. No entanto, este nível de recolha de dados ocorre frequentemente sem o consentimento explícito ou mesmo sem o conhecimento dos indivíduos, o que levanta sérias preocupações em matéria de privacidade. A invasão da privacidade pode ocorrer não só através da recolha não autorizada de dados, mas também através da inferência de informações sensíveis a partir de pontos de dados aparentemente inócuos. Por exemplo, a análise de dados pode revelar questões pessoais de saúde, situação financeira ou relações sociais que os indivíduos podem preferir manter em segredo. Por conseguinte, é crucial estabelecer protecções de privacidade robustas e garantir que as práticas de recolha de dados são transparentes e consensuais.

O consentimento informado é outra questão ética fundamental no domínio dos grandes volumes de dados. As noções tradicionais de consentimento, em que os indivíduos estão plenamente conscientes dos dados que estão a ser recolhidos e para que fins, são frequentemente inadequadas no contexto dos megadados. A complexidade e a opacidade dos ecossistemas de dados tornam difícil para os indivíduos compreenderem plenamente a forma como os seus dados serão utilizados, partilhados e potencialmente monetizados. Este facto põe em causa a eficácia dos mecanismos de consentimento, uma vez que as pessoas podem não ter a informação ou o conhecimento necessários para tomar decisões informadas sobre os seus dados. O aumento da transparência e o fornecimento de informações claras e acessíveis sobre as práticas de dados são essenciais para garantir que o consentimento seja significativo e informado.

A equidade e a não discriminação são também preocupações éticas fundamentais no domínio dos megadados. A análise de dados e os algoritmos de aprendizagem automática são cada vez mais utilizados nos processos de tomada de decisão em vários domínios, incluindo a contratação, o crédito, a aplicação da lei e os cuidados de saúde. No entanto, estes algoritmos podem, inadvertidamente, perpetuar ou mesmo exacerbar preconceitos existentes nos dados em que são treinados. Por exemplo, se os dados históricos utilizados para treinar um algoritmo reflectirem preconceitos sociais contra determinados grupos, o algoritmo pode produzir resultados discriminatórios, reforçando assim esses preconceitos. Garantir a equidade nos megadados exige um exame cuidadoso das fontes de dados, da conceção algorítmica e dos potenciais impactos das decisões automatizadas em diferentes grupos demográficos. Técnicas como a auditoria de enviesamentos, a aprendizagem automática consciente da equidade e a representação de dados diversificados são cruciais para mitigar estes riscos.

A transparência é um princípio ético fundamental nos grandes volumes de dados, uma vez que promove a confiança e a responsabilização. A complexidade dos sistemas de megadados resulta frequentemente num fenómeno de "caixa negra", em que o funcionamento interno do processamento de dados e a tomada de decisões algorítmicas são opacos para os utilizadores e até para os programadores. Esta falta de transparência pode levar a mal-entendidos, má utilização e desconfiança. Para resolver este problema, as organizações devem esforçar-se por tornar as suas práticas de dados e algoritmos mais transparentes. Isto inclui fornecer explicações claras sobre a forma como os dados são recolhidos, processados e utilizados, bem como sobre a lógica e os critérios subjacentes às decisões algorítmicas. A comunicação e a documentação abertas podem ajudar a desmistificar os processos de megadados e permitir que os indivíduos compreendam melhor e se envolvam com estes sistemas.

A responsabilidade está intimamente ligada à transparência e é crucial para garantir práticas éticas de megadados. À medida que a tomada de decisões baseada em dados se torna mais prevalecente, é essencial estabelecer mecanismos para responsabilizar as organizações e os indivíduos pelos impactos das suas práticas de dados. Isto inclui a responsabilização por violações de dados, utilização indevida de dados e resultados prejudiciais resultantes de decisões algorítmicas. Os quadros regulamentares, as normas do sector e as orientações éticas desempenham um papel fundamental na promoção da responsabilização. Além disso, o desenvolvimento de mecanismos de responsabilização, como pistas de auditoria, avaliações de impacto e supervisão independente, pode ajudar a garantir que as práticas em matéria de dados estejam em conformidade com as normas éticas e os valores sociais.

O potencial de utilização indevida e de danos é uma consideração ética importante nos grandes volumes de dados. O poder da análise de grandes volumes de dados pode ser aproveitado para fins benéficos, como a melhoria dos resultados dos cuidados de saúde, o reforço da segurança pública e a promoção do crescimento económico. No entanto, também pode ser mal utilizado para fins maliciosos, como a vigilância, a manipulação e a exploração. Por exemplo, a utilização de grandes volumes de dados para publicidade direcionada pode levar à manipulação do comportamento dos consumidores e à erosão da autonomia pessoal. Do mesmo modo, as práticas de vigilância possibilitadas pelos megadados podem infringir as liberdades civis e contribuir para uma cultura de monitorização generalizada. É essencial estabelecer diretrizes éticas e salvaguardas regulamentares para evitar a utilização indevida dos megadados e proteger os indivíduos de danos.

Para além destas questões éticas fundamentais, o impacto ambiental dos grandes volumes de dados não deve ser ignorado. A infraestrutura necessária para recolher, armazenar e processar grandes volumes de dados consome quantidades significativas de energia e recursos, contribuindo para as emissões de carbono e a degradação ambiental. Como a procura de processamento de dados continua a crescer, é importante considerar a pegada ambiental das tecnologias de megadados e explorar práticas sustentáveis. Isto inclui a otimização da eficiência do armazenamento e processamento de dados, a utilização de fontes de energia renováveis e a promoção de centros de dados ecológicos.

As considerações éticas sobre os megadados estendem-se também à distribuição equitativa dos benefícios e das oportunidades. Os megadados têm o potencial de impulsionar o crescimento económico e a inovação, mas os seus benefícios são frequentemente distribuídos de forma desigual. Existe o risco de as vantagens das tecnologias de megadados se concentrarem num pequeno número de grandes organizações e em regiões tecnologicamente avançadas, exacerbando as desigualdades existentes. Garantir um acesso equitativo aos recursos, ferramentas e conhecimentos de megadados é crucial para promover o crescimento inclusivo e evitar o aumento do fosso digital. Para tal, são necessários esforços de colaboração por parte dos governos, da indústria e do meio académico para proporcionar educação, infra-estruturas e apoio a comunidades e regiões mal servidas.

Além disso, a utilização ética dos grandes volumes de dados exige uma atenção especial à conceção centrada no ser humano e à capacitação dos utilizadores. As tecnologias baseadas em dados devem ser concebidas tendo em conta as necessidades, os valores e os direitos dos indivíduos. Isto inclui dar prioridade à privacidade do utilizador, fornecer escolhas e controlos significativos e garantir que as práticas de dados estão alinhadas com as expectativas e preferências dos utilizadores. Permitir que os utilizadores tenham maior controlo sobre os seus dados implica desenvolver interfaces intuitivas, mecanismos de consentimento claros e ferramentas eficazes de gestão e proteção de dados.

Outro aspeto importante das práticas éticas em matéria de grandes volumes de dados é a necessidade de colaboração interdisciplinar. A complexidade e a natureza multifacetada das questões éticas nos grandes volumes de dados exigem a contribuição de diversos domínios, incluindo a informática, o direito, a ética, a sociologia e as políticas públicas. A colaboração interdisciplinar pode ajudar a identificar e abordar os desafios éticos a partir de múltiplas perspetivas, conduzindo a soluções mais abrangentes e equilibradas. O envolvimento das partes interessadas de diferentes sectores, incluindo o governo, a indústria, o meio académico e a sociedade civil, é essencial para promover o diálogo, criar consensos e desenvolver quadros éticos sólidos e amplamente aceites.

O papel da educação e da sensibilização na promoção de práticas éticas em matéria de grandes volumes de dados não pode ser sobrestimado. À medida que as tecnologias de megadados se integram cada vez mais em vários aspectos da sociedade, é importante educar o público e os profissionais sobre as implicações éticas e as melhores práticas de utilização dos dados. Isto inclui a incorporação da ética nos currículos de ciência dos dados, a formação de profissionais sobre práticas éticas em matéria de dados e a sensibilização do público para a privacidade e os direitos dos dados. Uma sociedade informada e eticamente consciente está mais bem equipada para navegar nas complexidades do mundo dos dados e defender práticas de dados responsáveis.

Os quadros regulamentares e políticos desempenham um papel crucial na definição de práticas éticas em matéria de megadados. Os governos e os organismos reguladores têm de desenvolver e aplicar leis e regulamentos que protejam os direitos dos indivíduos e promovam uma utilização ética dos dados. Isto inclui regulamentos de proteção de dados, como o Regulamento Geral de Proteção de Dados (RGPD) na União Europeia e a Lei de Privacidade do Consumidor da Califórnia (CCPA) nos Estados Unidos, que estabelecem normas para a privacidade e o consentimento dos dados. Além disso, as políticas que promovem a transparência, a responsabilização e a equidade nas práticas de dados são essenciais para fomentar a confiança e garantir que os benefícios dos megadados são obtidos sem comprometer os princípios éticos.

As normas do sector e a autorregulação são também componentes importantes das práticas éticas de megadados. As organizações e os grupos da indústria podem desenvolver e adotar normas, códigos de conduta e melhores práticas que promovam a utilização ética dos dados. A autorregulação pode complementar as regulamentações formais, fornecendo diretrizes flexíveis e específicas ao contexto que se adaptam ao cenário de dados em rápida evolução. Ao comprometerem-se com normas éticas e ao demonstrarem responsabilidade, as organizações podem criar confiança junto dos consumidores e das partes interessadas e contribuir para uma cultura de utilização responsável dos dados.

As considerações éticas sobre os megadados são multifacetadas e complexas, abrangendo questões de privacidade, consentimento, equidade, transparência, responsabilidade e potencial de utilização indevida e danos. A resposta a estes desafios exige uma abordagem holística e interdisciplinar que envolva partes interessadas de vários sectores e domínios. Garantir práticas éticas em matéria de megadados não é apenas uma questão de conformidade com os regulamentos, mas também um compromisso para salvaguardar os direitos dos indivíduos, promover a justiça social e fomentar a confiança nas tecnologias baseadas em dados. Como os megadados continuam a transformar a sociedade, é imperativo dar prioridade aos princípios éticos e desenvolver quadros que apoiem a utilização responsável e equitativa dos dados para benefício de todos.

8.5 Melhores práticas para a governação de dados

A governação eficaz de dados para megadados envolve uma abordagem multifacetada para gerir e tirar partido de grandes volumes de dados diversos, assegurando simultaneamente a qualidade, segurança, conformidade e facilidade de utilização dos dados. Na era digital atual, em que as organizações acumulam grandes quantidades de dados provenientes de várias fontes, incluindo sensores, redes sociais, sistemas transaccionais, etc., o estabelecimento de práticas de governação sólidas é crucial para obter informações acionáveis e manter a confiança das partes interessadas.

1. Estabelecer objectivos claros e um quadro de governação

No centro da governação de dados está a necessidade de alinhar os objectivos organizacionais com as estratégias de gestão de dados. Isto começa com a definição de objectivos claros que reflictam os objectivos comerciais, os requisitos regulamentares e as iniciativas orientadas para os dados. Um quadro de governação bem definido fornece a estrutura e as diretrizes para a gestão de dados ao longo do seu ciclo de vida, abrangendo a aquisição, armazenamento, processamento, análise e divulgação de dados. Esta estrutura inclui normalmente políticas, normas, funções, responsabilidades e procedimentos que regem a forma como os dados são tratados na organização.

Para ambientes de megadados, que envolvem conjuntos de dados em grande escala com formatos e velocidades variáveis, a estrutura de governação deve ser flexível e escalável. Deve acomodar as complexidades da integração de dados, garantir a qualidade e a consistência dos dados e facilitar a conformidade com os regulamentos do sector e as políticas internas. Além disso, a estrutura deve promover a colaboração entre diferentes unidades de negócio e partes interessadas para garantir que as iniciativas de governação de dados são efetivamente implementadas e monitorizadas.

2. Gestão da qualidade dos dados

A qualidade dos dados é fundamental para qualquer organização orientada para os dados, e isto é especialmente verdadeiro em ambientes de megadados, onde os dados podem provir de inúmeras fontes de fiabilidade variável. Uma gestão eficaz da qualidade dos dados envolve processos como a definição de perfis de dados, a limpeza, o enriquecimento e a validação. A definição de perfis de dados ajuda a compreender as caraterísticas e a qualidade dos dados em diferentes fontes, identificando anomalias, inconsistências e valores em falta.

Os processos de limpeza envolvem a correção de erros, a remoção de duplicados e a normalização de formatos de dados para garantir a consistência e a precisão. As técnicas de enriquecimento podem envolver o melhoramento dos dados com atributos ou contexto adicionais para melhorar a sua utilização para análise e tomada de decisões. A validação garante que os dados satisfazem critérios de qualidade predefinidos antes de serem utilizados para fins analíticos ou operacionais.

As ferramentas e os algoritmos automatizados desempenham um papel crucial na gestão da qualidade dos dados em ambientes de megadados, permitindo que as organizações tratem grandes volumes de dados de forma eficiente e consistente. Ao implementar processos robustos de qualidade de dados, as organizações podem aumentar a fiabilidade e a credibilidade dos seus activos de dados, apoiando assim uma melhor tomada de decisões e resultados comerciais.

3. Gestão de metadados

A gestão de metadados é essencial para compreender o contexto, a linhagem e a utilização de dados em ambientes de megadados. Os metadados englobam informações sobre atributos de dados, esquemas, relações e estatísticas de utilização, fornecendo informações essenciais para a governação e análise de dados. Em cenários de megadados, onde os conjuntos de dados são frequentemente distribuídos por diferentes plataformas e sistemas, os repositórios de metadados centralizados e as normas são cruciais para manter a consistência e facilitar a integração de dados.

A gestão eficaz de metadados permite às organizações descobrir conjuntos de dados relevantes, seguir a linhagem dos dados para compreender as suas origens e transformações e garantir a conformidade com as políticas e regulamentos de governação de dados. Ao implementar práticas de gestão de metadados, as organizações podem melhorar a capacidade de descoberta de dados, facilitar a colaboração entre utilizadores de dados e apoiar iniciativas eficientes de integração e análise de dados.

4. Segurança e privacidade dos dados

Proteger a segurança e a privacidade dos dados é um aspeto fundamental da governação de dados, especialmente em ambientes de grandes volumes de dados em que as informações sensíveis podem ser distribuídas por vários sistemas e acedidas por várias partes interessadas. As organizações devem implementar medidas de segurança robustas, tais como encriptação, controlos de acesso, mecanismos de autenticação e pistas de auditoria para proteger os dados contra o acesso não autorizado, violações e ciberameaças.

Para além das salvaguardas técnicas, a conformidade com os regulamentos de proteção de dados, como o RGPD, HIPAA, CCPA e outros, é essencial para garantir a conformidade legal e regulamentar. Podem também ser utilizadas técnicas de anonimização de dados para proteger a privacidade, permitindo simultaneamente a análise de dados e fins de investigação.

As práticas eficazes de governação de dados incluem a realização de avaliações de segurança regulares, auditorias e programas de formação para educar os funcionários sobre as melhores práticas de segurança de dados e aumentar a sensibilização para os potenciais riscos. Ao dar prioridade à segurança e à privacidade dos dados, as organizações podem criar confiança junto dos clientes, parceiros e reguladores, minimizando o risco de violações de dados e os danos à reputação associados.

5. Integração e arquitetura de dados

A integração de dados é um componente crítico da governação de grandes volumes de dados, envolvendo a combinação perfeita de dados de fontes díspares em conjuntos de dados unificados para análise e tomada de decisões. As organizações podem empregar várias técnicas de integração, como processos ETL (Extract, Transform, Load), virtualização de dados e integrações baseadas em API para consolidar dados de diferentes sistemas, plataformas e formatos.

As considerações de arquitetura também são importantes na governação de grandes volumes de dados, uma vez que as organizações devem conceber arquitecturas escaláveis e flexíveis que possam acomodar o volume, a velocidade e a variedade de grandes volumes de dados. As abordagens arquitectónicas comuns incluem lagos de dados, armazéns de dados e ambientes de nuvem híbrida, cada um oferecendo vantagens únicas para armazenar, processar e analisar grandes conjuntos de dados.

Ao implementar estratégias sólidas de integração e arquitetura de dados, as organizações podem garantir que os princípios de governação de dados são aplicados de forma consistente em todas as fontes e sistemas de dados. Isto facilita a acessibilidade, a interoperabilidade e a facilidade de utilização dos dados, apoiando simultaneamente as iniciativas analíticas e a inovação empresarial.

6. Conformidade e cumprimento da regulamentação

A conformidade com os requisitos regulamentares e as normas da indústria é um aspeto crítico da governação de dados em ambientes de megadados. As organizações têm de aderir a regulamentos como o GDPR na Europa, HIPAA nos cuidados de saúde, CCPA na Califórnia e outros mandatos regionais ou específicos do sector que regem a proteção, privacidade, retenção e divulgação de dados.

Para alcançar a conformidade, as organizações têm de implementar políticas, procedimentos e controlos técnicos que estejam em conformidade com os requisitos regulamentares. Isto inclui a realização de auditorias, avaliações e análises de risco regulares para identificar e mitigar os riscos de conformidade. As estruturas de governação de dados devem incorporar mecanismos para monitorizar as alterações regulamentares e adaptar as práticas de governação em conformidade para garantir a conformidade contínua.

Ao dar prioridade à conformidade e à aderência regulamentar, as organizações podem reduzir os riscos legais e financeiros associados à não conformidade, ao mesmo tempo que promovem a confiança e a transparência junto dos clientes, parceiros e autoridades regulamentares.

7. Administração e propriedade de dados

A gestão de dados envolve a atribuição de propriedade, responsabilidade e responsabilidade pela qualidade, integridade e governação dos dados na organização. Os administradores de dados desempenham um papel crucial na implementação e aplicação de políticas de governação de dados, na resolução de problemas relacionados com os dados e na promoção da literacia de dados e das melhores práticas entre as partes interessadas.

Uma gestão eficaz dos dados exige a colaboração entre unidades de negócio e departamentos para garantir uma adesão consistente às políticas e normas de governação. Os responsáveis pela gestão dos dados podem trabalhar em estreita colaboração com os proprietários dos dados, as equipas de TI, os responsáveis pela conformidade e os utilizadores empresariais para facilitar os processos de gestão dos dados, resolver problemas de qualidade dos dados e apoiar a tomada de decisões com base nos dados.

Ao capacitar os responsáveis pela gestão de dados e ao promover uma cultura de gestão de dados na organização, as organizações podem aumentar a eficácia da governação de dados, promover a responsabilização e melhorar as práticas gerais de gestão de dados.

8. Controlo e melhoria contínuos

A monitorização e a melhoria contínuas são componentes essenciais de uma governação de dados eficaz em ambientes de megadados. As organizações têm de estabelecer métricas, indicadores-chave de desempenho (KPIs) e parâmetros de referência para avaliar a eficácia das iniciativas de governação de dados e monitorizar a qualidade dos dados, os incidentes de segurança e as métricas de conformidade.

Auditorias, análises e avaliações regulares ajudam a identificar lacunas, inconsistências e áreas de melhoria nos processos de governação de dados. As organizações devem tirar partido de técnicas avançadas de análise e aprendizagem automática para automatizar os processos de monitorização, detetar anomalias e prever potenciais problemas antes que estes afectem a integridade ou a conformidade dos dados.

Ao adoptarem uma abordagem proactiva à monitorização e melhoria contínuas, as organizações podem melhorar a maturidade da governação dos dados, otimizar a eficiência operacional e impulsionar a inovação contínua e o crescimento do negócio através de informações baseadas em dados.

9. Programas de formação e sensibilização

Os programas de educação e formação são essenciais para a criação de uma força de trabalho com conhecimentos de dados que compreenda a importância da governação, qualidade, segurança e conformidade dos dados. As organizações devem investir em iniciativas de formação abrangentes para educar os funcionários a todos os níveis sobre os princípios da governação de dados, as melhores práticas, os requisitos regulamentares e as considerações éticas.

Os programas de formação podem abranger tópicos como a privacidade dos dados, protocolos de segurança, procedimentos de tratamento de dados, regulamentos de conformidade e o papel da gestão de dados no apoio às metas e objectivos organizacionais. Ao fomentar uma cultura de literacia e sensibilização para os dados, as organizações podem capacitar os funcionários para tomarem decisões informadas, promoverem uma gestão responsável dos dados e contribuírem para o sucesso global das iniciativas orientadas para os dados.

Uma governação de dados eficaz para grandes volumes de dados implica a implementação de um conjunto abrangente de práticas e estratégias para gerir e aproveitar grandes volumes de dados diversos, garantindo simultaneamente a qualidade, a segurança, a conformidade e a facilidade de utilização dos dados. Ao estabelecer objectivos claros e quadros de governação, gerir a qualidade dos dados, os metadados, a segurança e a privacidade, integrar os dados de forma eficaz, garantir a conformidade, promover a gestão e a propriedade dos dados, monitorizar e melhorar continuamente os processos e investir em programas de formação e sensibilização, as organizações podem criar uma base sólida para tirar partido dos dados como um ativo estratégico para impulsionar a inovação, melhorar a tomada de decisões e alcançar um sucesso empresarial sustentável na era digital.

A governação de dados para grandes volumes de dados engloba um conjunto abrangente de princípios, processos e práticas destinados a garantir a qualidade, disponibilidade, usabilidade e segurança dos dados ao longo do seu ciclo de vida. No contexto dos megadados, que envolve grandes volumes de diversos tipos de dados provenientes de várias fontes, a governação eficaz torna-se ainda mais crítica para obter informações significativas e manter a conformidade regulamentar. Eis algumas das principais práticas recomendadas para a governação de dados no domínio dos megadados:

1. Estabelecer objectivos claros e um quadro de governação: Comece por definir objectivos claros para a governação de dados alinhados com os objectivos comerciais. Estabeleça uma estrutura de governação que defina funções, responsabilidades, políticas e procedimentos. Esta estrutura deve adaptar-se à escala e à complexidade das operações de megadados, garantindo a consistência e a responsabilidade em toda a organização.

2. Gestão da qualidade dos dados: Implementar mecanismos sólidos para monitorizar e melhorar a qualidade dos dados. Isto inclui processos de caraterização, limpeza e enriquecimento de dados adaptados a ambientes de megadados. As ferramentas automatizadas podem ajudar a identificar inconsistências, duplicações e imprecisões, garantindo que os dados permaneçam fiáveis e adequados à sua finalidade.

3. Gestão de metadados: Centralizar a gestão de metadados para fornecer informações abrangentes sobre a linhagem, as definições e a utilização dos dados. Os ambientes de megadados envolvem frequentemente conjuntos de dados díspares, tornando os metadados essenciais para compreender o contexto dos dados e facilitar a descoberta. Utilize repositórios e normas de metadados para manter a consistência e permitir uma integração eficiente dos dados.

4. Segurança e privacidade dos dados: Dar prioridade às medidas de segurança e privacidade dos dados para salvaguardar informações sensíveis. Implementar encriptação, controlos de acesso e técnicas de anonimização para proteger os dados contra o acesso não autorizado ou violações. Cumprir os requisitos regulamentares, como o RGPD, a HIPAA ou a CCPA, ao tratar dados pessoais ou sensíveis em iniciativas de grandes volumes de dados.

5. Integração e arquitetura de dados: Desenvolver uma estratégia de integração de dados escalável que acomode diversas fontes e formatos de dados. Utilizar lagos de dados, armazéns de dados ou arquitecturas híbridas adaptadas às necessidades específicas da análise de grandes volumes de dados. Garantir fluxos de dados sem descontinuidades, respeitando as normas de interoperabilidade e compatibilidade.

6. Conformidade e cumprimento da regulamentação: Manter-se a par dos requisitos regulamentares e das normas do sector relevantes para as operações de megadados. Estabelecer políticas e procedimentos que cumpram os quadros legais que regem a utilização, retenção e divulgação de dados. Efetuar auditorias e avaliações regulares para garantir a adesão e atenuar os riscos de conformidade.

7. Administração e propriedade dos dados: Atribuir claramente a propriedade e a responsabilidade pelas funções de gestão de dados dentro da organização. Dar aos administradores de dados a autoridade para aplicar as políticas de governação, resolver problemas relacionados com os dados e promover a literacia dos dados entre as partes interessadas. Promover uma cultura de responsabilidade e colaboração entre departamentos para aumentar a eficácia da gestão de dados.

8. Monitorização e melhoria contínuas: Implementar mecanismos de monitorização contínua e de avaliação do desempenho das iniciativas de governação dos dados. Utilizar métricas e KPIs para medir a eficácia da qualidade dos dados, dos controlos de segurança e dos esforços de conformidade. Aperfeiçoar continuamente os processos de governação com base no feedback e na evolução dos requisitos comerciais.

9. Programas de formação e sensibilização: Investir em programas de formação para melhorar a literacia e a sensibilização dos funcionários em relação aos dados. Educar as partes interessadas sobre os princípios de governação de dados, as melhores práticas e a importância da tomada de decisões baseada em dados. Promover uma cultura que valorize a integridade dos dados, a transparência e a responsabilidade em todos os níveis da organização.

10. Adaptabilidade e escalabilidade: Reconhecer que a governação de dados para grandes volumes de dados é uma disciplina em evolução que exige flexibilidade e escalabilidade. Adotar tecnologias emergentes, como a IA e a aprendizagem automática, para automatização e análise preditiva nos processos de governação. Avaliar e adaptar continuamente as estratégias de governação para acomodar os avanços tecnológicos e a evolução das necessidades empresariais.

A governação eficaz de dados para megadados implica uma abordagem holística que engloba estratégia, tecnologia, conformidade e factores culturais. Ao implementar estas práticas recomendadas, as organizações podem aproveitar todo o potencial dos megadados, atenuando simultaneamente os riscos e assegurando capacidades de tomada de decisões baseadas em dados que impulsionam o sucesso empresarial.

Uma governação de dados eficaz para os megadados é essencial para as organizações que pretendem retirar valor de conjuntos de dados vastos e variados, garantindo simultaneamente a integridade, a segurança e a conformidade dos dados. Na sua essência, a governação de dados no contexto de megadados envolve o estabelecimento de objectivos claros alinhados com os objectivos empresariais e a implementação de uma estrutura que define funções, responsabilidades, políticas e procedimentos. Esta estrutura serve de base para a gestão da qualidade dos dados, que inclui processos como a definição de perfis de dados, a limpeza e o enriquecimento adaptados à escala e à complexidade dos ambientes de megadados.

A gestão de metadados é fundamental para a governação de dados, que fornece informações críticas sobre a linhagem de dados, definições e utilização em conjuntos de dados diferentes. Ao manter repositórios de metadados centralizados e aderir a padrões, as organizações podem melhorar a capacidade de descoberta de dados e facilitar a integração eficaz de dados.

A segurança e a privacidade são preocupações fundamentais na governação de grandes volumes de dados, exigindo medidas robustas como a encriptação, os controlos de acesso e a anonimização para proteger as informações sensíveis contra o acesso não autorizado ou violações. A conformidade com requisitos regulamentares como o GDPR, HIPAA ou CCPA também é crucial, exigindo políticas e procedimentos que regem a utilização, retenção e divulgação de dados.

A gestão de dados desempenha um papel fundamental na governação, atribuindo a propriedade e a responsabilidade pela qualidade e integridade dos dados. Os administradores de dados capacitados aplicam políticas de governação, resolvem problemas relacionados com os dados e promovem a literacia de dados entre as partes interessadas, fomentando uma cultura de responsabilidade e colaboração.

O monitoramento e a melhoria contínuos são parte integrante da governança de dados eficaz, envolvendo o uso de métricas e KPIs para avaliar a eficácia das iniciativas de governança. As organizações devem adaptar as estratégias de governação aos avanços tecnológicos e à evolução das necessidades empresariais, adoptando a automatização e a IA para uma maior escalabilidade e eficiência.

Os programas de formação e sensibilização são vitais para cultivar uma força de trabalho com literacia de dados que compreenda a importância da governação na condução da tomada de decisões baseada em dados e no sucesso organizacional. Ao implementar estas melhores práticas, as organizações podem navegar pelas complexidades dos grandes volumes de dados, mitigar os riscos e aproveitar os dados como um ativo estratégico para a vantagem competitiva e a inovação.

Sobre o autor

Saigurudatta Pamulaparthyvenkata é um distinto engenheiro de dados sénior com uma profunda experiência nos sectores da saúde e das finanças. A sua paixão pela construção de pipelines de dados sofisticados e pela obtenção de informações acionáveis tem demonstrado consistentemente a sua capacidade de transformar dados brutos em activos estratégicos. Proficiente em ferramentas e tecnologias avançadas de engenharia de dados, Saigurudatta destaca-se na conceção e implementação de arquitecturas de dados de elevado desempenho que melhoram significativamente a eficiência operacional e os processos de tomada de decisões. O seu trabalho é fundamental para promover melhorias nos cuidados aos doentes e na análise financeira, solidificando a sua reputação como um especialista que fornece soluções impactantes e baseadas em dados. **Para além das suas proezas técnicas, Saigurudatta é um reconhecido líder de pensamento e mentor, orientando a próxima geração de engenheiros de dados e contribuindo para a comunidade de engenharia de dados em geral com os seus conhecimentos e experiência.

Printed by Books on Demand GmbH, Norderstedt / Germany